KMC 知识管理系列丛书

卓越密码

如何成为专家

田志刚 著

电子工业出版社

Publishing House of Electronics Industry

北京·BEIJING

内 容 简 介

互联网正在深刻改变我们的主要工作模式，也对我们提出了更多技能和专业上的要求，成为高手和专家是普通大众的需要和追求。本书对于知识工作者如何成为专家这个主题进行了初步探索，定义了什么样的人才算专家、从普通职场人到专家的 5 个步骤、成为专家的 2 个核心（方向和动力）和 3 个支柱（学习、实践、思考）、专家的外部认可和品牌塑造方法。同时，在每一部分中从实际操作角度列出相应清单及进阶指南，让处于不同层级的人都可以按照自己所处的阶段选择提升目标并行动。

本书在写作的过程中尽量采用案例、故事的形式来阐述，以便于阅读和理解。本书适合在各类机构中从事知识工作的人士、迫切希望提升某项专业技能的职场人士，以及期望通过修炼提升自我的爱好者们阅读和参考。

图书在版编目（CIP）数据

卓越密码：如何成为专家/田志刚著. —北京：电子工业出版社，2018.4 (2025.10重印)
（KMC 知识管理系列丛书）
ISBN 978-7-121-33520-4

Ⅰ. ①卓… Ⅱ. ①田… Ⅲ. ①知识管理—通俗读物 Ⅳ. ①G302-49

中国版本图书馆 CIP 数据核字（2018）第 012646 号

策划编辑：李树林
责任编辑：李树林　　　文字编辑：姜红德
印　　刷：三河市君旺印务有限公司
装　　订：三河市君旺印务有限公司
出版发行：电子工业出版社
　　　　　北京市海淀区万寿路 173 信箱　邮编　100036
开　　本：720×1000　1/16　印张：15　字数：328 千字
版　　次：2018 年 4 月第 1 版
印　　次：2025 年 10 月第 21 次印刷
定　　价：49.80 元

前言

Contents

在某种程度上，中国仍然是一个熟人社会，人们最信任的是基于血缘、地缘形成的关系：首先是父母、兄弟、姐妹和各种亲戚，然后是那些经历过岁月洗礼的同学、朋友、战友、街坊、老乡。现代社会，我们每个人在生活和工作中注定需要与熟人之外的人去交流与合作，与陌生人建立信任的成本很高，一般情况是通过货币去交换，比如通过付款，可以住陌生人开的酒店，坐陌生人开的火车、汽车和飞机。

除了熟人和货币之外，还存在着一种信任机制，即专家信任。

当熟人中没有能够解决特定问题的人时，我们通常求助于被各种形式认定的"专家"。当家里有个自己视如珍宝的古董但不知道真假，朋友圈里面没有人是这方面的专家，许多人就会报名参加电视台办的鉴宝类节目，请现场专家给做个判断；当生病的时候，一般自己、家人或朋友都不具备这些专业知识，就只能去大医院找大牌医生（院士、教授、主任、主治医师）进行诊断和咨询。

这就是专家信任。

按照社会学的观点，社会信任主要有三种方式：人格、货币和专家。通俗地讲，就是人们信任家人、朋友、钱和专家。因为有这份信任，各领域的专家在自己的领域或社会上通常有较高的地位、不错的收入，得到人们的尊重并能够发挥更大价值。所以，大部分人都希望能够成为某一行业或领域的专家，从而赢得更多的利益和机会。这也是一些骗子千方百计地将自己包装成专家的原因，这样更容易赢得信任而施展骗术。

以大数据、人工智能为代表的信息技术正在深刻地改变传统社会，同时也在改变职场里面各类角色的工作模式。在传统方式下成为某个领域的专家代表着对卓越的追求，现在能在某个点上做到顶尖水平已成为一种必然的要求，因为普通工作者的时代已经终结，未来他们的工作和岗位很可能会被各类人工智能技术所替代。如果自己不能具备较高的独特性，将来可能根本没有适合自己的工作和岗位！

许多教育专家建议，应该让儿童发展一项爱好并争取达到专业水平。这样做的目的并不是为了未来让他们以这个为业，而是通过这个过程让他们知道专业和业余的差别，等将来想清楚自己想干什么的时候，就知道干到什么水平才算入门、什么才算顶尖。如果他们从来没有达到过专业的水平，可能这辈子在任何领域都是一个"爱好者"的角色。

以上就是，为什么普通人也要去追求卓越、成为专家的原因。

在 1951 年的一次狩猎聚会上，英国的休·比佛爵士与人发生了争论：欧洲飞得最快的鸟到底是什么，是松鸡还是金鸻？一番激烈的争论后却没有答案，因为没有权威的说法让大家都认可，没有一本书或者期刊上有这样的数据。休·比佛爵士意识到这是一个巨大的商机，如果有一本书能为这类争论提供答案，那么这本书一定会大受欢迎。

休·比佛爵士的本职工作是英国吉尼斯啤酒公司的执行董事，因这个机缘他决定要出版一本"世界之最"的书，这就是后来的《吉尼斯世界纪录大全》。这本书连同吉尼斯世界纪录已经成为记录各个领域之最的最全面、最权威的来源之一。

对于厉害的人、事、物感兴趣是一种天性，小朋友也最爱问这样的问题：最高的山是什么山，跑得最快的人有多快，记忆力最好的人是谁，等等。之前我写的《你的知识需要管理》是从知识管理立场出发，用来帮助知识工作者提升自我的一种尝试。而知识管理中心（Knowledge Management Center，KMCenter）的主业是组织知识管理咨询，在这个工作中需要调研知识密集机构里那些各种水平的人：既包括这些机构里的专家、骨干，也包括新入职的菜鸟。常常在查阅资料的时候才发现，访谈的某个人不仅是他们公司的专家，而且也是国内这个领域的顶尖人物，与他们的交流让我受益匪浅。随着竞争的加剧尤其是中国国际竞争力的提升，原来依靠借鉴模式发展的路子不灵了，无论什么样的机构，对于高手和顶尖人才的需求都极为迫切，但专家却永远稀缺。大部分职场人既雄心勃勃又心怀志忑：如何快速成长？如何才能像前辈那样成为不同领域的顶尖高手，并能轻松地完成各种复杂的任务和项目？

在生活和工作中我们都听过很多顶尖高手的故事，但这里面有一个问题，就是我们只知道某个人很厉害，却不知道他为什么这么厉害。换句话说，我们只看到专家们的结果（他们已经成为专家），但对于他们是如何成为专家的却没有人能告诉我们。即便是专家自己，也很难说清楚。如果说不清楚，就不能成为榜样而被我们学习和借鉴了。

因为对"如何成为专家"这个主题感兴趣，就想探究以下这些问题：那些最后成为专家的人做对了什么？这里面有没有规律性的东西？这些规律是否有普遍性？他们的方法和经验他人是否可以借鉴？等等。

好奇害死猫！在对这个规律的探索中我发现，这其实是一个"坑"：传统学术对此虽有一些研究，但大多只是分析结果而非过程，并且分析最多的也是棋类、体育、音乐这种工作，与我关注的复杂知识工作差异很大。而非严肃的分析文章虽然多，但通常是强调一点而忽略了其他，譬如说有的文章强调要成为专家需要深度学习和建立知识体系，有的文章说成为专家关键在于直觉和思维方式的提升等。这些说法可能都没有错，但都不够全面，也不足以指导实践。

经过四五年的煎熬和纠结，针对如何成为专家这个主题的不断探索，使我们有了一个阶段性的成果，也就是你们拿到的这本书。本书从为什么要成为专家、什么是专家开始，对专家进行了定义，将一个人从初入职场到最终成为专家分为五个阶段：探索、新手、胜任、高手和专家期。建立了成为专家的框架，确定明确方向、持续动力这两个成为专家中的核心点。

学习、实践、思维是成为专家的三个支柱，品牌是对于个人能力和水平的外部认可，在本书中各用了一章对其进行论述，内容包括相应的理念、方法、技巧，以及行动指南。在行动指南中，列出该章主要内容的清单、各个阶段需要做的核心工作和需要思考的问题，期望大家阅读后，能够有所收获，并能学以致用。

本书适合那些追求有所成就的知识工作者。初入职场的读者通过阅读本书可以了解一般水平与顶尖高手的差距在哪里，为自己树立更高远的目标。其中的理念和方法可以在自己的工作中直接使用，加快个人的成长速度。已经在岗位上工作多年并致力于卓越的人，本书则可以成为他们从优秀到卓越阶段的指引；很多人穷其一生只达到胜任层次而不能提升到高手和专家水平，说明这个阶段是最艰难的阶段，期望本书能够给这个层次的人带来启发。对于各个领域的高手和专家们而言，本书梳理出来的专家成长过程一定会引发他们的共鸣和会心一笑，相信其中的具体方法技巧也会为他们提供参考。

虽然追求卓越、成为专家的过程充满艰难困苦，但只要找对路子，下足功夫，每个普通人其实都可以成为自己领域内的顶尖人才。华为创始人任正非在接受中央电视台《新闻联播》采访时说："一个人一辈子能做成一件事已经很不简单了，为什么？中国 13 亿人民，我们这几个把豆腐磨好，磨成好豆腐，你那几个企业好好地去发豆芽，把豆芽做好，我们 13 亿人每个人做好一件事，拼起来我们就是伟大的祖国。"

在写作本书的过程中，我们采访了很多行业高手，他们将自己成长中的所思、所想，经验和教训都无私分享给我们，并对本书提出了许多建议和期望，在此感谢他们。同时也要感谢知识管理中心的网友和【二班】的同学们，他们的鼓励、督促和提出来的各类问题，帮助我更深入地思考、学习和实践。

感谢本书的文字编辑姜红德兄，以及本书的策划编辑、电子工业出版社的李树林兄，他们的认真工作让我感动。更要感谢我的夫人和孩子，夫人给了很多建议并容忍我沉浸于这个主题而不能自拔，而孩子学习的过程让我发觉，成为专家的核心能力和方法也许在小学阶段就开始应用了，因此书里面的各种方法也可以用来辅导儿童学习。

如何提升知识工作者的生产率，是整个 21 世纪管理学面临的核心问题之一。本书从个体追求卓越的角度做了一点初步的探索，如果能够对读者有所启发，则善莫大焉！如果读者对这个主题有想法也可以联系我们，愿意与各位交流学习！

田志刚

2018 年 1 月

目 录

Contents

第一章

专　　家

在一个细微领域中，具备较高独特性而成为专家需要五步，你在哪一步？只要找对路子，下够功夫，你就可以超越许多人。

普通人时代的终结

许多上班的人常常都会想：为什么还不放假，什么时候自己可以休假呢？不少人刚放完一个假期回来，就开始做下一个假期的规划和安排。现在还流行一个怼老板的段子："别跟我谈什么理想，我上班就是为了挣钱，我的理想就是不上班。"

但是，当你经历过失业后就会明白，真正让你不用上班甚至没班可上时，可能你就没有那么幸福快乐了。对于大多数人而言，没有班上就意味着没有收入，不仅会影响生活品质，而且基本的生活都得不到保障。对于那些希望有所成就的人而言，工作是创造价值的主要手段。著名管理学家、《基业长青》的作者吉姆·柯林斯说："只有有意义的人生才是伟大的人生。没有有意义的工作，就很难有有意义的生活。"

人类经历了漫长的农业社会，而进入工业社会只有数百年。随着社会的发展，当前人类已进入信息社会，社会进化的速度越来越快，以人工智能为代表的新技术将加速社会演进。之前人们认为人工智能威胁的岗位主要是物流和制造业中的低技能、单调乏味的工作，譬如搬运、装配中的重复性工作等，但实际上影响的不仅仅是这些领域及工作，甚至知识工作的疆域也在不断被侵蚀：新闻工作、医生的工作、法律工作等部分工作都将会被替代。人工智能可以诊断癌症、创造艺术，并在短短三天内从最复杂的游戏中学会人类三千年传承下来的策略（如围棋）。

麦肯锡全球研究院（McKinsey Global Institute）一项历时数年的研究发现："人工智能和机器人带来的社会变革要远远超过历史上农业社会和工业社会时期的变革。根据我们的研究，预计到 2030 年，由于人工智能的发展将会有 7500 万至 3.75 亿人需要重新找工作。这一数字大约占到全球所有劳动人口的 3%至 14%。随着机器的应用以及岗位所需技能的演变，所有岗位的工作人员都需要不断地学习以适应人工智能带来的转变。"

这种剧烈变革的环境，对于任何岗位和角色的人都是一种挑战。要在这种变化中生存、发展并取得较大成就，必须去认识这种变化的本质，未雨绸缪地提升自己，才可能沉着应对，以求自己的职业长青。

去上班岗位没了

富士康的机器人

富士康在大陆的员工最多的时候达到了 120 万～130 万人，但随着用工荒、人力成本上升，这个数字在不断减少。2016 年 5 月 22 日，富士康昆山工厂建成 23 年来首次向媒体开放了其保密车间。富士康科技集团总经理游象富表示，随着自动化程度不断提高，富士康昆山厂区工人已经从 2013 年的 11 万人，缩减到现在的近 6 万人。游象富带领记者参观了被他们称为"工业 4.0"的自动化智能生产线，在其中的一个生产流程中，15 台设备只需要 3 名工人，一天可生产 130 万件中间产品，以前要完成这么大的生产量需要上百名工人。不到 4 年的时间，富士康昆山工厂以裁员或其他方式安置了近一半的员工。

富士康裁员的主要原因是整个生产体系的技术升级和智能设备（如机器人）的大规模使用。2011 年，富士康董事长郭台铭公开提出了百万机器人计划；2012 年，富士康启动包括机器人计划在内的全面转型。其实富士康内部使用机器人的时间更早，机器人计划从"2006 年着手，2007 年研发成功，2008 年开始投入生产线，2009 年开始大批量导入"，并成立了富士康自己的机器人研发和制造公司，被命名为"FOXBOT"。据富士康的主管人员介绍，今后会重点招聘能够操作这些工业 4.0 设备的技术员或者工程师，要求本科以上学历，还要有专业特长。

不仅仅是富士康，许多制造企业都在引进工业机器人。昆山市政府曾经做过一项调查，在昆山就有多达 600 家企业已经计划引入工业机器人。而昆山共有 4800 家台湾企业，占其 GDP 的 60%以上。如果自动化计划进展顺利，可能迫使 250 万人失去工作岗位。

我们看到的可能仅仅是一组数字，但这些数字的背后却是许多生产线工人的失业。在互联网上各种论坛中，大家都在抱怨："现在一个月上 28 天班，2800 块钱，还不管吃住，不上班又没有饭吃，上班又存不到钱，上班就为了活命，这就是穷人的命。"

随着中国劳动力成本的上升以及东南亚等更低成本地区的竞争，一个必然的结果就是部分制造企业的迁出；另一个是机器代替人，最终结果将是工作岗位越来越少，许多体力工作者可能会失业。受制于教育水平不高，这些工人在失去维持生计的工作之后，出路并不多。

好单位会垮掉，金领也会失业

电视开机率是指在某时间段内打开电视的家庭数量与拥有电视的家庭数量的比率。通俗地说，晚上看电视的家庭占有电视家庭的百分比，可以衡量电视对人们的吸引力有多大。有数据说这个比率一直在下降，尤其大中型城市，这背后反映的是电视在人们获取信息和娱乐中的地位下降，越来越多的人尤其年轻人更愿意通过视频网站去观看他们喜欢的节目。

不管具体数据多少，以我们普通人的直观感受都可以察觉到：年轻人、中年人看电视越来越少，霸占电视机的都是儿童和老人。爱奇艺的数据显示，截至2016年6月1日，他们的VIP会员数达到了2000万。也可以说，这就是视频网站能够收费的底气所在。

为什么人们不愿意看电视了？

这里要区分一下：人们不打开电视机不代表人们不看电视剧和视频，而是可以用其他的方式去实现这种需求，比如他们可以用计算机、手机在优酷、爱奇艺和朋友圈中看电视或视频。

一般来说，传统电视台作用主要有两个：

第一，生产电视节目，如新闻、一些综艺节目、科普节目等；

第二，编排节目播放的次序，用频道去播放节目，这些节目可能是自己生产的，也有可能是购买的。这个时候电视台的主要作用就是安排在什么时间播放节目，什么时间插播广告，列出一张严格的时间表，然后按照这个表去执行。

在没有互联网的环境下，电视台最有价值的地方在于节目编排的权力：先放哪个后放哪个，哪个可以放映哪个不可以放映，都由他们决定。影视公司拍出来的电视剧如果电视台不购买，或者购买了放在不好的时间段放映，就会收不回成本，这个时候，有的影视公司就会使用一些非法手段，例如向电视台负责购买电视剧的人员行贿。在互联网环境下，这个权力贬值了：观众不愿意按照你编排好的顺序与时间，去看一晚上只有两集且让人等得望眼欲穿的连续剧。用户在视频网站上一次可以看10集，甚至自己可以按照自我的喜好做个"电视台"，完全按照自己的口味编排和播放。所以电视台也在贬值，这也是央视很多优秀的主持人陆续离职的原因。

互联网的本质在于对中间环节、不直接创造价值环节的抛弃，从而更直接地提升效率。现在内容领域 IP（知识产权）大热，网站自制节目增多，就是因为好的构思、小说、综艺节目甚至段子都是创造价值的重要素材，电视台传递价值的作用在互联网时代有了其他更有效率的替代品（视频网站），所以电视台在这个链条上的作用就越来越小。

譬如"褚橙"，褚时健对橙树的培育、对果实口味的严格控制是直接创造价值的一个部分。在传统方式下，需要从水果批发商一级一级地销售到消费者手中，批发商在传递价值中获益；但有了互联网，经过巧妙的市场推广，"褚橙"直接面对消费者，免去了批发商，效率得到极大提升，当然这些批发商会很受伤。这也是苏宁即便每年亏损很多真金白银，但仍然要强推苏宁网上商城的原因，因为网上商城比门店销售效率更高。

"互联网+"对于传递价值环节的抛弃会让许多人失业，很多时候不是你做得不好或者不优秀了，是这种方式不行了，导致在这些行业工作的人也会失业。

金领也会失业

2016 年 3 月，Google 利用人工智能设计的 AlphaGo，在与韩国围棋九段李世石的"人机大战"中获胜，代表着一个新时代的开始，也引起了整个社会的震惊与反思。

早在 1997 年 5 月 11 日，国际象棋世界冠军卡斯帕罗夫就输给了 IBM"深蓝"。通过六局对抗赛，在前五局以 2.5 对 2.5 打平的情况下，卡斯帕罗夫在第六盘决胜局中仅走了 19 步就向"深蓝"俯首称臣，整场比赛进行了不到一小时。但那次比赛的影响无法跟 AlphaGo 与李世石的"人机大战"相比，因为围棋的复杂程度远远超过国际象棋，曾被誉为人类智力的最后堡垒，不少预测认为人工智能要战胜围棋起码要 10 年以上的时间，但 AlphaGo 仅用一年多就做到了，这也证明了人工智能发展的速度远比想象的要快很多。

人工智能的发展有 60 多年的历史，但一直是不温不火，大部分成果属于实验室里的研究，很难在工业界进行推广应用。随着大数据、深度学习及其相关技术的进步，人工智能从基于专家知识推理的范式进入到了数据驱动时代，许多原来无法解决的问题都迎刃而解，因此也迎来了飞速发展。百度公司创始人李彦宏认为推动互联网下一幕发展的核心动力，不是大数据，不是云计算，而是人工智能。

人们为什么对人工智能又爱又恨，为什么 AlphaGo 战胜李世石如此令人震惊？

之前的技术进步大都代替的是体力工作者，譬如生产线上的各类机械手臂、各类精密数字控制的机床，但人工智能尤其会学习的人工智能（类似于 AlphaGo），却可以代替知识工作者的部分职能。据报道，美联社使用机器人用人类无法企及的速度完成消息写作，现在美联社超过 90% 以上的消息都是由写作机器人完成的，最大程度地保证了新闻时效性。虽然目前人工智能可能很难代替优秀的律师，但许多法律工作则可以用自动化的方式实现，美国在线法务网站 LegalZoom 已经能实现全程处理离婚、遗嘱、商标申请等简单的法律事务。呼叫中心是人力密集的行业，但高昂的人力成本使大部分呼叫中心难以承受，国内很多呼叫中心已通过采购智能客服机器人来实现自动客服，极大地减少了人力成本而又不降低客户的满意度。

随着知识工作自动化程度的深入，一些以前被认为难以取代的创造性工作的从业者也变得不太安稳。和人类"抢饭碗"的人工智能只会越来越多，范围越来越广。

在 2016 年年会上，世界经济论坛发布报告称，未来五年，由于全球劳动力市场出现颠覆性变革（如机器人和人工智能技术的崛起），将导致全球 15 个主要国家的就业岗位减少 710 万个。而这 15 个主要经济体的劳动力数量约占全球整体劳动力数量的 65%，这意味着未来五年机器人将导致全球上千万人失业。报告还称，在失业人口中，三分之二将属于办公和行政人员，因为这些岗位更容易被机器人和人工智能技术所替代。与此同时，科学家也警告，人工智能技术突飞猛进，机器人几乎可以取代甚至超越人类执行任何任务，在未来 30 年机器人将导致千千万万人失业，且各行各业都将受到影响，男女都不能幸免。

要么卓越要么沦落

1986 年，如果你是北京的一名出租车司机，那是一份高尚体面的职业，按照可比价格计算，其收入远超过今天出入于金融街的白领和 BAT 的程序员。

根据国家统计局的数据，1986 年全国职工年平均工资为 1271 元。在各种职业中，当时赚钱最多的是"地质普查和勘探业"，他们的年薪能达到 1746 元。这些人大都是大学毕业，而且要在野外作业，挣钱多大家都能够理解，但当时的出租车司机的薪水却远超他们。

30 年后的今天，北京的出租车司机月薪水已超过 5000 元，但比较优势却已经不再。加上各种网约车的影响，早已经从体面降到普通甚至跌入到收入不高的人群中。

医生在全世界大部分地方都是高薪职业。但 IBM 开发的超级计算机"沃森"（Watson）已经开始辅助医生诊断肿瘤、糖尿病等各种常见疾病了，这种服务也已经在中国的试点医院里开始尝试，据说速度极快而且结果与资深医生判断无异。也许资深的医生永远不会被替代，但普通的医生呢？

托马斯·弗里德曼是《纽约时报》的专栏作家，也是唯一 3 次获得过普利策奖的记者。他每周两次刊登在《纽约时报》的专栏文章只要一出炉，就迅速地被全球主流媒体所转载。他还是哈佛大学的客座教授，与前哈佛大学校长萨默斯等人共同在哈佛开设一门"全球化"的课程。但最重要的是，他也是《世界是平的》这本全球畅销书的作者，很多人通过这本书认识了他。

2012 年，他在《纽约时报》上发表了一篇文章"普通人时代的终结"，并在多个地方进行了同类主题的演讲。他认为全球化的深入、技术的快速发展以及全球的能源消费，造成了劳动力市场深刻的变革，专业人士只能通过更加勤奋和努力才能成功，这些知识工作者必须去发现自己额外的才能（Average is over for everybody）。他认为要想在这个时代生存下来，需要更注重创新、协作和沟通，这样才能更加卓越和出色，也就不会被淘汰。

以前人们仅仅做一份普通的工作，挣普通的薪水，日子也可以过得去。但现在，由于技术的飞速发展，这些相对简单、重复的工作岗位可能没有了。面对这种状况，托马斯·弗里德曼给大家出的主意是：

- 将自己想象成一个"新移民（去新地方打拼的人）"，做无可救药的乐观主义者，永远不要停止进步。

- 做一个工匠，将自己的名字刻在你的产品上，充满自豪。

- 同时有企业家精神，永不满足，永远的 Beta 版，好奇心、情商比智商更重要。

另一位著名的经济学教授泰勒·科文（Tyler Cowen）在 2013 年出版了一本类似的书，名为 *Average Is Over: Powering America Beyond the Age of the Great*

Stagnation，这本书在国内被翻译成《再见，平庸时代：在未来经济中赢得好位子》。

泰勒·科文从更宏观的角度进行论述，他的观点和结论与弗里德曼有类似的地方，就是假如未来你仅仅想做个普通人是行不通的。书中描述道：全球的贫富差距越来越大，最新的技术和工具都更加有利于富人的利益，譬如机器人的使用更利于资本家而不是工人，人工智能的普及替代了许多知识员工的工作等。

这些既得利益者正在更多地利用新的机器、大数据分析工具来实现经营和快速发展的目的。与此同时，低收入者如果没有致力于持续学习与提升、去充分利用新技术，则其前景堪忧。

从全世界范围来看，几乎每一个业务部门都依赖越来越少的手工劳动，而这个事实将会持续影响世界的工作和薪酬体系。过去我们可以比上不足比下有余，但现在那种介于高、低收入者之间的生活方式将不复存在。

"普通人时代的终结"中的"普通人"，不是跟传统"名人"对比的那个普通人，而是指在工作上没有突出的优势，只达到社会平均水平的人。

以上两位名家的文章和书籍在发表与出版的时候，AlphaGo 还没有问世。有人会问：人工智能这么强，普通人是不是更加没有活路了？

这其实已经不是未来的事情了，在北京、上海的许多公司里你都会发现，许多项目团队都是一个高手带着几个新手在干活，中间的人哪里去了？

许多人可能会说我没有什么大的奢望，也不要求太高的收入，只要能过日子就可以了。但现在你会发现，想当个安静的"美男子"的机会都越来越少：如果你只是中间水平，随着你的年龄越大成本越高，可能会被技术和工具所替代，也可能你干的那部分工作会转移到薪水更低的城市和国家，而你发现自己不知道该干什么了！

普通人的本性是随波逐流、得过且过、差不多就行，但现在社会却逼着我们每个人必须追求卓越，这当然会让人不爽！当然，也不是要求每个人都成为拯救世界的大英雄，但你至少要在某一个点上有超越他人的能力和见识才行。不一定说你能够多么优秀，而是能够保持基本尊严地生存。

这就要求每个人必须持续不断地学习、实践、思考和创新，成为哪怕很细微领域的高手和牛人，否则你的未来会支撑不起你平凡的梦想！

成为高手才能生存

有两个人在森林中游玩，看到一头熊追过来。其中一个人把跑鞋拿出来穿上，另外一个人有点鄙夷地对他说：哥们儿，别忙了，你跑不过熊！那个人信心满满地说：我不用跑得过熊，但只要比你跑得快就行了。这个故事告诉我们，你只有比别人强，成为高手，才能在残酷环境中生存下去。

简单地说，人工智能包括感知智能、认知智能和决策智能。感知智能类似于人的耳朵、眼睛、鼻子，计算机能够听、看和闻；认知智能和决策智能类似于人类的学习、判断和决策，计算机能够学会自主学习，并能够从多维度作出合理的判断与决策，当然前提是要告诉它判断的依据。

在人工智领域，当前发展最好的是感知领域，包括语音识别、语义识别、图像识别等，百度每天语音识别的日请求已超过亿次，准确性达到97%以上，它比我们普通人听力都要好。科大讯飞的语音识别技术也非常棒，已经可以替代会议中普通的速记人员。如果能够积累某人大量的语音素材，它还可以进行语音合成。但是这项智能想起来就很可怕，如果将某人说话的声音录制足够多，就可以用这个人的口气说话，这不是间谍片才有的片段吗？同样，图像识别的技术也在日益成熟，人脸识别的准确率也越来越高，很多地方可通过"刷脸"进行身份认证和支付。

仅仅从语音识别、语义识别、图像识别角度来看，会有很多岗位会被替代：速记员、翻译、保安、负责抓捕罪犯的警察等。现在公安部门有自己的网上追逃系统，里面一般都存有嫌疑人的照片，如果全国的摄像头都能联网，启动图像识别系统后，只要有可疑的头像出现就与追逃库的资料比对，不仅警察的工作会部分被机器取代，甚至小偷也将"失业"。再想一下，如果TFBoys的语音资料存储量足够大，是不是就可以用他们的声音来给各种动画片配音啦，一年配几千部都没问题。

关于如何看待人工智能和人类的关系，既有悲观派也有乐观派。但人工智能对就业和岗位的影响，大家的认知倒是比较一致：部分工作岗位会被替代，更重要的一部分是辅助，类似于汽车帮助人跑得更快，人工智能将大大提高人类工作的效率。但社会所需岗位的减少是一个不可逆转的趋势，由于技术和工具的进步，没有那么多岗位提供给适龄的劳动者，因此许多人将要失业。

也有人乐观地说，之前工业革命、信息革命的进步，也使许多原来从事农业的人员、生产线工人岗位减少，不是又出来更多的新岗位吗？这次可能没有那么乐观。因为它太快了，可能只用不到 10 年时间就会发生天翻地覆的变化，而既往时代的变迁都是以世纪为单位的，所以这次革命没有那么长时间来创造出新的岗位。2013 年，麦肯锡全球研究所发布了题为《颠覆技术：即将变革生活、商业和全球经济的进展》的报告，预测了 12 项可能在 2025 年之前决定未来经济的颠覆技术。其中，知识工作自动化智能软件系统位居第二，该报告预测，到 2025 年，知识工作自动化每年可直接产生 5.2 万亿～6.7 万亿美元的经济价值，不计知识工作自动化所带来的效率间接提高，相当于 1.1 亿～1.4 亿个全职雇员的产出。换句话说，1.1 亿～1.4 亿原来需要人（注意这里是知识工作）做的工作，可以用软件的方式实现了，那原来从事这些工作的人怎么办？

曾任美国第 43 任总统的布什在回忆录中提到，他曾经问过当时的中国国家主席胡锦涛，作为国家元首最操心的是什么问题。胡锦涛主席的回答是就业，他每想到每年需要安排 2400 万以上的人就业就感到不安。作为个体，大部分人都讨厌上班，但如果没有了岗位，你就会怀念上班的好了。

我们处在人类这次大变革的前夜，科技革命极大地推动了全社会效率的提升，各种"破坏性"手段、技术不断涌现。"互联网+"提升了原来经济模式的运转效率，但不可避免地会淘汰一些领域和行业；人工智能将引发一次更深刻的变革，全球就业岗位减少是不可逆转的，什么样的人在未来才能保证自己的岗位呢？

下面我们举两个例子来说明。

前面提到，随着图像识别能力的提升，抓捕犯人的警察需求可能会越来越少。但真正的高手警察可能会例外。在作家萨苏的《京城捕王》书中有一位被称为"神眼小尹"的警官，他是这样描述的：

"老尹的工作地点在北京站口，主要打击混在人流中的逃犯。他擅长盘查，讲究短兵相接，在极短的时间里，几秒钟内断定面前走过之人是不是负案在逃，然后就要上前盘问，甚至行动抓人。所以，什么现场、证物、预定方案，对老尹来说都过于奢侈。这就经常会发生老尹把人抓了，还不知道人家到底干了什么事情的情况。但是，根据北京市公安局的记录，老尹抓了二十多年逃犯，落到他手里的通缉犯将近千人，真正抓错的只有一起，而被抓的还是同行。这个战绩在北京治安民警中，至今无人打破。不知道我干了什么事儿他怎么就能抓我呢？这不知道是多少逃犯发自心底的疑问。"

这种警察不仅能够抓到已记录在案的逃犯，还可以抓到没有被发现的犯人。这样的警察一定不会被人工智能代替。

普通的翻译在未来会被替代，但能够自然、贴切地翻译出"守职而不废，处义而不回""召远在修近，闭祸在除怨"和"人或加讪，心无疵兮"的翻译一定无法替代。因为他除了要对外文有深刻的了解和有相关文化背景、俗语俚语的把握，还需要深厚的中文功底。

凡是规则明确、繁杂费神的工作都会被技术化，那就需要我们去做那些没有明确规则的工作，由我们在工作中主动地去总结、提炼出规则，再交给机器去做，从而提升效率。当然，能够提炼出岗位、行业规则的人，一定是这个领域的高手和专家！

换句话说，要想不被替代，你需要成为某个领域内的高手和专家！

个体的崛起

你是什么单位的

1985 年，我国第一次发行个人身份证。身份证的发放是个人从家庭、单位或集体中解脱出来的标志性事件，它表明：在公共生活领域中，个人可以成为独立的单元。同时，个体开始拥有了流动的自由，一个从"我们"到"我"的转变悄然开始。

在中国这样的文化和社会环境中，之前大家都是集体人，社会文化也更强调集体利益高于个人利益，大河有水小河满，国富才能民强，表现在社会中就是：你一定要属于某个集体，否则你没法生存下去。按照尊卑有序的排列，你所在的集体比较优秀，你也就比较优秀；你所在的集体不行，你就不行。当年，你要去任何机构办事，都需要有介绍信，并去你服务的机构开证明，有时候还需要户口本，"你"自己没用，你无法证明你是你，你自己的证明无效！

单位是一个统称，类似于管理学里面提到的"组织"：政府机构、学校、工厂、公司、医院等等，都可以被叫作单位。在过去，大部分单位都是国家的，譬如学校、政府机构、国有企业等，通过各种途径到一个单位工作后，每月可以领取工资，退休后可领取退休金，这可以说是一个人的美好人生。一个好孩子的标志是在学校好好读书，长大后能找一个好单位，然后干一辈子。单位是一个神奇的存在，在许多影视剧和文学作品中，我们常常看到其中的角色为了能进入一个好单位忍气吞声送钱送物的例子。某个人如果被单位开除，不异于遭受灭顶之灾，导致妻离子散甚至自杀的也不在少数，这说明在那个时候人们都离不开单位。

改革开放以来，越来越多的人主动或被动离开了国有单位，成了个体户、乡镇企业家、私营企业主。后来又有了各种合资企业、外商独资企业等等，但人们仍然需要去一个单位服务，这样才算靠谱的人生。只不过人们对于好工作的标准在不断变化而已，从最早的军队、工厂再到事业单位的科学家、学校的教师、国有企业职工、外企职员，而现在又回到公务员。

即便在今天，如果一个人没有固定的服务机构，不仅你的父母会为你担心，社会上的人也会对你的能力和信用产生怀疑；当然，如果你服务的是一家名气很大的机构，则会让人对你另眼相看。许多银行的信用卡办卡政策规定，政府机构上班的公务员信用卡授权额度有多少万元，国有企业的员工多少万元，民营企业的员工多少万元，个体人员透支额度多少万元，依次递减。

在这种氛围下，有不少人利用自己所服务机构加持的光环去做了很多不三不四的事情，从这个角度你也可以看出不同的单位是不一样的。不仅中国是这样，国外也是如此。德鲁克在《巨变时代的管理》中就描述过："20 世纪 50 年代，在大型组织中工作的雇员成为每一个发达国家的主要风景线，如在工厂工作的蓝领工人和管理者；在庞大的政府机构中任职的公务员；在迅猛发展的医院工作的护士以及在发展得更快的大学中教书的教师，那时大多数人都认为，到 1990 年几乎所有参加工作的人都会是组织的雇员，可能还是大型组织的雇员。"当年在美国，如果能够在风头正盛的通用汽车公司上班，大致就可以自动进入中产阶级行列。

在那个年代，每个人都是"单位人"：必须依赖于某个机构才能够生存和发展，如果离开，由于欠缺相应的工具和设备，个人不能或者很难生活得更好。

我们是知识工作者

从泰勒的科学管理开始，通过分工提升效率的方式来增强企业的竞争能力，之后大部分的管理思潮都是围绕这个展开的。20 世纪 90 年代出现的流程再造是为提升组织的柔性化以便更适应变化的市场需求，但这些管理理论基本上都站在组织的立场，探讨让组织更好地发挥员工的作用和价值，鲜少涉及个体与组织关系的变革。

虽然德鲁克在 1966 年出版的《卓有成效的管理者》中就提出了知识工作者（Knowledge Worker）这个概念，用来指那些核心工作内容为处理信息和知识的员工，譬如管理者、程序员、技术人员等，对比之前的体力工作者；但是即便在美国，知识工作者成为单位的核心员工也是在 20 世纪 90 年代后期，我国则更晚。

知识工作者通常具有独特的、隐秘的、跨组织适用性的知识能力，换句话说，知识工作者的这些能力可以跟不同的企业去结合，在很多企业都可以发挥作用，所以他们对组织的依附性较低，而职业的选择面更广，正所谓"此处不留爷，自有留爷处"。这也是为什么在一家传统的公司里面，生产线上的工人虽然比管理人员、技术人员薪水低，但很多时候他们满意度都比较高，而知识员工则满腹牢骚，被人力资源部门称为"最难管理的人"。

知识与经验成为了除生产资料和工具外最有价值的一种资本，相对应之前雇佣者完全掌握生产设备、厂房、土地，知识工作者的自主权极度提升，所以华为公司在自己最早的《华为基本法》里面就这样描述："第十六条　我们认为，劳动、知识、企业家和资本创造了公司的全部价值。"第一次将知识与传统的劳动、企业家精神和资本并列，作为价值创造的源泉。

随着知识工作者成为核心劳动力，在国内外已经出现了一些不依附于某个机构的个体，他们依赖自己的经验和知识服务更多机构和个人，譬如许多优秀的设计师在家工作，为多家机构服务。但是能够自雇的人员还是少数，因为并非所有的工作都可以个人完成，一般对协作要求比较高的岗位需要更紧密的团队合作。

个人崛起还有一个很重要的原因是，全球经济经历了从短缺到充裕，再到过剩的阶段，生产的产能已经不是问题，大量生产出来的产品没有人购买成了新问题，这也是我国政府近年提出供给侧改革的缘由。在这种大环境下，社会不仅比拼效率，而且更依赖于创新，能够生产出满足用户显性和潜在需求的产品才是王道，这个时候对于知识工作者尤其是高水平知识工作者的需求就更加迫切。苹果公司前首席执行长兼创办人乔布斯说自己花了半辈子时间才充分意识到人才的价值，他说："我过去常常认为一位出色的人才能顶两名平庸的员工，现在我认为能顶 50 名。"

高水平人才一定是短缺的，对于这种短缺的人才，通常不是他依赖于某个组织，而是这个组织在依赖他了！

随着知识工作者的出现并成为核心劳动力，他们对于机构和单位的依赖性越来越低。凭借独特的知识和经验，那些高水平的知识工作者与企业更像合作的关系而非雇佣：双方互相成就。

个人崛起的可能性

2006 年，美国《时代周刊》将当年的年度人物授予"YOU"——所有网民，封面上显示的是一个白色的键盘和一个电脑显示器的镜面，从镜子里购买者可以看到自己的镜像。授奖理由是："我们每一个人都在互联网上使用和制作了内容。"《时代周刊》认为，社会已经从机构向个人过渡——即该杂志所提出的"向新数字民主主义公民的转变。"该杂志还提名了 26 位"2006 年度重要人物"（People Who Mattered），包括朝鲜领导人金正日、罗马教皇奔尼蒂克十六世（Benedict XVI）和布什政府的三人组合（布什、切尼和拉姆斯菲尔德）等。

当时正是 Web 2.0 大行其道的时候，之前单纯的由编辑发布内容、网民去阅读的方式已经转变为每个人都可以在网上发声，他们通过博客、播客、维基（Wiki）、微博、SNS 等方式去发表自己的观点，并进行交流。2006 年 3 月，Twitter 成立，此时 Facebook 刚刚成立了 2 年。2016 年，Facebook 第一季度财务报表显示，它的月活跃用户数量为 16.5 亿，移动用户数量为 15.1 亿。Facebook 公司还称，它的日活跃用户数量为 10.9 亿，移动日活跃用户数量为 9.89 亿，人们经常开玩笑说，Facebook 成为地球上人口超过中国、印度的"地区"。

沧海桑田，互联网尤其移动互联网将大部分人收入网络中，各种新技术、新应用层出不穷，互联网及其关联的新技术包括大数据、物联网、人工智能、工业4.0，已经深刻地改变了每个人的生活。

20 世纪 80 年代，人们购买商品需要去供销社，而且基本可以满足需求。那个时候，农村大部分人家是很少买东西的，都可以自给自足：粮食是自己种的，蔬菜也是自己家种的，要吃什么自己做。更早一些，甚至穿的衣服都是自己裁剪、缝纫的。除了食盐等物品不能自己生产，基本上不需要购买别人的产品和服务。

经济学家认为，分工促进了生产效率的提升，是生产力先进的表现。你是否发现，越发达的地方分工越细，人们需要购买的产品和服务越多；反之，落后的地方更多是自给自足。而今天，在我国的大城市里，按照罗辑思维 CEO 罗振宇的说法："我随时可以打开手机的一个应用，下面有几百辆汽车和上千万个师傅准备为我服务，有各种合法服务准备上门。就在过去一两年，每个大城市的普通员工活得像一个国王，而路易十四才 300 个厨师。"

互联网时代，不仅生活上极大便利，知识工作者工作上所需要的资源也得到充分供应，让每个人大部分工作可以在家里、在路上便捷地完成。即使不依赖某个机构，人们也可以生活得很好，这是最好的时代！

同时互联网的出现，尤其移动互联网的深化应用，涌现了更多的个人知识和经验价值化的方式，相应服务于知识工作者的基础设施越来越完善，这个时候越来越多的知识型精英开始摆脱他们的"单位"，并能够活得更好。管理学教授陈春花曾经讲述了她在新希望六合公司时的一个例子：

"我的公司招收接近 800 名新入职的员工，他们此时就在青岛基地培训，我花很多心思来设计这个新员工入职的环节，甚至告诉人力资源的同事，要在新员工入职的时候，和他们谈一场轰轰烈烈的恋爱，恋爱的程度越深，他们理解和爱上公司的概率越大。但是回想起 10 年前，或者更早一些，像新希望这样的公司，是不需要花费这样的脑筋的，很多年轻人会渴望走向社会，走向岗位，走向一个好的组织，让自己得以充分地发挥。但是今天，组织与成员之间的关系变得非常的微妙，个体本身的能力已经超出组织界线。"

在未来，许多人将不满足服务于某个机构，他们更渴望自由因而更愿意自雇，通过自己提供的产品和服务与更多不同的机构和个人合作。人们不会再轻易地把自己固化在一个组织里，或者一种角色里，他们期望更自主、更有创新地工作来发挥自己的才能。

互联网为知识工作者提供了独立工作的工具和机会，社会化的知识分享方式让员工可以不必依赖某一家具体的机构而生存，双方力量对比发生了变化，人的价值凸显。

真正的专家什么样

高手们的传奇

每个领域的高手和专家，总会流传着许多传奇的故事。大部分人第一次见识到专家的厉害，大都是在中学学习欧阳修的《卖油翁》时，记住了"无他，但手熟尔"。

陈康肃公尧咨善射，当世无双，公亦以此自矜。尝射于家圃，有卖油翁释担而立，睨之，久而不去。见其发矢十中八九，但微颔之。

康肃问曰："汝亦知射乎？吾射不亦精乎？"翁曰："无他，但手熟尔。"康肃忿然曰："尔安敢轻吾射！"翁曰："以我酌油知之。"乃取一葫芦置于地，以钱覆其口，徐以杓酌油沥之，自钱孔入，而钱不湿。因曰："我亦无他，惟手熟尔。"康肃笑而遣之。

射箭也好，倒油也罢，只不过练习得够多，十分熟悉而已。按照现在的说法，对于需要手工操作的工作，通过大量的刻意练习，建立肌肉记忆，当需要操作的时候想也不用想就可以做出来。

电学天才梅因泰斯有一件被人称道的事：某大公司大型发动机运转不正常，于是他被请去"会诊"。梅因泰斯围着机器仔细看了看，听了听转动的声音，然后果断地在一处用粉笔画了一道说："把这里的线圈减两圈。"机器果真修好了。梅因泰斯也因此挣了1000美元。事后有人不服，说："用粉笔画一道就值1000美元？"梅因泰斯听后一笑，在收据上幽默地写道："用粉笔画一道，1美元；知道在哪儿画，999美元。"

这样的故事总是将专家和高手写得神乎其神，而对于如何成为这样的人则语焉不详。在电影《教父》中有一句话：花半秒钟就看透事物本质的人，和花一辈子都看不清事物本质的人，注定是截然不同的命运。前者是高手，无论物质和精神上都是人生赢家，而"一辈子都看不清事物本质的人"其人生就可想而知了。

但问题是，尽管我们在工作和生活中通过阅读见识了大量专家和高手的事迹，甚至面见了不少的专家和高手，但我们只是看到了他们很厉害的结果，却从来没有人告诉我们如何成为那样的人，所以大部分时间我们只有作为粉丝而仰望：我要能成为那样的人该多好呀！

对于如何成为专家或者高手，常见的说法是需要刻苦学习、认真练习，这当然没错。但为什么那么多刻苦学习的人却连一个简单的考试都应付不了，更不用说去面对五花八门的工作；为什么从小一起训练的小伙伴，十年后一个已经成了专业选手而另一个还是业余爱好者的水平。这里面到底有什么蹊跷，除了刻苦学习还有哪些注意事项和方法，是不是每天不停地练习就能成为专家？

虽然有许多人称其在"揭秘"高手是如何炼成的，但一般只关注了一个点而非系统或全面不成系统，譬如：告诉你只要你学会了逻辑思考，就能看透事物本质；只要具备了元认知的能力，就能够成为一个聪明人；等等。如果你没有领域内大量的知识积累，你会逻辑思考又能如何，思考的前提是你要有原料进行判断和推理；然而，许多"聪明人"由于积累不够，面对复杂问题的时候仍然一头雾水，既看不透事物的本质又不聪明。譬如说，一万小时定律、刻意练习等，这些都没错，但却没告诉你这些练习还有相应的限制条件。更不用说，如果你连自己想做什么都不知道，那你去练习什么？

写作本书的目的是探究成为各领域专家的共性因素，希望总结提炼出系统化、可操作的方法，来帮助追求上进的人们正确认识高手和专家、掌握成为一个领域专家的方法论，这些方法简单到普通人可以在实践中进行实际操作，从而可以真正提升自我能力和竞争优势。同时，大量高水平人员的涌现，也会促进不同机构的效率和创新能力，真正提升小到一个组织大到一个国家的优势。

定义真正的专家

要成为专家，先要定义专家是什么样的。

曾任世界银行副行长的著名经济学家林毅夫在讲座中曾经把经济学家分成三个层次：一个是经济学教授，一个是经济学家，一个是经济学大师。

他认为，一位好的经济学教授必须对现有的理论、文献非常的熟悉，能进行很好的归纳、总结，并且能够很好地讲解。如果对现有的文献不熟悉、理解得不透彻，那就不是好的经济学教授。一位经济学家则要求能够根据新的现象提出新的理论，对经济学科的发展做出贡献。经济学教授和经济学家的差别就像画匠和画家的差别：画匠能够把别人的画重新绘制得非常好，或者说能够把传统的技巧掌握得非常好；画家则要求能够推陈出新，不管从意境还是构图上面都能有所创新。经济学教授和经济学家的差别也是这样的，学习现有的文献、理论只能够成为经济学教授，要成为经济学家必须从研究新现象开始，从那些不能被现有理论解释的现象中提出新的理论来。

和经济学大师相比，经济学家贡献的是一个个小理论，每一个小理论本身是内部逻辑自洽，而且理论的推论和所要解释的现象也是一致的，但是每个理论之间经常会打架，无法形成一个一以贯之的体系。经济学大师的贡献则是创建一个新的理论体系，这个理论体系里面包容很多新的小理论，这些小理论分开来可以解释这个时代的许多新的现象，合起来则成为一个一以贯之的内部逻辑自洽的理论体系。只有掌握了导致一个时代变革的最外生变量，并以此作为逻辑出发点，才能构建一个既能解释这个时代许多的现象，又是内部自洽的理论体系，而只有具有大的胸襟和眼光，才能够从各个不同的现象中去发现背后具有决定作用的外生变量。

总结一下，按照林毅夫的说法，经济学教授是"学别人的"，能够理解、讲授已经成熟的理论；经济学家是片段的、点上的解释现实现象和新现象，但是只能"碎片化"地解释；而经济学大师则是体系化的创新，创造新的理论，这些理论能够解释大部分的现象，并可以开宗立派！

中国航天领域的人才规模和培育在全球同行中都堪称出色，中国航天科技集团将科技人才分为 5 个层级，即骨干、专才、将才、帅才和大家，并将每个层次进行了界定：

- 骨干就是专业主管，能够独立解决实际问题；
- 专才就是各专业领域的技术带头人，主导技术发展；
- 将才是航天型号研制的总指挥和总设计；
- 帅才是重大工程的设计系列总师和领域首席专家，解决重大关键技术问题；
- 大家就是杰出科学家，引领航天技术的发展。

而关于对这些人才的培养，中国航天科技集团的说法是：工程实践、培养骨干；长期积累，培养专才；一专多能，培育将才；艰辛历练，造就帅才；重德修身，成就大家。

我国的航天系统的确培养了大量各个层级的人才。我们从外部理解，其人才培育的方法除了上面所说的以外，还在于入口的人员素质不错、每年航天项目机会多让人才有更多机会参与、必须完成的任务"逼迫"人才成长、外部知识稀缺刺激了创新等，当然传统的培训、交流等技术管理方式方法也功不可没。这个分层的依据，在开始是技术层面，后面其实是协调、控制和管理的能力了。

1980 年，Stuart 和 Hubert Dreyfus 兄弟发表了一份 18 页的报告，在这份报告中提出了德雷福斯技能获取模型（Dreyfus model of skill acquisition）。当时，他们在加州大学伯克利分校，主要研究操作和教育领域的技能工作者，包括飞机驾驶员、棋手、汽车驾驶员、学习一门外语的成年人。后来他们将这个模型用到很多地方，譬如医院护理人员的能力提升。

在德雷福斯技能获取模型中，他们把能力水平分为新手、高级新手、胜任者、精通者、专家 5 个层次，每一个阶段都有相应的判断标准。德雷佛斯模型主要研究对象是技能型人才，他的分级主要依据有两个，即指令和规则、模式与直觉，依据人们对指令和规则的依赖程度去划分新手、高级新手、胜任者等，依据模式和直觉的程度去划分精通者和专家。

这个模型有值得借鉴的部分，也有其局限性。譬如它的研究对象主要是技能人才而非更复杂的知识工作，实际上知识工作的专家不是仅仅依靠直觉工作，他们也需要严格的推理与分析等。更重要的是，它没有关于专家在知识创新上的说法，专家不仅仅要做那些已经有明确路径和步骤的工作，更要做那些新的没有明确方法的工作。

一个受过高等教育的普通人进入职场，距离成为一个领域的专家有多远？要经过哪些步骤才能真正地达到专家的水平和能力？借鉴前人的研究和实践，通过我们的调研分析，按照对解决问题的熟练程度（按照指令到自动化、直觉）、能否创新出新的方法和手段从而对行业有所贡献两个维度，我们将普通人从入门到专家简单地划分为五个阶段。

- **探索期**：从学校到职场，大部分人都有一个探索的过程，处于这个阶段的人还没有自己明确的发展目标，也没有找到适合自己的职业领域和方向，只能进行不断尝试。

- **新手期**：无论主动或者被动，基本确定职业目标，但在这个领域的实践和学习都属于初始状态，需有人给他分配某项任务、活动，并要求他完成，他也会参与项目的某一部分。具体解决问题时主要依赖规则和指引。

有人也许学历很高，但还没有参与过多少项目，可能只有理论知识而缺乏实际工作经验，这种情况就属于新手期。

- **胜任期**：在这个阶段，虽然效率不高和完成的质量一般，但是他能够完成大部分比较常规的活动、项目和任务。遇到困难，经过学习和请教，也能够完成。

大部分人穷其一生，只走到了这个阶段。由于欠缺进一步提升的动力和机会，所以在工作上他们以完成任务和要求为己任，很少考虑进一步地提升和发展。或者虽然有想法，但很少有机会真正去实施。

- **高手期**：在这个阶段，他们不仅能够按要求高效完成简单常规的任务，还能完成复杂困难的任务。对他们负责的工作能够得心应手，积累了许多模式和套路，形成工作的直觉，很多任务和工作可以自动化地实现。

这样的人在许多机构内部，通常已经被视为专家了。

- **专家期**：在这个阶段，他们对于常见工作都有自己的模式和套路，形成工作的自然反应。他们对职责内的工作不仅知其然还知其所以然，并且可以从更大的背景下思考自己的工作，知道自己的范围和限制在哪里。这个时候，他们不仅仅完成自己的工作，而且能够站在更高的层面上"替"整个行业和领域思考和实践，能够创新出系统化的方法论，解决新的、更复杂和宏大的问题。

在写作本书的过程中，我们调研和访谈了超过 700 名各领域、行业和专业的专家，发现那些真正达到各自领域顶尖水平的人，都具备下列特征。

特征 1：他们有一个领域。

没有什么都懂的专家，专家知道自己所知的界限，对未知保持好奇和敬畏，对于不懂的领域和行业他们有明确的认识。随着水平提升，他们领域的范围越来越广。

因此，没有明确的方向和领域是无法成为专家的核心原因之一。

特征 2：在自己的领域内，他们积累了星辰大海般的知识，他们对于知识的掌握深刻而全面，并且能够创造新知识。

专家掌握的知识对于普通人而言像大海一样浩瀚。不仅仅是数量多，而且他们大脑中的知识质量远高于普通人，他们的知识都是成体系化存在的，每个知识的枝叶上都既有事实性、概念性的陈述型知识，也包括很多操作的流程步骤和注意事项等流程型知识，并且他们通过大量的实践积累了众多的情境型知识，在各种场景下取用自如。同时，他们也有合理的知识结构，相关领域的知识也远超大部分普通人，这些为他们能够创新性地解决问题提供了帮助。

对于领域内的知识，专家可以用几个关键词概括。他们可以简单通俗地说明领域内知识的关联关系，在大脑中用最简单的方式记忆。同时，他们也可以就这个领域讲上三天三夜，可以就一个概念引申出整个领域的全貌。他们的知识除了来自阅读和上课之外,更重要的源于解决过大量困难的问题和解决问题后的思考。在他们的大脑里面,知识以概念化的形式存在,平时他们只记得最高层次的几个概念,当遇到问题时他们会顺流而下找到具体的知识。

领域内的大部分内容他们已经理解并实践过,对于领域内新出现的知识能够判断哪些是真正创新的,哪些只不过是换了一种说法的忽悠。对于新的内容,他们有兴趣去学习并通过实践验证,转化为自己的知识体系。同时,能够通过不断地探索生产出新的知识,为这个领域作出贡献。

特征 3:专家具备积极主动的思维模式,他们在思维方法和技术上都有较高的水平。

各个领域和行业的专家具有共性的思维方式和方法,他们更关注事物的本质,擅长用概念化思维从本质去看问题,他们大脑中有许多框架、模式,在面临问题时基于特征快速从记忆中提出框架,而普通人可能面临问题时想不到用什么知识,即便想到了也只是一个或几个知识点。

股神巴菲特的合伙人查理·芒格被投资人誉为"站在巴菲特身后的巨人",按照巴菲特长子霍华德的说法,在他所认识的人中,巴菲特聪明才智排行第二,而芒格排名第一,比尔·盖茨也曾经说:"如果没有芒格的辅佐,巴菲特恐怕很难做得这么好!"

查理·芒格投资依赖于他所说的格栅模型:"你的头脑中曾经有过许多思维方式,你得按自己直接和间接的经验将其安置在格栅模型中。"芒格认为将不同学科的思维模式联系起来建立起贯穿融会的格栅,是投资成功的最佳决策模式。用不同学科的思维模式思考同一个投资问题,假若能得出相同的结论,这样的投资决策更正确。懂得越多,了解越深,投资者就越聪慧。特斯拉创始人马斯克经常说他的"第一原理",对比于普通人经常用的"比较思维",他认为:"我们在生活中总是倾向于比较——别人已经做过了或者正在做这件事情,我们就会跟着去做。这样的结果只能产生细小的迭代发展。'第一原理'的思考方式是用物理学的角度看待世界的方法,也就是说,一层层剥开事物的表象,看到里面的本质,然后再从本质一层层往上走。这要消耗大量的脑力。"

特征 4:对于领域内的大部分问题,他们可以不用深入思考和分析,仅仅利用积累的方法、模型、框架去迅速解决。

对于困难的问题,他们能够抽丝剥茧不被现象和描述所迷惑,发现问题真正的核心是什么，基于积累的大量知识和问题模式选择合适的方法尝试解决，能够在解决问题的过程中自我监控并采用最合理的策略；对于完全陌生或者跨领域的问题，他能够界定自己擅长的部分和不擅长的部分，对熟悉的部分迅速搞定，对于不清楚的他乐于学习和请教，并善于与不同行业的专家合作。

对于专家而言，他们是为解决问题而存在的。挑战性的问题会激发他们的热情与动力，但大部分普通人认为的难题对于他们而言可能都不是问题，他们更喜欢追根溯源，从根本上解决问题。当你向他提出一个问题，许多时候他们会告诉你这根本不是问题，而真正的问题是因为欠缺以下内容：某个概念理解不够、某个方法不熟悉等。

特征 5：专家永远保持好奇心，并承认自己的不足。

学习是他们的爱好，在自己熟悉的领域外他们仍然不断地拓展，在上下游、相关的领域他们也有很深的造诣与认知，遇到相关的高手时他总是虚心求教。随着时间的推移，专家心中的那个领域会越来越大，这个时候在普通人的眼里他们已经成为了很多个领域的专家。

特征 6：真正的专家有自己的立场。

他们对于自己拿不准的东西会说不知道而不是大放厥词；对于自己专业领域内的观点和看法客观稳定，不会因为利益而去说假话讨好别人。当他们表达的时候，大部分都经过深思熟虑，如果自己没有想清楚，他们也会坦诚地说我需要研究一下。

现在之所以许多专家被批评和调侃为"砖家""叫兽"，一个很重要的原因是不少专家认识不到自己的局限性，对于自己不懂的领域和问题指手画脚，对知识没有敬畏之心，闹出许多笑话；另一个更重要的原因是一些具备专业知识和经验的人在道德和人品上存在缺陷。利用人们对于专家的尊重和信任谋取不当的利益，从而丧失立场和尊严，这样的人即便有再高的知识水平，也配不上"专家"的称号。

你会成为哪种专家

1978 年著名诗人徐迟在《人民文学》发表了名为《哥德巴赫猜想》的报告文学，介绍数学家陈景润。那个时代许多青少年的理想都是成为数学家和科学家，整个八九十年流行的说法是"学好数理化，走遍天下都不怕"。

那个年代，专家基本上等同于科学家。只有做科学研究的人，才能被称呼为专家，专家最牛的称号是"院士"。但有识之士也发现，科学、技术、工程的性质并不一样，也不适合将许多最优秀的人都归到科学院。所以在 1994 年，中国又成立了"中国工程院"，把那些做土木、水利、冶金、医药卫生、农业等各工程领域的顶尖人才汇聚起来，评选出"工程院院士"。

中国社会科学院也有自己的学部委员（曾经很长一段时间里，科学院的院士也叫学部委员），而中国社会科学院学部委员是中国社会科学院内的最高学术称号，也是中国哲学社会科学研究领域的精英群体，为终身荣誉，地位相当于中国科学院院士。

大致可以看出来，传统的专家认可通常有以下特点：

● 对于技能型人才里面的高手，更容易被认可为专家。

● 研究领域的人容易被认可为专家（从知识管理的角度看这些人的使命是创造新知识）。

● 理、工、农、医这些专业的人容易被认可为专家，而管理人员官方认可的较少。在中国工程院设置了工程管理学部，可以算作工程管理方面的顶尖专家认定。

被传统认可的专家主要是那些依赖于个体能力完成任务的人，而经营管理工作却需要依赖于他人完成任务达成目标，所以传统的专家认定很少考虑经营管理人员。就是因为其个人价值评定较难，更多地依赖于实践而非成熟的理论，环境、文化、管理对象对于结果的影响较大，测量难度较高。

但事实上，在经营管理上也是有高低水平之分的。同样是县委书记，有人做得游刃有余、绩效斐然且受人尊敬，而有人则做得怨声载道、毫无创见，这背后一定有原因；同样地，人力资源经理也有高低之分，这其中也有自己的规律和原因。

德鲁克在提出知识工作者概念的时候，虽然也包括那些生产知识的人（如科学家），但他更关注的是知识的传播（编辑、教师）、利用（医生、工程师）的角色。本书面向的读者也是如此，里面涉及的理念、方法更多适用于实务界而非科学研究者，主要面向在各类企事业单位从事管理、研发、生产、营销、运营的人。

但同是知识工作者，其差异也会很大。一名在中国移动公司 10086 接线的客服代表与一位做风险投资的大佬，都是在做处理信息和知识的工作，但他们的工作对于信息和知识的使用与创造要求却迥然不同。所以，有必要对知识工作者进行再分类。由于分类目的不同，对于知识工作者的分类是一个有意思的话题，相关的研究也有很多。在本书中，我们主要根据两个维度去分类。

（1）知识工作者工作中需要的协作程度：该项工作是需要个人独自完成还是需要跟他人协作完成。

譬如医生，虽然对于疑难病症也需要跟其他专业的医生进行会诊，或者请教其他人，但他们的大部分日常工作主要依赖于自己根据患者的情况做判断。而销售总监可能也要亲自销售产品，但其核心价值和绩效却来自他所带领的销售团队的绩效。

医生这个职位所需要的协作程度较低，而销售总监则需要的协作程度较高；医生这个岗位在工作中对于协作的要求较低，而销售总监则要求较高。

（2）知识工作者在工作的程序化程度：有章可循还是需要不断判断。

对于公民而言，应该是"法无禁止即可为"，而对于政府而言，则是"法无授权不可为"，所以大部分政府普通公务员所办理的事情，都是程序化、有章可循的，按照法律法规的要求，必须一步一步地执行，每个公务员负责其中的一个或者几个环节。

但对于医生而言，每次都需要基于具体患者的检查指标去确定病因、治疗方案，需要医生每次都进行不一样的判断。

基于以上两个维度，结合起来会形成图 1-1 中的四类角色。

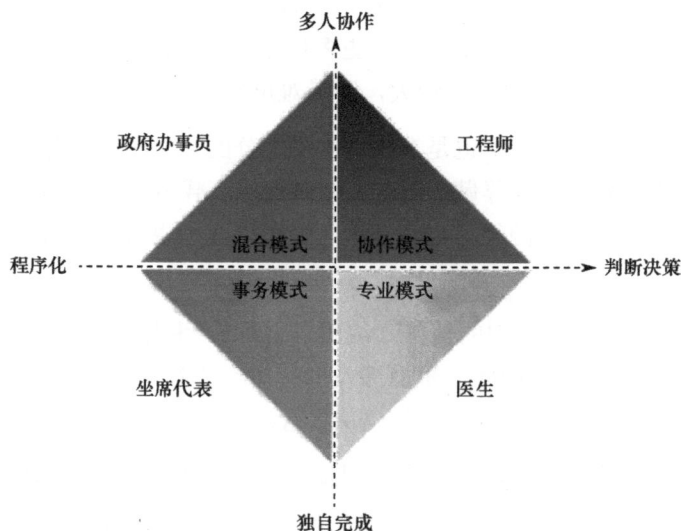

图 1-1　职业角色分类

每一类角色都会有自己的专家，如专家型医生、专家型工程师、专家型公务员、专家型 IT 运维人员等等。这是由人的差异性决定的，因为不同的人擅长的领域和方向不同，所以每个致力成为专家的人应该选择最适合自己的领域和方向。在这方面，全球知名的教育心理学家霍华德·加德纳（Howard Gardner），在 1983 年提出的"多元智能理论"给了我们启发，这个理论也成为了 20 世纪 90 年代西方教育改革的重要理论依据之一。

人类的智能是多元化而非单一的，在《心智的架构》（*Frames of Mind*, Gardner, 1983）这本书里提出，人类的智能至少可以分成 7 个范畴（见图 1-2）。在 1995 年相关论述中又加入了"自然认知智能"，即主要由以下 8 项组成：

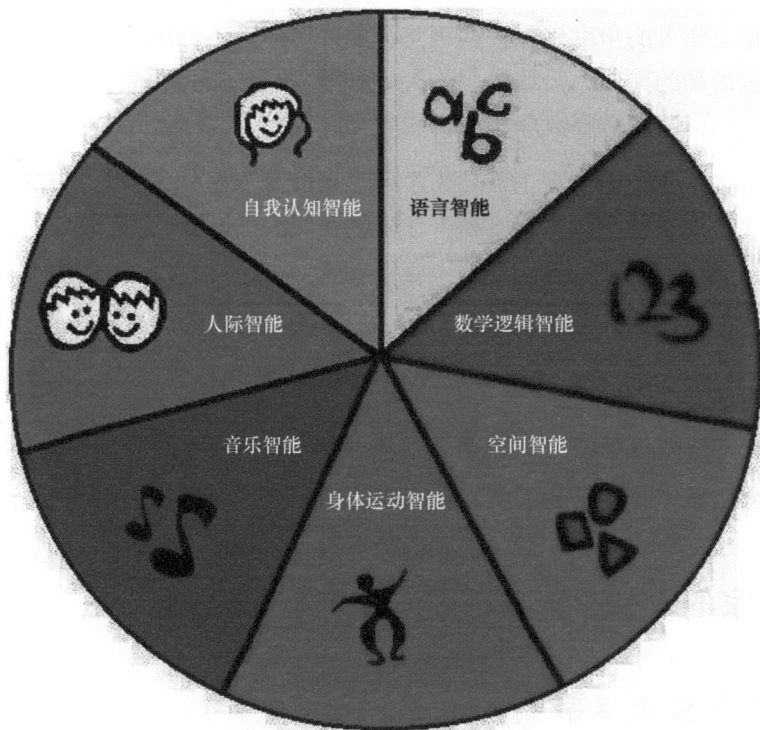

图 1-2　人的多元化智能

（1）语言智能（Word Smart）；

（2）数学逻辑智能（Logic Smart）；

（3）空间智能（Picture Smart）；

（4）身体运动智能（Body Smart）；

（5）音乐智能（Music Smart）；

（6）人际智能（People）；

（7）自我认知智能（Self Smart）；

（8）自然认知智能（Naturalist Intelligence）。

每个人都有这 8 项技能，但不同的人可能擅长其中的几种，每个人都拥有不同的智能优势组合。

传统教育过多地强调了语言、数学、逻辑智能，这对擅长于其他智能的人是不公平的。当然，这些不同智能的形成与发展并不完全是天生的，它们依赖于环境和教育因素，需要经过学习、实践来提升。

从知识工作者的角度来说，四种角色的任务需要不同的智能支撑，譬如：对于协作要求很高的岗位，需要较强的人际智能、自然认知智能；对于判断和决策要求很高的岗位，则需要数理和逻辑智能；等等。

但对每种角色，那些真正下功夫学习、实践并思考的人们，都有机会成为专家！在实践中也是如此，各领域都有让同行钦佩的人。

再强调一遍，本书所指的专家是指知识工作者中从事实务工作的专家，并非科学家或者音乐、体育领域的高手，包括上面四个维度的岗位和领域。

那么，请思考：

（1）从当前的岗位判断，你最可能成为哪个领域的专家？

（2）董明珠、贾玲、吴敬琏、屠呦呦、徐小平，他们是本书所指的专家吗？

成为专家的关键

成为专家的框架

基于我们的研究和实践，要成为任何领域的专家，都必须考虑以下几个问题。

第一，明确个人的方向和目标。

三百六十行，行行出状元，每个行业、领域和方向上都有不足为外人道的蹊跷，如果你不能登堂入室，只能是一个门外汉的角色。处于"信息爆炸"时代，在任何领域和方向中，所需要掌握的内容、了解的资讯、参与的实践，都提出了越来越高的要求，所以方向非常重要，如果不能有一个明确的细分方向，那么想要成为专家就是一个笑话。

第二，擅长学习，真正地去学并且学会了。

学习能力是一种基础能力，任何领域和方向上的专家都是学习上的高手，他们从书本中学、从实践中学，去学校学、跟人学，通过完成任务和项目来反思、总结。

经过持续不断地学习，他们在选定方向上积累了大量的知识，如同前面所说，他们所掌握的这些知识在数量和掌握程度上都远超普通人。

关于成为专家学习方面的内容，我们将在本书第二章中进行论述。

第三，有机会解决大量问题，尤其是复杂困难的问题，并且做完后还能够总结、提炼。

实践是连接知识和思维方法的桥梁，专家除了认识世界更重要的是改变世界，而要改变世界就需要依靠完成各种任务和项目。要成为专家，需要参与和主导该领域许多大型任务和项目，并且能够从这些项目中沉淀出许多套路和方法。

要想真正将知识转化成自己的能力，遇到不同情景时能自然地选择合适的分析方法，都不是仅靠学习能成功的。世界上没有任何一个真正的高手是靠看书或者冥想成功的，"纸上得来终觉浅，绝知此事要躬行"。要真正地掌握知识、修炼思维，都离不开实践——做任务、做项目，解决复杂困难问题，在这个过程中验证你的学习、获取场景知识、练习思维方式和方法。

在高手成为专家的过程中，都有一些"关键事件"，这些关键事件通常是那些开始时看起来复杂、困难和几乎无法完成的任务，但由于形势所迫、客户要求或者信守承诺等各种内在或外在的压力下，在艰难困苦中完成了的项目和任务。而在项目和任务完成后的反思中，发现自己的能力有了巨大的提升。

如果你想成为顶尖高手，一定要主动参与复杂和艰难的任务，这个过程可以加深你对知识的理解，促进思维的跃进与成熟，并将"别人的"知识真正转化成自己的知识，拉动自己去考虑更本质的问题而忽略细枝末节。

关于实践部分，在本书第三章中将进行论述。

第四，提升思维能力。

任何领域的专家都拥有积极、主动的心智模式，同时他们也掌握了强悍的思维方法和技术。经过对专家的调查发现，在拥有大量的知识原料后，通过不断地解决问题和深度思考，他们的思维能力会持续提升。从最基础的判断、推理到分类、结构化，把从下到上地认识问题过渡到从上到下地解决问题，框架思维、概念思考、逆向思维等都成为了他们的思考习惯。

具备了这些思维能力后，当面对纷繁复杂的问题时，他们能够抛开细枝末节直击核心，从而抓住主要矛盾提出合理解决问题的对策。在问题表征时他们就区别于新手，在问题解决时他们的头脑中积累了大量的模式、模型和框架，对于普遍性问题可以仅凭直觉就能找到答案；对于复杂困难的新问题，他们耐心谨慎，依据于逻辑和经验，细致推导，反复验证，获取解决方案，并能够在实践中及时改进。

关于思维部分，在本书第四章中进行论述。

第五，将坚持变成习惯，坚毅面对困难。

成为任何领域的专家都是一次长跑，这个过程困难而漫长。许多人之所以没有成为专家，并非智力和天赋上的缺陷，而是欠缺了持续追求卓越、自己跟自己较劲的习惯。

在过了胜任期后，大部分人已经很少有外力的压迫和要求。这个时候，真正有追求的人需要能够"自燃"，基于兴趣、理想、使命和追求完美等动力，在别人已经认为你足够好的时候持续学习、实践和思考。成为专家的过程一定不是一帆风顺的，会遇到许多困难、焦虑、无助、无望的时刻，这就需要具有百折不挠的精神。

以上的五个维度构成了成为专家的框架，如图1-3所示。

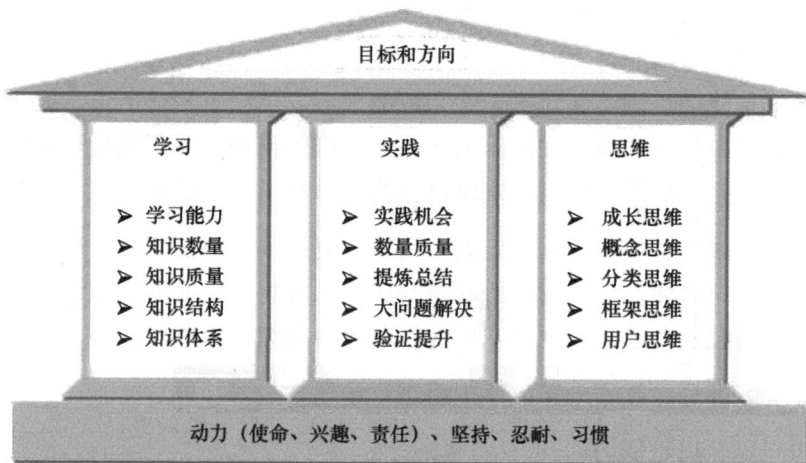

图1-3　成为专家的框架

28

其中，关于学习、实践、思维部分是本书的重点内容，在后续的第二章、第三章和第四章中分别进行论述。

而关于目标和方向、动力问题则在下一节进行阐述。

成为专家的两个核心因素

说实话，成为任何一个领域的顶尖高手和专家，都不容易。如果容易，为什么高手永远那么少呢？但另一个角度，成为顶尖高手其实也没有大家想象的那么难。

很多人都发现，在自己的同学中，有许多在读书时不是学霸也不是尖子的学生，却在 20 年以后成了某个领域国内外知名的专家。

那些跟你一起进单位的，条件、天赋不比你好甚至不如你的人，最后也成了货真价实的专家。

要成为任何一个领域的顶尖高手和专家，都是一个长跑的过程，对于那些号称半年就成为高手、专家的，要么是骗子，要么是他们在积蓄能量的时候我们不知道。

真正的卓越，涉及很多因素，横向上包括成为专家框架里面的学习、实践和思考，纵向上有认知、理念、方法、技巧、工具等。如果让我说，成为专家最核心的内容其实就两条：

第一条，是否有方向和目标，你的这个方向和目标是否靠谱；

第二条，是否能够持续地努力，就是多年如一日地坚持着。

方向和目标这一条就淘汰了很多人，由于我们的文化和教育造成许多人没有独立思考的能力，被动等待别人的安排和要求，所以真正能够形成自己的方向和目标的人是少数；持续努力的背后是动力问题，这一条又淘汰了一大批人，所以最后剩下的人就越来越少。

如果你想成为专家，这两条就必须做到！

方向和目标

有一个笑话，女人一辈子听不够的话是"我爱你"，男人一辈子想不明白的问题是"我到底爱谁啊"。

许多人没有取得成就的一个重要原因，跟这辈子不知道该爱谁的男人一样：

觉得"女神"很好，大家闺秀也不错，小家碧玉别有风味，另一个女生也有自己的特点，到头来没有明确可行的方向和目标，或者贪婪地希望都娶到，或者认为还有更好的。

2010年我曾经出版过一本《你的知识需要管理》的书，是讲个人知识管理的。在这本书出版过程中，我认识了许多对知识管理感兴趣的人，也发现了一个很有趣的现象。

通常对个人知识管理感兴趣的是那些希望上进的人。这里面有一些人看了这本书后，也问过我一些问题，后面就不知所终了。我把他们叫作"不活跃"的学习者。

还有一类人，他们除了对个人知识管理感兴趣，还喜欢各种"学习"，参加各种读书拆书活动，学习时间管理，听各种TED讲座，参加各种社群。这种人我称为"活跃的"学习者。几年过去了，我观察到这些"活跃"的学习者并没有因为他们的四处学习而有特别大的成就，反倒是那些不活跃的人有不少做得风生水起，不少人已经成了他们所在领域的高手和专家。

为什么整天想着学习和进步的人却没有长进呢？

在2017年的"两会"上，火箭军装备研究院某研究所所长李贤玉少将突然"出名"了，她曾经是黑龙江高考的理科状元这事也被大肆报道。李贤玉高二参加的高考，考进北京大学，还是当年黑龙江省理科状元。

从这个角度看，说她有天赋是没有问题的，但在采访中她却说："我这个人没多么远大的目标、多么长远的打算。我的特点在于，一步一个脚印，只要有机会，一定能抓住。不管干什么，只要踏实和坚持，铁定能干好。"

李贤玉的说法，其实代表了一类人：个人在初始的时候没有特别明确的目标和方向，不知道要做什么，也没有什么特别的兴趣。但只要告诉她做什么，她愿意下功夫并持之以恒，做不好不罢休。

在写作本书的过程中，我曾经采访了一个"全国工程勘察设计大师"（中国工程勘察设计行业国家级荣誉称号），问他如何成为大师。他说了一句很有意思的话："不知道啊，起码我之前没想过成为大师。只不过，就是活太多，干活就是了。"

随着社会的进步，时髦的说法就是：每个人都要追随自己的初心（Follow your heart），要根据自己的兴趣去选择专业、岗位，才能够做出成就。

一个人能做自己最感兴趣的事情，并能够努力持续，这无疑是幸福的。但问题是，大部分人根本不知道自己对什么感兴趣，许多人从小只知道自己不喜欢干什么，但却说不清楚自己真正喜欢的是什么。多数人没有一个明确的兴趣点和方向，那怎么办？

面对这种情况，因为找不到自己的兴趣（可能是根本没有明确的兴趣），很多人就像等待戈多一样期望某一天突然发现了自己的爱好，然后势如破竹地做出一番成就。在这种想法的指引下，对于当前的工作当然就随波逐流，领导让我干啥我就干啥，但这不是我追求的，所以应付过去就行。但另一类人则采用了相反的做法，即便不是他们最喜欢的事情，但他们追求做到极致、做得最好，当自己不明确自己的兴趣时，则以手上的工作为兴趣，目标是将简单的工作做到极致，在这个过程中他们愈发被领导和社会信任，从而赢得更多事业上的机会，并有所成就。

你得知道，世界上没有一个完全适合你的终极方向，你在人生的不同阶段也会有不同的追求。确定正确的方向，当然这是最难的事情之一。对于职场人而言，便捷的方法就是先不考虑人生方向这样宏大的问题，也不要去确定什么是终极目标。

从将自己手上的工作做到极致的需求出发，看看自己缺什么，然后去学习和实践，在学习实践过程中矫正自己的方向。

方向和目标明确的人，自然就有工作的动力。确定了方向和目标才可能涉及专业上的深度，有了深度才有独特性和超额的价值。在互联网信息时代，许多人焦虑的原因就是没有方向，因为没有方向和目标，所以觉得很多东西需要去掌握和学习，但因为需要学的东西太多了，于是在多个领域都是浅尝辄止，没有深入。

如果你没有方向和目标，就不能聚焦到一个点上，那么你学到的东西很可能就是多个领域的常识，而这些常识带不来优势。如果你掌握的东西都能在百度上搜到，那人们为什么还要请你来解决问题呢，用百度不就行了吗？！

实际上也是如此，如果你今天做这个，明天做那个，那么你永远也不可能成为某个领域的高手，永远保持"爱好者"和入门级的水平，而初级水平最容易被人工智能替代。当你在某个领域真正达到"高手"的层次，即便将来你不再做这个领域了，你在成为这个领域高手和专家的过程中所获得的方法、能力对于迁移到其他专业也是有价值的。心理学的研究表明，抽象化、概念化程度越高的能力才越容易迁移。

许多教育专家都建议，应该让儿童发展一项爱好并争取达到专业水平，让他们知道专业和业余的差别，知道干到什么水平才算入门、什么程度才算顶尖。

当你有了一个方向和目标的时候，就会发现你没有时间去为知识焦虑，你也就有了自己对于信息和知识的"过滤器"：不属于这一方向和目标的东西，再好也跟你没关系。"弱水三千，只取一瓢"，这个时候你才知道哪个是属于你的一瓢！这个时候你也就明白，许多书其实没有必要读，许多人也不需要见！

当你有了一个方向和目标的时候，你会目光坚定充满力量。即便人们说再多的阶层固化和社会分级，你也知道固化是因为没有较高价值，只要自己的价值提升了，就可以实现阶层跃升，这都不是事儿！

仅仅有提升自己的动力是没有用的，想想那些每天像打了鸡血似的人们，动机太强烈甚至会让人误入歧途，许多太想改变自己的人都被传销骗了。要想真正地实现长进，还必须将动力与方向、目标结合起来，热情和动力只有在实现目标的路上才有价值，没有方向的热情就是"火灾"！

在确定方向和目标后，就需要朝着目标努力并坚持下去。当然，这是一场持久战，不要奢望三天两天就能完成，因为没有一个真正的高手是突然成长起来的。这里面涉及具体的方法和工具，也只有在一个方向上，你所学到的方法和工具才有用。这也是那些整天纠结于读书、时间管理、各种效率工具的人没有大长进的原因，他们学了那么多的方法和工具，却从来没有真正用在一个方向和目标上。同时，你还要在这个方向和目标上真正去做项目、完成任务，并反思和总结，只有这样，才能将这个方向拿下并完成。当然这个过程会有反复，一段时间觉得自己懂了，但可能后来又发现还是有许多盲点，那就需要继续查漏补缺！

那么，怎样确定自己的方向和目标呢？

第一，如果知道自己想干什么，这就是你的方向和目标。这里建议你再将这个目标细化成可以操作和实现的步骤。

第二，如果你不知道自己想干什么，那么建议你将手上的工作做到极致。为了将你的工作做到极致，你需要学什么、实践什么、思考什么自然也就清楚了。当然，这就是你的方向和目标。就像前面举的例子，女将军既然干了这个工作就把这个工作干得最好，为了干到最好其他事情可以放下，然后聚焦一处，干上十年八年，一定会大有收获。

对于大部分想上进而没有方向和目标的人，给出以下两点建议。

（1）控制你的欲望。你的兴趣远远大于你的能力和时间，感兴趣的事情太多不表明你自己很厉害，你那么努力却没有成功的原因就是你想的太多，收缩自己的兴趣，聚焦一处。许多有所成就的人不是那些八面玲珑的人，你需要有老僧入定的精神。

（2）相信时间的回报。一年做十件事情还是十年做一件事情，其回报是不一样的。将一件事情做到极致，迟早你会得到应有的回报。

持续地努力

是否想成为专家？大部分人都会说是。但问题是，大部分人不想经历成为专家的过程，而是羡慕成为专家的结果：受人尊敬、有话语权、相对较高的物质收入、解决问题时游刃有余等等。

这大致是普通人的天性：喜欢好的结果，但不愿意为获得这个结果去付出相应的努力。虽然大部分人都是每天上班下班忙忙碌碌，但仅有少数人真的下功夫去研究自己做的工作，并为了将这些工作做到极致去学习、思考。任何领域在开始的时候都是密密麻麻的人，这个时候因为有任务的要求、领导的期望、绩效考核等外在因素，人们或主动或被动地提升到可以完成任务的程度。

但等过了这个阶段后，大部分人就停止下来而没有再进一步。这就是我们常说的大部分人工作一辈子只是到了胜任期，而无法更进一步成为高手和专家的原因：欠缺持续进步的动力。

这当然很残酷，因为仅仅拥有胜任的能力会很快被超越甚至替代，因为个人在职场其实并没有多少的独特价值，这也是为什么许多人面临"中年危机"的原因。但如果你总是想搞清楚你所负责的事情，你会发现其实自己根本停不下来：知其然难，知其所以然更需要时间和精力的投入，需要研究、交流、思考，再实践。

这个时候你就会发现，你在研究自己工作的过程中其实已经超越了很多人。如果没有这样的习惯，你很容易满足自己的状态，也就无法更深入地进步了。

在我十几年做知识管理的过程中，其实早就发现了这样的问题：大部分做知识管理的人，一般都是老板要求去做的，为了应付老板的要求会去买几本书看看、找一个培训班听听，然后或主动或被动地买一些知识管理软件和咨询服务，接着就告诉老板这就是知识管理。这样的人最希望有人告诉他一个方法或者买一个什么东西就能实现知识管理，如果你告诉他这个东西需要自己去思考、分析，而且还要结合自己的状况，那么他不愿意听了，也更不愿意去做了。

甚至许多所谓的知识管理"专家"，更喜欢的是包装自己"忽悠"大众，或者用这个新词更容易去申请项目，他们对知识管理本身根本不感兴趣，更喜欢说那些用户不懂自己也不清楚的名词概念，动辄显性隐性知识、知行合一、知识管理与大数据等时髦词汇，而对于真正的本质则没有探索的兴趣和动力。

其实，各个领域都有这样半吊子的专家，而且一抓一大把，但许多人却感觉良好！

真正有追求的人不要怕竞争的人多，你放心：不用你打败他们，大部分人都会自己放弃的！事实上，在成为专家的路上不是竞争的人太多，而是同行者太少。

刚开始的时候，任何领域都是乌泱乌泱的人，但你往前走一点就会超过一大批人，如果你能够持续不懈地走下去，就发现你身边已经没有人了。

为什么？

对于那些有明确的方向和目标的人，是否就能够真正达到自己的目标呢？答案是大部分人仍然达不到。核心原因在于即便有了方向和目标，能够在漫长的岁月中去为这个目标尝试、努力的人也寥寥无几。

真正成为专家的过程一点也不精彩，甚至是无趣、无聊和无望常常交织的。从某种程度上讲，这个过程其实是不符合人性的，甚至是跟人的本性较劲的！

当你初入职场找到自己第一份工作时，大部分人都战战兢兢，生怕自己做不好会捅出什么娄子。这个阶段，每个人都使出浑身解数，尽量将工作做好，以期在领导、同事心目中留下美好的印象。

在开始工作的时候，大部分人有自己的师傅和领导，他们分配给你一些具体的工作和任务让你去完成，这些工作和任务通常属于一个具体项目的某一个部分。譬如：市场专员，在某个大的市场活动方案确定后，他被分配联系嘉宾或记者；程序员可能被要求去做某个功能或者函数的编码。这个阶段，大部分人可能都搞不清楚整个任务和项目的全貌是什么，能够完成自己这一部分工作就很有成就感了。

随着工作时间的增加，积累的经验越多，新手成老手，这个时候有机会去负责整个任务和项目。这个阶段，最重要的已经不是去完成某项活动而是去设计任务和项目实现的方式、方法和方案。从完成具体的活动到负责项目和任务，再进一步到确定做或者不做什么任务和项目（譬如在市场部的工作中常常会遇到我们要做一个市场活动的时候，但某位 VP 说这个活动其实没有必要），这是一个职场人工作发展的轨迹。

大部分职场人的前期都是被动的，被各种活动、任务和项目追着走：为了完成 KPI，为了不掉链子，为了让领导看到自己的能力而奋斗。在这个被动成长的过程中，每个人都得以发展。从新手期到胜任期，基本上是这个过程：大部分的人如果工作时间足够长，都能主动或被动地达到自己工作环境的要求，成为一位能够完成核心工作的人。

但需要注意的是，在不同的机构里，胜任期所对应的能力差距也很大。在某家机构胜任的能力，在另一家机构可能还入不了门。同样，在一家机构里胜任的能力，可能在另一家机构已经算得上内部专家了，不同机构之间对于胜任的要求也是不完全一样的！

在整个职场上，大部分人穷其一生都只达到了胜任的层次，无论这个人是 35 岁还是 55 岁。这跟我们"听话"的文化有关：听话的孩子会受到家长、老师、社会的赞赏和激励，而那些不听话的孩子则被孤立、批评。从基础教育的现状来看，听话的孩子由于严格遵守学校、老师和家长的要求，学习成绩也相对较好。

大部分人其实没有自己明确的目标也不一定喜欢自己做的事情，只不过是被外界环境"逼迫"，要完成 KPI、要升职，还要挣更多薪水，同时要成为大家眼中的好员工、好老公、好同事，所以通过不断地锤炼，慢慢地也就胜任了。但当胜任以后，通常就没有了动力：反正任务总能完成、干好干坏别人也看不出来，老板也不给涨工资，那差不多就行了！

这个时候就开始想岁月静好，想世界这么大我要去看看，想没事带孩子看看电影喝喝咖啡，想人生苦短好好享受。这当然也没错，价值观不同而已。

即便那些过了胜任期仍然想提升的人，大部分也没有坚持下来，因为从能够完成工作任务的胜任期到成为专家的路还很长，而且愈发艰难。

- 当你这个阶段想去学习，会发现相应的学习资源都很难找到，而且越来越深、越来越难。即便你学了也没有人知道，短期内也没有明显的效果。也就是说，缺乏反馈。

- 这时候要求你不仅仅能解决问题，还要去探讨问题背后的原因。要求你主动去找那些更复杂、更困难的任务和项目，而且做这样的工作一定不容易，许多时候你会一筹莫展，根本没有思路和方法，但要硬着头皮上。干好了也没有奖励和鼓励，干不好了可能会有许多批评、讽刺，甚至还要承担责任。

● 这个时候要求你思考更抽象、更本质的内容，要挑战你原来的认知和习惯，甚至会对你的心智模式和价值观产生挑战，你会感觉被冒犯。深度思考的艰难和压迫会让大部分人拒绝这样去做。

查理·芒格曾经说道：我在很小的时候就明白了一个道理，要想得到某样东西，最可靠的办法就是让自己配得上它。

如果你仅仅想成为一个普通的工作者，解决普通的问题，那你只需要付出一般的努力就可以做到了。

但如果你想真正在一个领域和专业上成为高手甚至专家，那就必须付出相应的成本：在没有人要求和鼓励的时候仍然坚持学习、实践和思考；在别人去喝咖啡看电影与闺密逛街的时候，你还在学习、实践和思考；当你已经被人认可为专家、到处是溢美之词和粉丝的崇拜眼神时，你能清醒评估自己，知道自己还有许多东西不知道，仍然坚持继续学习、实践和思考。

除了没有明确的方向，欠缺持续学习、实践和思考的动力是大部分人成不了专家的另一个核心原因。到了胜任期后，虽然想成为高手和专家，但动力不足也就放弃了，只有一小部分的人仍能够坚持下去。

动力来自于哪里呢？

股神巴菲特曾经对学生说过这样的话："我和你们当中的每个人其实没有什么不一样。我可能比你们钱多，但是钱并非差别所在。如果你们和我有任何不同的话，那就是我每天起床后都有机会做我最爱做的事，天天如此。如果你们想从我这里学什么，这就是我对你们最好的忠告。"

这话听起来很像"心灵鸡汤"，但也许是真的。巴菲特的夫人说他是一个不能自理的人，因为他不知道家里电灯的开关在哪里。同时巴菲特基本上都在自己的世界里，只有巴菲特开放自己时别人才能跟他交流，但这样的时间很少。巴菲特的儿子说自己的父亲是个孤独的人，他的身体一直在家里，但人却在书房里读书和思考。

巴菲特那么有钱，为什么不去环球旅行寻找诗和远方，为什么不去喝茶、打牌、寻欢作乐，而仍然每天去做那些我们普通人认为枯燥的事情？

这大概只能靠兴趣来解释：他找到了自己的兴趣并沉浸其中，乐此不疲。

真正的兴趣当然能够成为"超越胜任，走向专家期"的巨大动力，但许多人的说法是："我上班就是为了钱，不要跟我谈理想，我的理想就是不上班。"换句话说，许多人没有明确的兴趣和理想怎么办？

除了兴趣，还有责任和使命！

管理学大师德鲁克的《个人的管理》一书中提到了自己的七次经历，其中一次叫"上帝能够看到神像的背面"。

"大约在同一时期，也是我作为实习生在汉堡逗留期间，我读了一本小说，它告诉我'完美'的含义。小说叙述的是古希腊大雕塑家菲迪亚斯的故事。大约在公元前440年左右，菲迪亚斯接受委托雕塑2400年以后的今天依然矗立在雅典帕台农神庙顶上的神像。至今，这些神像仍被认为是最伟大的西方传统雕塑作品之一。神像受到了普遍的赞赏。但是，菲迪亚斯前去索要工钱时，却遭到了雅典城司库的拒绝。'这些神像，'司库狡辩道，'高高矗立在神庙顶上，并且是在雅典最高的山上。除了神像的正面之外，其他几面没人能够看到。而你却雕刻了神像的全身，连没人能够看见的背面也雕刻了，浪费了我们不少的钱财。''您错了，'菲迪亚斯反驳道，'上帝能够看到神像的背面。'记得我读这本小说，就在看歌剧《福斯塔夫》后不久。这本小说使我很伤感，我始终牢记着菲迪亚斯的这句话。我做过许多希望上帝不知道的事。但我始终明白，一个人必须为完美而奋斗，即便只有上帝知道。"

德鲁克的经历告诉我们，责任和使命其实就是对自己所负责工作的尊重与自豪，并愿意为这种尊重和自豪投入他人根本看不到的努力。不管有没有他人的监督和要求，只追求自我心中的最高水平。

在当今的环境下，除了满足自我的衣食住行，有追求的人还应该考虑如何帮助这个社会变得更美好，更有意义和价值。房地产界的"段子手"冯仑曾经很形象地说，一个人在社会上有价值就要做事，而做事有三种：第一，没事找事；第二，把别人的事当自己的事；第三，把自己的事不当事。这叫让自己对社会有意义。反过来，比如说有事推事，把自己的事当别人的事，别人的事不当事，这就叫对社会没有意义。

所谓的把别人的事当自己的事，把社会的事情当成自己的事情，就是每个人对于社会的责任感和使命感。专家就是那些代替大部分人在某个领域探索的人，如果没有这样的使命感，那么就很难有动力持续下去。

三个人都在搬砖，甲说我在搬砖，这是工作；乙说我在为人们建设教堂，这是事业；丙说我在为上帝工作，这是使命。

2016年，美国有一本书叫《坚毅：激情和忍耐的力量》（*Duckworth*，2016）卖得很好，该书认为要想有成就仅仅有智商还不够，智商是成就的必要但不充分条件。这些说法像咱们的传统文化一样，认为面对困难需要不屈不挠、勤奋、坚持、忍耐等品格（传统上，美国的文化更强调自由，比如上帝为你关上一扇门还留有一扇窗）。这个主题词在朋友圈也流传了很长时间。

借用一下美国人的这个说法，坚毅即类似于不屈不挠、坚持、忍耐。换作更通俗的说法是：伟大都是熬出来的！

总结一下，如果在胜任期后仍然有持续不断的动力去努力提升，其力量主要来自四个方面：

- **兴趣**：你总有想探索的事情，在这个探索过程中乐此不疲。

- **追求完美**：总觉得还不够好，还能够做得更好一些，持续地改进提升。

- **使命和责任**：为行业领域考虑，将整个行业和领域的事情转变为自己的责任。

- **坚毅**：不怕困难，百折不挠。玻璃心的人很难成为专家，不惧失败且享受失败，一心向前。

具体行动上，建议如下：

- **将大梦想拆成小目标**：人都是需要反馈的，反馈越及时，人们参与的动力越足。成为专家是一个漫长的过程，需要你能够将这个过程拆成短期内就能达成的小目标，这样能够让你从小胜利走向大胜利，最终走到终点。

- **规律和习惯**："打鸡血"是不可能长久的，整天挑战自我跟自己较劲也是不可持续的，但成为专家却是一项长期的任务。

你需要将你的学习、思考和实践变成你的习惯。不要整天想着我要去学习（这样的人可能没有有效地学习），而是长期坚持读书；不要想着去提高自己的思维能力，而是只要有问题就去分析和解决；不要刻意想着去找实践的机会，而是主动地去做复杂困难的事情。

厉害要让人知道

就像理发店是总监最多的地方一样，医院是专家"最多"的地方，因为大部分去医院看病的人都挂过"专家号"。

通常，医院的专家认定是按照医生的职称来界定，只要副主任医师以上职称的都是专家，普通挂号 5 元、7 元，而专家号 10 元、14 元不等。专家也分层次，那些更牛的专家挂号费则高达几十到数百元。

这种以职称高低确定专家的方式比较普遍，传统的事业单位都是这样分的，譬如副教授及以上（或类似职称）的就算高级职称，就是专家。在其基础上还会衍生出更多级别和头衔，比如博士生导师、教授级高工、院士等。而关于职称的评定则有一套做法，通常是根据发表论文的数量和质量、出版书籍、承担的项目或者获得奖励的级别（国家级、省部级）、所参加项目或完成的任务取得的效益等因素和指标。这套评价标准更多借鉴于学术研究领域，虽然在实务界也被采用，但认可度并不高。国有机构里面采用得比较多，在民营企业和新兴机构里面，这些职称甚至不被认可。因为同样是结构工程师，有的人可能真的能够解决这个领域的问题，而有的人不过是写了两篇论文却从来没实际操作过。在一些互联网公司里面，即便是公认的高手也可能什么传统职称都没有。

随着社会市场化的深入以及互联网的出现，社会化的专家认定方式也开始出现并大行其道。对于在市场化机构里工作的人，其专业能力的认可更多的是靠他的薪水和职务来表现，同样是开发工程师，根据水平不同相关机构会付给他们差异巨大的薪水。水平高的人还会得到职务上的提升。在阿里巴巴内部，根据员工的职能分为技术路线和管理路线，技术路线从 P01 到 P13，管理路线从 M01 到 M10，各层级有相应的要求和定位，P04 大致是本科毕业的研发工程师，P05 是研究生毕业的研发工程师，P06 则是高级工程师，P07 被称为专家，P08 是高级专家，P09 是资深专家，P10 是研究员，P13 则被叫作高级科学家。

从整个社会的层面看，如果某人经常在互联网上就一个专业领域表达自己的观点、提供自己的方法，同领域的人对他越来越认可，他提供的方法被广泛地应用，这个时候此人就是人们心目中该领域的专家，即便许多人从来没有见过这个人。

无论传统体制下的职称，还是市场化公司下的内部评定，都会有相应的标准与要求，只不过标准和要求的内容不同而已。无论什么样的标准和要求，专家都需要外部的认可。

但这就会出现许多问题，因为知识工作者的经验、知识及能力很难被评价，他们的工作成果的评估也存在困难。例如，某一个当前结果很好但未来可能会出问题的处理方式，可以很快速地完成，但为将来埋下了隐患；另一种方式为了解决未来的问题，花费较多时间很好地保证了结果的稳定性，但现在结果却不一定好。在评价时，前者就会更受赞扬。这样就会出现真实水平不高的人通过各种寻租、包装，甚至造假的方式获取专家的认可，成为名不副实的"专家"，而那些真正具备专家潜质和水平的人由于不屑于使用这种方式而不被认可。结果将导致劣币驱逐良币，真正有水平的人丧失各种支持和重视，从而无法更进一步提升，而那些没有能力和水平的人却依赖于"专家"名号带来好处。

在现今的环境下，大部分领域的高手都需要有财务、物资、人力上的支持才能有机会去研究、实践更有挑战性的项目和课题，不被认可的高手由于欠缺了这些资源的支持而丧失了提升到卓越水平的机会，而伪高手得到这些机会却会浪费掉资源，只能产生较低的价值。没有认可，即使你具有某领域的高水平，但用户和需求方不知道、不了解，资源就无法向高手和专家汇聚，因而无法提升整个社会的效率和效益，高手本身也会失去再提升和发展的机会，这对于个人和社会都是损失。

鲁迅去世时，郁达夫曾经写道："没有伟大的人物出现的民族，是世界上最可怜的生物之群；有了伟大的人物，而不知拥护，爱戴，崇仰的国家，是没有希望的奴隶之邦。"任何一个伟大的、有前途的国家和机构都会爱护自己的人才，尊重各种各样的高手和专家，培育高手和专家不断涌现的环境，让这些人无论物质上还是精神上都能够有所得。

美国这个建国才二百多年的国家之所以持续强盛，很重要的一条是它的机制、制度和规则能够吸引全球各个领域的高手源源不断地来到这里，并进行创新和创造。一个组织（企业、政府、学校等）也是如此，如果在一个机构里面，那些真正努力从而具备较高水平的人不能获得相应的回报，得到重用的却是那些只会搞人际关系，只会让领导满意却没有产出的人，这样的机构前景一定堪忧，在这样的机构工作的人应该考虑跳槽了！

另一个方面，让别人认可也是高手自己的责任。电影《蜘蛛侠》里面有句经典台词：With great power, conspired with great responsibility（能力越大责任越大）。尽管这个社会的确有许多问题和不公，但正是这时候才需要有担当、有追求的人来让它变得更好，而不是整天沉于埋怨中。

如果你认为自己是人才，就不能把这个世界让给你所鄙视的人。

每个人都有责任让这个世界变得更好，有追求的人需要主动地去"让别人知道你"。

- 首先在自己所服务的机构内，将自己负责的事情做到极致，让那些得过且过的人看见"事情还可以做得这么好"。
- 帮助那些有需求的人，指导那些上进的人；在行业和领域内贡献自己的智慧，让领域内的人们认可你。
- 需要评职称、申请项目和奖励的时候，既然你认为自己是高手，为什么不去做，让别人知道，将那些你鄙视的人比下去。

赢得他人认可是每个致力于成为专家的人的职责，不要等着伯乐来发现你，你必须主动去做展示自己能力的工作，通过持续去做这些工作赢得更多资源、认可和支持，建立个人品牌，这不仅对你，而且对整个社会都是有价值的。

关于如何赢得社会的认可，在本书第五章中会进行论述。

行动指南

关于如何成为专家的清单

（1）这个世界上，人们除了相信自己的亲戚、朋友、同学和邻居等熟人，剩下的就是相信钱和专家。按照社会学的说法就是三个信任：人格信任、货币信任和专家信任，这也是成为专家的好处。

（2）在过去，成为某个领域的高手是在追求卓越；但今天，由于技术的飞速发展和中国经济形态的变化，如果不能在一个细微领域做到顶尖水平，你的饭碗可能都有麻烦。好消息是，社会和技术也为每个人成为高手提供了机会。

（3）任何行业和领域都会有顶尖高手，但更多的是入门者和应付者。不是科学家、高职称的人才是专家，厉害的销售、HR、工程师、客服代表、小学教师、小店的老板，他们可能没有高学历和职称，但仍然是所做事情上的专家。只要你愿意，人人都能成为自己所做事情的专家。

（4）无论什么领域和行业，那些顶尖的人都有共性：他们对于自己所负责的工作得心应手、举重若轻，对于大部分要解决的问题一眼就能找到方法，并且他们代替大部分人思考，创造新的东西。

（5）从新手到专家分 5 个阶段，即探索期、新手期、胜任期、高手期和专家期。很不幸的是，大部分人终其一生只达到胜任期，无论这个人年龄多大。在胜任期之前基本上是被"逼"着成长，而胜任期后就没人要求你，那么，你只能靠自己"没事找事"地长进。

（6）只要你愿意，每个人都可以成为一个领域的专家。找对路子，多花功夫，你就可以超越大部分人。虽然开始的时候有很多人，但大部分人没过多长时间就放弃了，所以根本不用想着去打败别人，他们自己就会将自己淘汰，你只需要做好你自己。

（7）成为专家的 3 个支柱是学习、实践和思维：会学习并坚持学习、找到适合的实践机会持续不断解决问题、正确的思维模式和持续提升思维能力。这里的核心是实践机会，大量的实践机会能够拉动学习和思考。

（8）成为专家的 2 个核心是：有方向目标和持续努力。没有人一开始就知道自己想干什么，但你要向上、要聚焦，订大方向和小目标，基于社会和需求调整。努力的核心是持续，一晚上、一天、一个月的努力都能做到，但当看不到收获、总是失败而遭受打击的时候仍然坚持努力才更有价值，要有死磕到底的精神。

（9）不能把这个世界让给你所鄙视的人，赢得社会的认可是有才能人士的一种责任和义务。恃才却不能傲物，要理解人性并与世界和解，用优雅的方式让他人和社会认可，塑造属于你的专家品牌。

（10）不可能人人都做到顶尖而成为专家，但追求卓越的过程本身就有价值。取乎其上，得乎其中；取乎其中，得乎其下；取乎其下，则无所得矣。如果你连较高的追求都不敢，又怎么可能成为专家？如果你想上进，这本书的理念和方法一定能够给你带来启发。

思考

（1）在成为专家的 5 个阶段：探索、新手、胜任、高手和专家中，你处于哪一个阶段，为什么？

（2）思考你的工作模式：是需要跟很多人协作还是靠个人完成，你的工作是有明确的操作方法还是每次都需要临场判断？

第二章

学　习

专家都善于持续学习。在自己的领域内，他们不仅积累了星辰大海般的知识，而且拥有合理的知识结构和知识体系。

你得知道，当你来到这个世界之前人类已经存续了很长时间。数千年里，各个领域都曾经出现许多英明神武、智力超群的人，他们已经从各个角度对这个世界进行了研究、思考和实践。同理，今天当你应聘到某家机构负责一些事情的时候，这些工作可能已经被完成过很多次了，前辈们可能摔过很多跟头才做到现在的水平，积累成你现在看到的模板、流程、制度和规定，形成他们头脑里对于解决问题的敏感、警惕和直觉。

这么多的前辈上千年的思考和实践，犯过无数次的错误总结出很多经验，这里面一定有许多东西值得你去借鉴。因此在真正有所创见之前，你首先需要花大量的时间去了解他们的所思所想、用过的方法、犯过的错误。这段时间既包括你在学校受教育的阶段，也包括你在工作岗位上的历练阶段。

如果你不愿意去做这些，而是妄想凡事都自己搞定，那就尴尬了。因为你认为的大部分创新和值得自豪的地方，都已经有人做过而且比你做得更好。

按照认识论的观点，人类的知识都来自于实践。"一切真知都是从直接经验发源的，但人不能事事直接经验，事实上多数的知识都是间接经验的东西，这就是一切古代的和外域的知识。这些知识在古人、在外人是直接经验的东西。"这句话的意思是说，知识虽然来自于实践，但并非每一条你自己都要实践一遍，最有效率的成长方式是学习已经被他人验证过的知识。

任何追求有所成就的人都是爱学习并擅长学习的，他基于自己的目标和方向去持续不断地学习。管理学大师德鲁克说："我所认识的、在漫长的生活岁月中能够保持效能的所有人，几乎都和我一样在不断地学习。无论是企业主管还是学者，无论是军队的高级将领还是一流的医生，无论是教师还是艺术家，无一不是如此。"

在日常的观察中我们也发现，无论哪个领域的卓越者，即便是我们传统上认为起点比较低的人（基础学历低，例如许多企业家、高级技师可能因为各种原因没有机会接受高等教育，初始学历仅为小学、中学毕业），但他们在后天的实践中通过读书、跟人学习、在干活中摸爬滚打等方式，养成了对于知识的敏感度和极强的学习力，并形成适合自己获取知识的方法，积累了大量其工作岗位所需的知识。

基于良好的学习习惯和学习能力，这些高手和专家们都有以下共性：

积累了自己所在领域海量的知识，当你与他们交流时会发现你知道的他们也大都知道，你最近刚学习到的觉得很时髦的知识可能他们早就了然于胸，而且有许多你不知道的东西，对于他们就是常识。

他们对于知识掌握的深度要远远超过普通人：不仅仅知道是什么，而且明白如何去做，解决什么场景下的问题，并且知道为什么要用这些知识。虽然他们掌握的内容很多，但这些知识在他们的大脑里面却清爽无比，因为他们平时记忆的只是知识结构和高阶概念，遇到问题时他们可以从上到下地去查找。

他们都有明确的知识获取目标，所以他们的敏感性很高，当遇到自己不懂但又需要的知识时，他们行动力超强，可以利用自己高超的学习能力去快速学习，将新知识转化到自己的知识结构体系里。当看到碎片化的内容时，他们可以快速吸收。

如果想成为某个领域的专家，强悍的学习能力是基础条件。如果没有强大的学习能力，未来甚至可能无法适应变化了的工作环境，更不大可能在某一领域建立自己的竞争优势。当然，仅仅学习能力强并不一定能成为专家，但起码可以让你超越社会上90%以上的人。因为大部分人其实是不爱学习的，即便在那些所谓"爱学习"的人中间，大部分人又因为不得法而令自己的学习无效。

同时，在相关领域拥有海量的知识储备是能够创新的基础，有了这样的储备才可能在解决所遇到的问题时游刃有余，在实践中产生真正的创新。

不少人总是用爱因斯坦那句"想象力比知识更重要（Imagination is more important than knowledge）"来为自己的懒惰辩解，但大部分人可能不了解爱因斯坦，在很小的时候他就习惯进行深刻的思考并对高等数学非常感兴趣，而他说这句话的本意是认为在研究中要重视直觉和灵感的作用。牛顿还说过"如果说我看的比别人更远，那是因为我站在巨人的肩膀上"，强调继承与借鉴的价值。杨绛先生也说过"你的问题在于读书不多而想得太多"，没有宽厚知识积累的想象力只不过是胡思乱想而已。

中国科学院数学所的教授们曾经说，每个月都会收到来自全国各地声称证明"哥德巴赫猜想"的论文，其数量之多可以用麻袋装了，但他们基本上是不看的。因为仅凭一些基础数学知识就认为自己证明了哥德巴赫猜想，类似于说"骑着自行车上了月球"。大家也经常看到"如果不读书，行万里路也不过是个邮差"，"独立思考的前提是你读过上百本经典"，大致都是这个意思。没有高质量、大数量的输入，又怎么会有高质量的输出？

在任何一个领域内，要想做到真正卓越，必须有海量的知识储备作为基础。没有这样的基础，就认为自己是某个领域的专家，一定是想得太多了！

那如何才算具备较强的学习能力呢？

本书的大部分读者都是参加过各种考试的，是不是会考试就是会学习呢？是不是学霸就代表了学习能力强？还真不是！在学校学习和在岗位上学习的一个最大区别就是：在任何学校学习都有人告诉你要学什么，大纲和主要方向是什么，目的是什么，如何考核等问题；但当你参加工作以后就会发现，这些统统没有人告诉你（或者即便有人说，也是零散的、片段的）。这个时候学什么就成为第一位的问题，因为不知道学什么许多人就放弃了；有的人什么都学，结果一样是无效的。这就是所谓的"选择比努力重要"。因为不知道选择什么，我见过许多在顶尖高校获得很高学历的人，在毕业后却很少系统地学习。

在互联网环境下，信息爆炸，知识更新周期非常快，这时候学什么、如何学都发生了急剧的变化，传统的静态的学习方式也需要变化。但我们的大脑对于信息和知识处理的能力是在农业、工业社会发展中成熟起来的，适应信息和知识数量有限的环境，对于如何在更快速变化的环境里处理信息和知识则尚不适应。

关于现代人新环境下的高效学习，尤其从新手到专家的学习过程，本书主要从学什么、如何学、学习能力三个维度去论述，期望对你有所启发。

学什么

方向比努力重要

在 20 世纪 80 年代之前，有许多聪明的中国人因为没有接触知识的途径（没有书籍、没有接受教育的机会），即便很有天赋也无法进行学习。在那个年代，知识的载体主要是书本。但当时书籍极端短缺，教育机会也很少，所以有许多人虽然很想学习但从小没有机会读书。2013 年全国大学的录取率是 76%，而 1983 年的录取率是 23%。当时又没有互联网，多少青年想学习，却因为没有资源和渠道而不知道在哪里学。

真正的信息和知识过剩大致是最近十来年的事情。记得在 2000 年的某个下午，我约了朋友吃饭，抵达饭店后朋友还没到，于是我便开始浏览报纸。由于堵车，我看完报纸的新闻后继续看广告，看完广告连报纸中缝里面的各类启事都看完了，那个朋友还没有来。这除了说明北京堵车厉害，何尝不说明那个年代人们获取信息的渠道少呢？如果是现在，只要有一部智能手机，你就是天天看也看不完。

我们有幸生活在一个信息和知识都充裕的时代，如果你愿意，可以在网上收看全球最知名大学（哈佛、耶鲁、北大、清华等）的课程，既有视频又有作业；你可以通过互联网，看到各个领域的专家最新的思想，甚至你还可以直接向他们提问并与他们交流，许多有远见的专家也愿意共享自己的知识。

从这个角度看，这是最好的时代：每个人都可以平等地去获得你想要的大部分信息和知识！

更进一步看，传统的教育教会了我们很多陈述性和概念性的知识。譬如，"1840 年，鸦片战争爆发"，考试的时候就考这个"1840"，这是一个事实；还有牛顿第二定律是一个概念，当年需要记牢，因为考试的时候要考，解题的时候要用。应试教育受人诟病的地方是教了太多这样的知识，但现在有了互联网后，你记不住也没关系，查一下就行（基础知识需要记忆这个没错，但不能矫枉过正）。

在互联网环境下，对于知识掌握的层次要求就变高了，仅仅记住很多陈述性和概念性的知识已经不行了，还要知道如何做，在什么地方用，为什么要用它等更高层次的知识。环境的变化对应着学习方向和内容的变化，对大部分被教育"喂养"出来却从来没有自己判断而缺乏选择能力的人，现在最大的问题就成了"我也爱学习，但不知道学什么，那就什么也不学了"，还有少部分的人"什么都学"，造成许多原来"学习很好"的人也不会学习了。

所以我们说，不学习不行，学习也不一定行。学习方向的选择成为一个核心问题：如果你不知道学什么，如果你不能多年聚焦于一个领域学习，或者你学习了多个领域的常识却无法在哪怕一个细微领域达到一定的高度，这样的学习就不会带来竞争优势。

关于学什么的问题，可以分为四个层次。

第一个层次是学习方向的选择

在当下，如果你没有一个方向和目标，所有的东西都希望去学习，那你会被海量的知识所淹没，如同庄子所说："吾生也有涯，而知也无涯。以有涯随无涯，殆已！"

学习的方向与个人的价值观、优势和特长相关联，跟自己发展的目标与社会的需求紧密结合，我们可以给出的建议是：首先，控制自己的贪婪（人生的时间有限，三年学一个领域效果远大于一年学三个领域），少就是多；其次，做减法，不要被你的兴趣牵引而忘记了自己的目的，将你喜欢的东西减少减少再减少，然后这就是你的方向。

第二个层次是学习内容质量的选择

如果你读某一个领域的论文，就会发现人类的知识进步是一个很缓慢的过程。抛去那些粗制滥造的，即便是高质量的论文，大部分对该领域知识的贡献都是很小的。任何领域都是这样一点一点地积累，到某个节点上可能会有一个较大的突破。但要写好一篇论文确实不易，许多时候一篇论文要持续好几年时间才能写出来，而且这些努力大都也只能得出一个在小范围内适用的结论。同样，去认真读论文是一件很费脑力的活动，但如果能够系统地读下来，却是更快速、最经济地了解某领域的一种方式。

书籍也是这样：创作一本真正有价值的书，都需要长时间的积累和沉淀。因此，常常听人说：写出一本有价值的书比生个孩子都难，真可谓呕心沥血。即便是文学作品，设计、构思、写作的过程也是一件需要精巧谋划与费尽心机的事情。只有这样的作品才会真正反映现实和时代的特色，才会真正有社会价值而引人深思。

路遥在 1988 年 5 月 25 日带病写完《平凡的世界》后，"站起身来，几乎是条件反射不受任何控制地把圆珠笔往窗外一扔，之后号啕大哭。"陈忠实回忆写完《白鹿原》后，"在划完最后一个标点符号（省略号的第六个圆点）的时候，两只眼睛突然一片黑暗，脑子里一片空白，陷入一种无知觉状态，背靠沙发闭着眼睛，似乎有泪水沁出……"

真诚的创作都不易！

曾经有段时间我研究网络文学，发现里面有不少好的作品，但大多数属于粗制滥造——除了内容无限长、吐槽无极限这些特点，很多达不到《故事会》的水平。现在许多排行榜排名靠前的书虽然看起来是在讲道理，但这些道理大都来自于个体的感触，为了论证他的感触是普适的，又裁剪了许多故事来说明，读起来很好读，但却没什么用。这些作品中的想法和说法，大部分没有经过验证；其中的道理和规则，可能只适用于自己的环境和性格。

各种社交媒体里面流行的也是这类文章，标题很吸引人，内容让你看得酣畅淋漓；但看完以后只能让你一腔热血，然后就没有其他收获了。但他们还都自称自己写的都是"干货"。这些所谓的"干货"，只不过是为了迎合大众情绪，从各种严谨内容里面摘出来的一些"安慰剂"罢了！

对于那些致力于成为某个领域专家的人而言，在学习时必须考虑自己获取知识的效率。那些有关个人体会的书，其知识含量一般不高，如果从获取效率的角度看，应该多去读一些知识含量更高的书籍。尤其对于新手来说，当你还没有做到融会贯通，不具备这个领域基本知识体系的时候，最好能够去读那些单位文字里知识含量更高的内容，这才提高得快。

有些人经常问：每天看朋友圈，阅读量超过一万字，为什么自己的知识水平及能力没有增长？

如果将学习的过程看作输入—处理—输出的过程，输入和处理是传统学习的过程，输出是用知识解决问题、写作和语言表达的过程。那么，学什么就是输入的问题，传统的学习是建立在知识资源有限的场景下的，在古代讲"半部论语治天下"，开卷有益等说法，有一个前提就是输入的内容质量是经过验证的，譬如《论语》等传承数千年，已经被证明是某些领域的精华。但在当今的环境下，信息爆炸，知识的有效性及价值评估机制缺失，如果不经过选择，许多内容则是无益的，甚至是有害的。垃圾进，垃圾出（Garbage in garbage out），没有价值的输入，很难期望产生高质量的输出。股神巴菲特说自己只看《纽约时报》和《华尔街日报》的头版，这样的话虽然有些绝对，但表明了高效获取信息是对输入有严格的质量要求的。

第三个层次是"不知道自己不知道"却需要学习的知识

如同爬山，当在山脚的时候，无论你有多么瑰丽和奔放的想象力，估计也很难想象出山顶的风景是什么样的。

那些初入门的人，对这个领域和岗位需要掌握什么是不清楚的。譬如你大学毕业后到一家机构的工艺部门上班，你立志要成为工艺专家，不怕吃苦并乐于学习。但问题是，这个时候你该学什么，成为工艺的专家应该掌握什么，其实你是不知道的，或者你自己想的不一定是对的。新手在一个领域开始的时候其实是不知道合理的结构是什么，需要你在实践中迅速补充；同时需要高人指引，他们可以直接告诉你应该学什么；最后，需要遍历各种事情发现自己究竟缺什么。

这部分的内容我们在后续的知识结构部分会详细讲述。

第四个层次是学习的框架

判断一个人是不是有较高的学习能力，我们有个简单的问题："假如我想了解关于 UFO（不明飞行物）的知识，应该去学什么？"大部分人面临这样的问题时就有点蒙，虽然可以基于自己当时的思考说一些想法，但谁能保证你当时说的就是正确的呢？

真正会学习的人，需要学习和掌握一些框架和模型。当提到大部分经常学习的对象时，首先头脑中要有相应的模型。

学习的前提是知道自己学什么，了解一个复杂的问题一般需要多个维度的内容，这些维度就构成了学习框架。如果头脑中没有相应的框架，那学习的时候就类似盲人摸象：如果时间足够并且你的运气足够好，到最后也许能够拼出来，但谁知道呢？而学习的高手呢？大部分他需要学习的问题都有相应的框架，所以在学习新领域的时候他仍然比普通人更快、更高效。

下面是我们整理的学习一个主题或者领域的框架，涉及主题的六个维度，如图 2-1 所示。

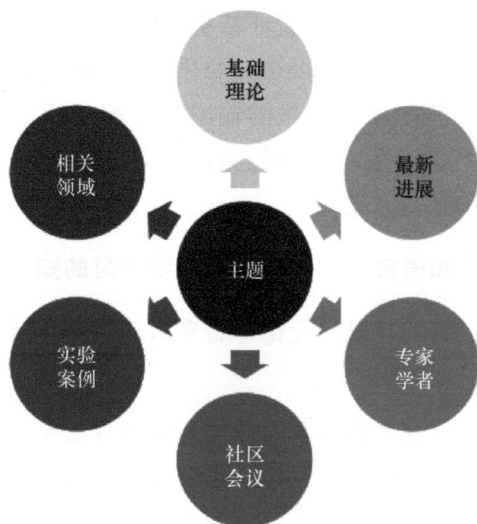

图 2-1　主题的六个维度

基础理论：包括这个主题是什么、历史发展沿革、核心理论等，这些内容通常在维基百科、入门的教科书上。

最新进展：当你有这个主题的基础理论的时候，就应该去关注领域内的最新发展，这个最新发展内容一般在新闻资讯、论文、案例里面。

专家学者：这个领域最牛的专家是谁，他们关注什么，在想什么，原来有过什么样的成就和观点。你需要持续地关注他们最新发表的文章，以及与他们相关的报道。

社区会议：除了读书看杂志外，也要学习怎么跟人交流。以前交流的方式通常是面对面的（会议、研讨、论坛等），互联网出来以后大家可以通过网络论坛、网络社区的形式进行。

实验案例：通常理科、工科的是实验，而文科的是案例。你需要学习的内容，包括知道人家的实验是怎么做的，你是否可以改进、验证；相关管理、项目的案例是如何做的，做的环境是什么，取得的成效是什么，经验教训是什么。

相关领域：这个主题的相关领域是哪些？许多创新可能会来自于相关领域，你需要知道它们涉及哪些或近或远的内容。

如果你知道这个模型，任何时候都可以去套用，学 UFO 是这样，学宗教学也是这样，学材料学还是类似。

你的大脑中有很多这样的模型吗？

选择有价值的内容

许多人误以为整天上网、看手机就是在学习，误以为记住很多观点、模型就成了高手，这其实是没搞清楚知识是什么，包括什么。

要想真正高效地学习，必须搞清楚什么是知识以及知识有哪些类型。

第一，先要弄清楚数据、信息和知识的区别和联系

数据是描述事实的记录，对客观事物的数量、属性、位置及其相互关系进行抽象表示；信息是有一定含义的、有逻辑的、经过加工处理的、对决策有价值的数据流；知识是指经过实践和思考总结提炼出来的，在一定范围内被验证并可以指导实践的认识。

所有关于数据、信息和知识的定义都比较抽象，我用一个例子来说明：

数据：37.5　　（通过这个你能看出什么，估计很难？）

信息：

- 姓名：陈浩男　　年龄：36个月
- 性别：女　　　　地址：广东省广州市天河区
- 时间：2017年6月8日13点20分　　腋下体温：37.5℃

自述：孩子在楼下玩，回来后看到小脸特别红，测量体温为37.5℃。

上面的这一段是不是很像医生在病历本上记录的内容？这个时候，这个37.5就有意义了——这是广州一个3岁的小女孩在夏天午后玩耍后测试的体温。在这样的背景下，37.5成为了一个关键信息指标。

这个时候，家长该着急了：奶奶问了，孩子是不是发烧，要不要去医院？妈妈也手足无措！这个时候该"知识"出场了。

知识："正常小儿的基础体温为36.9～37.5℃。一般当体温超过基础体温1℃以上时，可认为发热。其中，低热是指体温波动于38℃左右，高热时体温在39℃以上。连续发热两个星期以上称为长期发热。而基础体温是指的直肠温度，即从肛门所测得的值，一般口腔温度较其低0.3～0.5℃，腋下温度又较口腔温度低0.3～0.5℃。"

上面这段文字是从医学书上抄过来的，其实即便不抄过来大家也有这些常识（正常人的合理体温是一类常识，普通人大都具备）。依据这个知识点去判断，"若37.5℃是从口腔测得，则直肠温度约在37.8～38.0℃，刚刚有一点点低烧"。

那为什么以上的描述就是知识呢？

并不是因为这些信息是写在教科书上或者哪位专家讲的，而是因为这是通过许多病例、试验总结出来，并在实践中被验证正确的。这体现了知识的两个核心特征：

- **特征1**：来自于实践，不是凭空造出来的，而是经过实践后总结、提炼出来的。即使某个人职务、职称再高，仅仅靠他自己想出来的，都不能算作"知识"。

- **特征2**：经过验证，被证明正确。来自你个人生活和工作中的经验和总结不一定都是正确的，只有再经过实践与验证后才能算作知识。

有了小孩的相关信息，又有了相应的知识，就可以去做判断了：

腋下温度37.5℃，那么体内温度应该是38.1～38.5℃，超过正常小儿的基础体温 1℃ 左右，是什么原因引起的发热呢？

如果是一个爱学习的人，还可以再看看引起小儿发热的原因和需要治疗的资料：

（1）婴幼儿的神经系统发育不完备，体温调节功能不健全，环境温度较大的改变或其他一些因素的影响都会使其机体的产热和散热过程受到破坏，引起发热。

（2）一部分孩子在接种过疫苗后一段时间里可能会发生低热现象。

（3）婴幼儿抵抗力弱，难以抵挡细菌和病菌的入侵，常会因感染而引起发热。

（4）细菌性肺炎也可表现为低热，但是大部分孩子伴随有气促、紫绀、嗜睡、胃口差等症状。

（5）长期的低热也可能是由肺结核或慢性淋巴细胞白血病引起的，需要去医院化验检查才能确诊。

知识点：高烧与低烧。一般来说，高于 38.5℃ 的为高烧病人，低于 38.5℃ 为低烧病人。

判断：是不是孩子在下面玩得比较热，穿得比较多？那么先休息一会儿。果然，一个小时后，再测量孩子的体温为 36.8℃，属于正常范围。

现在归纳总结如下：

数据：单纯的数据不能表达任何意思。

信息：建立了数据的相关环境后，如 37.5 表示的是腋下量过的体温，是在 6 月份的广州中午时间测量的，是一个小姑娘的体温等。信息赋予了数据所在的相应环境。

知识：经过了实践证明的信息，可以用来指导决策和行动。这个例子中只包含了显性知识，如果小孩的发烧在经过各种检查后仍然找不到原因，则需要专家会诊，要看既往的、家族的病史，以及先前医生的综合判断（这里面就有了隐性知识的成分）。

可以看出，如果没有数据和信息，知识很难发挥作用。有了数据和信息，还要借助知识进行正确的判断，然后才能解决问题。

如果理解了上面的道理，你也就明白为什么医生的诊疗费用应该提价而检查费用需要降价。我们在很长时间内正好相反，在医院所花费的费用里面大都是检查、购药的费用，而最有价值的医生利用知识和经验诊断的费用却很少（普通医生挂号费 5 元，专家挂号费 10 元），这其实是不尊重知识的表现，也是医疗问题的根源之一。

如果理解了上面的内容，你大致也就明白了信息管理和知识管理的关系！

第二，弄清楚显性知识和隐性知识

常常听人说，看你今天印堂发亮，一定有喜事。那何谓印堂发亮，如何做出这个判断？依据的是什么知识？

须发皆白的老中医在给一妙龄女子把脉良久后说："恭喜你，有喜了！"老中医如何判断人有喜了？他依据的是什么知识？一个普通人能不能在一天内学会？

知识又可以分为显性知识和隐性知识。

所谓显性知识，是指能够用语言、文字、肢体等方式清楚表达的知识；而隐性知识则是虽然知道如何做，但很难告诉别人或者写明白、说明白的知识。从掌握知识的角度讲，大量的知识以隐性的成分存在着，而能显性化的部分较少。你虽然知道某个事情是如何做的，但如果让你讲出来，你可能发现能够表达的内容会很少；如果进一步要求你写出来，可能能写的内容就更少了。

古语"书不尽言，言不尽意"就是这个意思，是说你能写的要比能说的少，能说的要比你知道的少，本质上就是显性知识和隐性知识的问题。

隐性知识和显性知识之间存在着相互转换的过程，还以上面的"印堂发亮"这个判断为例。

如果用科学的方法判断印堂发亮，那么就需要将十万个、千万个或者上亿个正常人的脑门测一遍，得出一个平均值来。这大致就是一个人印堂亮度的正常值，譬如 2～5 瓦，然后就可以判断超过 5 瓦的算印堂发亮，超过 8 瓦的算超亮等。当需要判断一个人印堂是否发亮的时候，就不需要有经验的师傅了，只需要制作出一个类似于温度计的东西去测量人的亮度，然后跟正常值比对，就可以做出判断了。

当然上面的说法是一个笑话，但这背后的道理很重要。多数人创业不成功的原因就是，他只有一个伟大的想法，而想法却不能销售。如果要想将你的伟大想法实现，就必须将其转化成相应的产品和服务，只有产品和服务才能去市场上销售。著名知识管理专家野中郁次郎和竹内弘高，于 1995 年在他们合作出版的《创新求胜》中，第一次系统地提出了显性和隐性知识转化的 SECI 模型，他们认为知识转化有四种基本模式——从显性到隐性、从显性到显性、从隐性到隐性、从隐性到显性。

- 从显性知识到隐性知识。你阅读本书的时候，其实是在阅读著者写出来的显性知识和信息。阅读完不同的章节，你会结合自己的成长经历、环境和目标产生自己的隐性知识。

- 从显性知识到显性知识。你读完本书，结合自己的成长经历、环境和目标产生自己的想法，并且写出了一篇读后感，就是从显性知识到显性知识的转化。

- 从隐性知识到隐性知识。师傅带徒弟，师傅的知识可能很难用语言和文字表达，徒弟就只能靠师傅的身教和自己的领悟来学习。

- 从隐性知识到显性知识。从只会做到弄清楚其背景、逻辑、原理，从知其然到知其所以然，能够用简单和通俗的语言和文字表达出来。

知道知识分为显性和隐性后，你在个人知识的学习中就应该明白，知识的学习不仅仅是听课和读书，还需要通过实践思考去积累隐性知识，需要通过谈话、观察等多种方式学习。同时，你应该主动促进你的知识从隐性向显性转化，只有有意识地显性化你的知识，你才能更深入地掌握知识，才能让别人知道你是某个领域的专家，才能赢得合作机会和新的发展平台。

隐性知识显性化应该成为现代人的一项必备能力；如果你不能显性化你的知识，就无法建立你的竞争力。为什么中医中药很难做大，一个很重要的原因是它们主要依靠隐性知识做判断，所以传承、复制的难度较大，因此就很难快速发展。

隐性知识还有一些特点，了解这些特点对于个人成长具有很大价值。

- 你的隐性知识可能只是对你自己而言是隐性的，对于其他人或机构可能已经是显性知识了，这就需要你在前人的基础上进行学习，明白是否已经有类似的显性知识。

- 隐性知识是在特定环境（此时此地）下的，并非永远是隐性的。

- 谁能将隐性的知识最先显性化，谁就是知识创新的开拓者。譬如某位专家有自己的发现及创新成果，多年后又有别的人给出同样的创新成果，那么称为大师的只能是前者，因为他最早将隐性知识显性化。

- 隐性知识显性化能力成为人与人之间能力差别的重要方面。将自己的隐性知识显性化，应该成为每个知识工作者应具备的能力之一。

- 隐性知识显性化需要需求和环境等外力的作用，外力的拉动加上个人显性化的意愿，可以加速隐性知识显性化的过程。

● 参与社区、交流互动可以促进隐性知识显性化。

● 隐性知识显性化的方法有讨论、回答提问、需求的压力、工作分解、流程分析等。

● 不能用通俗、简单的语言和文字表述知识，就表明对该领域知识掌握得不够深入。

第三，知道真正掌握知识起码要分为四层

"我的家里有爸爸、妈妈和我，每天早上一出门，我们就各奔前程，晚上殊途同归。爸爸是建筑师，每天在工地上指手画脚；妈妈是售货员，每天在商店里来者不拒；我是学生，每天在教室里呆若木鸡。我成绩不好时，爸爸同室操戈，心狠手辣地打得我五体投地；妈妈在一旁袖手旁观，从不见义勇为。"

这样的内容，一看就是段子。

但小朋友学会了新东西，总愿意去用一下，而且很多时候用的地方不对，让人捧腹，这倒是一个常见的现象。

不仅仅小朋友这样，成人何尝不是？有句俗话说，当你手中有一把锤子的时候，你看到所有的东西都是钉子。总想着用这把锤子解决所有的问题，总认为所有的问题都需要你这个锤子，而忽略了现实情况和真实用户需求的声音：也许人家需要的是锄头、镰刀或者飞机大炮呢？

从知识角度看这个问题：首先，因为掌握的知识量太少，而你只有一把锤子的时候，不用它就没有可用的；其次，在学习"锤子（类比为知识）"过程中，没有明确所掌握知识的应用范围，不知道该项知识的使用场景。

有另一种状况，面对问题时自己束手无策，但当别人做出来后，你才发现他所用到的方法和工具你都会。这里面也牵涉到一个情境知识的掌握问题，方法和工具的应用场景也是一类知识。

还有一种状况，当你很费力地完成某件事情或者准备大干一场的时候，你的老板说：这个事情没必要做，或者说，这个做了也没啥用！

举个不一定恰当的例子：你擅长做搜索引擎的 SEO（搜索引擎优化），2017年你们要做某个面向一线城市白领的产品，你跟老板汇报要求加大投入，准备大规模推广你们公司的网站，希望通过这个来吸引用户购买。老板把你的建议否决

了，你可能很不服气。

但老板也许是对的，因为从 PC 到互联网，再到移动互联网，人们获取信息和知识的手段已经变化了：一般他们通过移动终端获取资讯，虽然依然用搜索引擎，但主动地搜索已经不是主要的手段，这个时候传统的 SEO 方法已经过时了。由于你只掌握了传统 SEO 知识，却没有掌握为什么要用这种手段和在什么情况下不能用这种手段的知识，所以看起来你的老板比你技高一筹！

简单地说，如果要想成为专家，对于知识的掌握起码要达到四层，如图 2-2 所示。

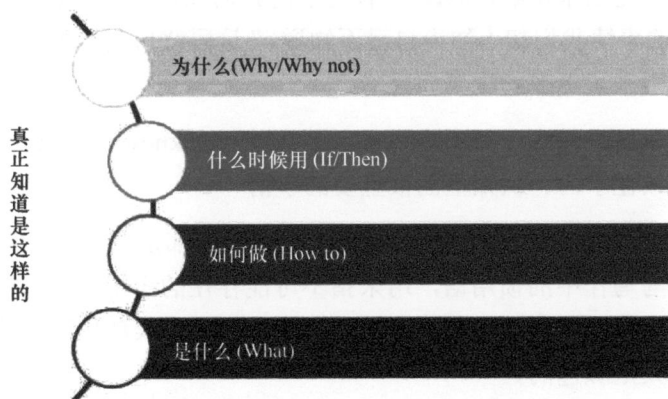

图 2-2　成为专家需要掌握的知识层次

- 第一层，知道是什么（What）的知识，这个看看维基百科之类的资料就清楚了。在学校学习的大部分知识是这种情况，告诉你是什么。

- 第二层，知道如何去做（How to）的知识，这里面包括流程、步骤、核心控制点、常见问题与对策、最佳实践等。

- 第三层，知道什么情境下用这个知识的知识（If/Then），即情境知识。不要认为自己拿着锤子看四处都是钉子，而是根据需求找最恰当的知识和方法。

- 第四层是为什么要用或者不用这个知识的知识（Why/Why not），即战略层面的知识。任何知识都不是孤立发挥作用的，而是在目标和环境下存在的。

按照我们对探索期、新手期、胜任期、高手期、专家期的划分，处于探索期和新手期的人所掌握的知识大部分是第一层次的知识。常说的书呆子就是这种状况，他记住了很多概念、定律和模型，但就是不会干活。在胜任期的人，通过解决具体问题掌握了程序型的知识，并积累了情境知识的经验。而高手则是掌握大

59

量情境知识，并能从更高层次考虑战略性问题的人，他们也掌握了许多第四层次的知识。

第四，了解不知道自己不知道的知识

当年美国攻打伊拉克的借口是怀疑伊拉克藏有"大规模杀伤性武器"，但直到最后也没发现这些武器在哪里，所以他们的决策受到全球媒体的质疑和攻击。

在小布什总统任期内担任美国国防部长的拉姆斯菲尔德，曾经就美国政府为什么要攻打伊拉克出来辩解，他说："有的事情我们知道，有的事情我们知道我们不知道，但有的事情我们却不知道自己不知道。"这段绕口的话被许多人说是美国心虚的表现，引来了更多的嘲笑和谩骂。

拉姆斯菲尔德说的这个"不知道自己不知道（Unknown unknowns）"的确说出了一个普通人在学习、认知里面很重要的事情！

在发现澳大利亚的黑天鹅之前，欧洲人认为天鹅都是白色的，"黑天鹅"曾经是欧洲人言谈与写作中的惯用语，用来指不可能存在的事物；但这个不可动摇的信念随着第一只黑天鹅的出现而崩溃。相信在第一只黑天鹅出现之前，人们都认为自己是了解天鹅颜色的。

有一些知识我们自己可能已经掌握了，有一些知识我们还没有掌握但知道自己需要去学习和获取；也有一些知识，因为我们见识的欠缺从来没有用到过，但从客观的角度看却是这个岗位需要的。这样就会出现四种情况，如图 2-3 所示。

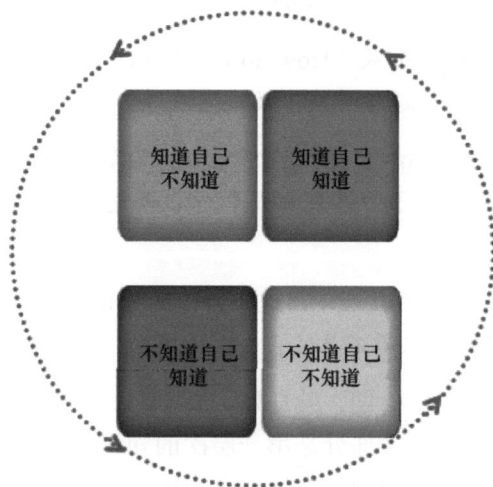

图 2-3　自己认识自己的四种情况

第一种情况：知道自己知道或者认为自己已经掌握了。

这只是你个人认为自己知道——也许你知道，也许你没有你想象的那么了解。这其实是许多人人生悲剧的原因：自己感觉自己知道很多，但别人却不这么认为，造成许多人自认为自己不得志，感觉得不到别人的重视。

第二种情况：知道自己不知道，或者说认为自己应该知道。

当你知道自己不知道或认为自己应该知道的时候，就会主动地学习、获取，或者求助别人、授权他人去做。

第三种情况：不知道自己知道，或者说自己之前有相关经验但没有意识到。

这种情况需要环境和机缘去刺激、激发才能从懵懂到清晰。

第四种情况：不知道自己不知道。

不知道自己不知道（Unknown Unknowns）是指虽然你需要，但由于环境、见识的原因根本不知道自己需要什么知识。

个人进步和成长的力量，很大一部分来自于将"不知道自己不知道（Unknown Unknowns）"的东西转化成"知道自己不知道"的东西，然后去学习掌握。人生悲剧的重要原因是"不知道自己不知道"，却认为"自己已然知道"。

那如何发现"不知道自己不知道"的内容呢？

许多时候，"不知道自己不知道"的内容不见得有多难，也许就是一层纸，也许是几句话。这些内容在另一个层次和领域的人眼里也许就是常识，但如果没有人指点和引导，可能你一生中也不会发现。

在现今的环境下，人跟人之间的学历、经验差异可能都不是最致命的，而最致命的是认知上的差异：别人已经当作常识了，你却还"不知道自己不知道"，这个时候，如何跟别人去竞争？

互联网给了每个人机会，如果你知道自己不知道，你就有办法获取：问朋友和同学、通过互联网查询、利用传统资料查询等。因此，现在最困难和最有价值的信息和知识就是那些"不知道自己不知道"的内容。

因为"不知道自己不知道"，所以你根本不可能提问、学习，只有转化成"知道自己不知道"的时候才能去学习。而且随着互联网的普及与深入，凡是知道自己不知道的东西理论上都可以通过各种渠道找到，这个时候"不知道自己不知道"的信息和知识如何搞定就成为了核心，对于个人成长、知识管理、知识服务、教育培训、商业模式等也都是如此！

更可怕的是，"不知道自己不知道"却还认为自己是知道的，这就更加悲剧了！

许多人很"努力"地去学习、改变自己的处境，但总是长进很少。造成这种状况的原因很多，其中一个很重要的原因就是"不知道自己不知道"的东西阻碍了他的努力和改变，或者他认为应该努力的方向本身就是错误和不具备可行性的。后面提到的知识结构，在某种程度上其实就属于个人"不知道自己不知道"的内容。

对于个体，发现"不知道自己不知道"的方法有以下几种：

- 心态要开放，忘记你的专业；
- 多跟你不一样的人讨论和交流；
- 找到你的导师和贵人，也许他们一句话就能够点醒你；
- 行万里路，看世间百态。

第五，警惕伪知识

在古代，著述是一件严肃的事情，只有圣人才能创造出新的思想来，而普通人干的只不过是传播的工作，这就是所谓的"为往圣继绝学"。被誉为"万世师表"的孔子认为自己也不过是传播前世圣人的思想。在他看来，圣人是文武周公，文武周公创立了礼乐制度，而他只不过是把这些传播下去。从他的一生来看，也的确是这样做的：开班教六艺，修订六经，为《易经》做传，编《春秋》，删定《诗经》等。因为觉得自己的东西没有创新性（这当然是谦虚），所以孔子一直坚持"述而不作"，只管讲而不写作。《论语》还是后世的弟子们根据他所讲的内容而整理出来的。

在互联网尤其是移动互联网普及之前，一个人想向社会和世界传播自己的观点也是一件不容易的事情。在 20 世纪 90 年代，无外乎是通过书籍、报纸、杂志、广播、电视等方式传播，但并非每个人都有机会出版书籍，杂志的版面也是严格限定的，广播电视的传播要求就更加严格。在 20 世纪 80 年代的中国，如果一个青年可以在某一份报纸和杂志上发表一篇哪怕是不超过 200 字的文章，都是一件光荣的事情，甚至会带来职务的升迁和物质的奖励。

即便是现在，一个科研工作者能够在《科学》或者《自然》这样的杂志上发表一篇文章，除了会得到学术圈的认可外，还会带来各种额外的收益，甚至有的高校会给予上百万元的奖励。

互联网带来了天翻地覆的变化。第一代的互联网主要通过建立网站然后发布内容，那时主要是各类机构建立网站发布信息，然后读者去阅读。对于个人而言，如果你想将你的想法、见解和观点告诉世界，就需要建立一个网站才能做到；而建立网站需要网络空间、域名，还需要了解建网站的技术、美术设计等工作，并非一般人可以做到的。但当发展到 Web 2.0 时代，尤其是博客（Blog）出现以后，每个人都可以用很简单的方式（譬如只需要一个电子信箱地址）申请一个免费的博客来发布自己的所思所想。这是一个伟大的发明，让每个有想法的人都可以展示自己，极大地促进了互联网上的知识生产和传播。也正是在 Web 2.0 以后，互联网上的内容暴增，导致原来依赖于网站导航的知识发现方式不能满足需要，以致后来谷歌、百度这类以关键词搜索而获取内容的方式成为主流。

进入 21 世纪以后，数字化出版让每个人都可以参与。在移动互联网的环境下，智能手机成为许多人生活的一部分，自媒体让每个人都可以通过便捷的方式将自己的想法、见解、性情与趣味传递给其他人，加上知识付费的火爆，各种所谓的知识产品层出不穷。

从整个社会层面看，这当然是好事，促进了有价值内容的传播，让更多的人知道了世界上有许多自己原来不知道却很有价值的内容，提高了社会整体的认知水平，也提升了劳动者的能力。

另一方面，内容的极大丰富对人们评估内容的能力提出了更高的要求，甚至有人说我们现在处理信息和知识的能力还只能适应农业和工业社会的模式。在那个模式下，书籍、杂志的编辑或者电台、电视台的相关人员作为"守门人"帮我们甄别了内容的质量，只要经过这样的流程出来的信息和知识，其准确性、可信度和实用性有了初步的保障。再通过市场的评价，人们就能够大概判断这些内容的价值和实用性了。

在自媒体普及的时代，已经没有人帮我们去做这些事情了，信息和知识评估的职责交到每个人手上，需要个人去评价可信性、准确度；但这有个前提，就是每个人都需要具备评估信息和知识的能力和素养。可悲的是，由于我们的教育方式和环境造成大部分人其实不具备这样的意识和能力，结果就是一些耸人听闻、伪科学、忽悠的内容大行其道，而真正有价值的内容却被淹没了。

那该怎么办？

从社会角度看，一方面需要提升用户的信息素养、独立思考能力和思辨水平；另一方面则是加强监管，提升内容生产者的社会责任感和责任意识。但这些都将会是一个长期的过程。对致力于成为专家的人，为了加快自己成长的步伐，该如何做呢？

第一，基于自己所处的阶段选择合适的学习内容。

从探索、新手、胜任，到高手和专家，不同阶段的人需要学习、借鉴的知识内容是不一样的。

当你对一个事情没有初步了解的时候，其实是很难有判断能力的（这个阶段大致在探索、新手的时期）。社会总在变，但其基本的逻辑和规则很难变化，在大部分领域和专业内，其基本框架和结构早已成熟，所以新手期之前，建议少读非经典内容，而把主要精力放在经典的、被验证过的内容上，然后通过实践将内容与实际结合起来。对于你不熟悉的领域，最普遍的教科书可能比图书排行榜的畅销书对你更有帮助，也比你听一些大咖的讲座更有价值，有了这些相对客观的内容打底，再去看各种说法时你就会有自己的一些想法了。

对于胜任期以后的人来说，这个时候可以去看各种观点，但切记这些内容最大的作用是启发而已，不要将这些作为根本。然后就是要保持不相信的心态，对于自己看到的、听到的内容，都不盲目相信，要去验证和对比。对于你的偶像可以学习和借鉴，但别盲从。整天嘴里念叨这个大咖那个大神，除了暴露自己的浅薄和无知外，其实没什么用。那些真正有水平的人更愿意与能和自己交流思想的人沟通，而不是与崇拜者和粉丝交流。

对于高手，应紧盯用户进行研究，了解他们的需求是什么，你能帮助他们干什么，你干的这些事情是不是有价值，他们是不是认可，愿不愿意为这些付费，这个市场有多大，需要如何去做、如何创新，这些才是真正具有价值的。在解决用户需求和问题的过程中，别人的说法都只能作为参考，只有在做的过程中才知道哪个更靠谱。

第二，要警惕互联网上的伪知识。

按照儿童心理学的研究，幼童有时候会无意识地说谎。原因在于儿童的大脑发育尚不健全，他们有时候会将自己想象的事情当成真实存在的东西，说给爸爸妈妈听，在这个过程中他没有意识到现实和自己想象的关系，所以会说得信誓旦且像真的一样。

在互联网上许多所谓的知识提供者中，真正有意识欺骗人的还是少数。大部分不靠谱的知识更类似于幼童无意识的说谎：因为当时他就是这么想的，也是这么相信，甚至还这么干了，只不过后来发现不对而已。另一个原因是这些传递知识的人受个人能力限制，他传播的知识是有缺陷的，而许多人却不具备评估的能力。在互联网上，有许多传授销售之道的人，可他们从来就没有卖过商品；有许多教授企业管理之法的人，可他们顶多当过小组长；有许多给别人传授夫妻相处之道的"专家"，而他们自己家庭中却常年"冷战"。这些都需要我们自己甄别真伪。

在知识的定义上，我们更倾向于柏拉图的说法，知识当然跟个体有关联（基于个体的实践而产生），但它的一个核心特征是客观性：不因你知道或者不知道而改变，不因为对你有没有用而改变。另一个核心特征是，知识在某个较长时间范围内被验证过，它有自己的正确性。所谓正确性，是指在一定的时间内是确定的，能够指导人类的工作。如果理解了这些，你就会明白，你写的工作总结不一定是知识，发表的旅游攻略也不一定对大家有价值。原因在于你的总结和攻略欠缺了验证和确认，其来源是个人的体会和经验，要想成为可以指导普遍性工作的知识，则需要更多的经验和体会，包括其他人的实践、总结和对经验的验证；只有经过这样的过程，经验才可能成为指导我们行动的知识。

如果明白了上面的话，你就会发现我们看的许多东西其实根本不是知识，大都是个体的体验。这种体验有对的部分，也有不合理、不全面甚至错误的地方。你去学习、研究这些体验虽然有价值，但效率一定很低。这也是许多人推荐经典的原因，因为它们都已经被验证过了。有人曾说过，自己从来不看活着或者死去不超过50年内的人的作品，也就是这个道理，因为他认为这些东西还没有被验证过。

不幸的是，很多人更愿意去看、读那些个人体验的作品，因为这些更容易读、更好玩。可是我建议，如果你的目的是提升自己，那么读这些内容，还不如看小说，小说里更能了解人生百态、世态人情。

在传统的知识生产和分发条件下，各个环节都有自己的把关机制。学术圈的同行评议保证了大部分公开出来的内容在正确性上没有大的问题，出版机制也包含了对知识内容的评估。但在当今自媒体的环境下，各说各话，比的是谁嗓门更大，而内容是否客观和正确则是最不重要的东西，耸人听闻、不客观真实的内容却更容易传播，个人体会比抽象普遍的内容更受人欢迎。

社会上大部分所谓的知识付费，其实它所提供的根本不是知识，只不过是某个人在某时某刻的所思所想。当然不是说这些东西没用，而是需要你鉴别之后再去借鉴，不要认为有了这些东西就可以照葫芦画瓢。如果时间证明它们是错的，或者虽然没错但适用范围很窄，怎么办？这都是需要你去思考的问题。

你是自己的CEO，你决定自己消费哪些内容。一个简单的建议是，凡是过多采用一些概念而故弄玄虚的（这些概念别的地方很少用），或者很高大上地渲染的事物，你都要警惕，因为很多传销组织就是这么干的。经验告诉我们，选择更可靠而不是更知名的内容，或者更平实而非更有快感的内容，可能更有益。

警惕任何披着知识外衣的内容，因为这些可能有用，也可能是误导！

专家的知识结构

英国侦探小说作家阿瑟·柯南·道尔用4篇中篇小说、56篇短篇小说刻画了福尔摩斯这位历史上最知名的大侦探。许多令人一筹莫展的案件他不用到现场就可以指明侦破的方向；对于复杂的案件，福尔摩斯在现场的勘查中总能够发现别人忽略掉的蛛丝马迹，然后他利用强大的推理能力，再结合法律知识让真相大白。

小说讲述了许多让人脑洞大开的破案故事，同时也说清楚了福尔摩斯为什么这么牛——除了他出神入化的观察能力、演绎推理能力外，合理的知识结构是他名声大噪的基础。

福尔摩斯的知识结构：

- 文学知识——无。说明福尔摩斯不是文艺青年。

- 政治学知识——浅薄。说明福尔摩斯是专业人士，他对政治不感兴趣。

- 植物学知识——不全面。在19世纪植物学是显学，福尔摩斯虽然也掌握部分内容，但并不追求系统性和全面性。

- 地质学知识——实用，但有限。这些知识在破案时也会用到，但福尔摩斯学习这些知识都以破案为目的。

- 化学知识——精深。我国的传统小说和故事里面杀人也经常用到化学，各类毒药都需要化学知识，这也是福尔摩斯化学知识精深的原因。

- 解剖学知识——准确，不系统。对人体极度熟悉才能知道各类杀人的方法。

- 惊险文学——广博。开拓视野，知道常见的、匪夷所思的害人方法，大脑里有大量的可能性的储备，才能有效地发现和推导。

- 英国法律——充分。侦探是手段，目的还是让凶手得到应有的惩罚，这就需要用到法律。

那么问题来了！

一个专家级的发动机工程师的知识结构应该是什么样子的？一名专家级的物流经理的知识结构是什么？你的岗位的知识结构应该是什么？

知识结构通常是指一个经过专门学习培训和实践后所拥有的知识体系的构成情况与结合方式。合理的知识结构既需要有精深的专业知识，又需要有广博的知识面，具有岗位发展实际需要的最合理、最优化的知识体系。

通俗地说，如果想将任何岗位和专业做到极致，就不仅仅需要掌握一个领域的知识，而是需要多个维度上的知识，只不过需要掌握的水平层次不同。譬如，小学数学老师这个岗位，在普通人的眼里觉得很简单，因为大部分人都掌握小学数学的知识内容，但并非你掌握这些数学知识就能做一个好的数学老师。按照美国教育心理学家李·舒尔曼（Lee S. Shulman）的观点，他认为教师必备的知识至少应包括 7 种：学科内容知识，一般教学法知识，课程知识，学科教学法知识（学科内容知识与教育专业知识的混合物），有关学习者的知识，关于教育情境的知识，有关教育的目的、目标、价值、哲学与历史渊源的知识。

曾经是美国科技领域职位最高的大陆华人、后来成为百度高管的陆奇在主题为"如何成为一个优秀的工程师"的演讲中提到，一个做计算机科学的工程师，要卓越必须学习其他行业和领域的知识。他认为好的 IT 工程师必须学习经济学，因为经济学的建模模式跟计算机科学不一样，而且可以用到 IT 领域。同时还必须要学习产品的知识，有产品思维："如果不懂产品，你不可能成为一个最好的工程师。真正要做世界一流的工程师不光要懂产品，还要懂整个商业，懂生态。因为你的工作责任，是能够看到将来，把技术和将来的需求结合，让你的平台、开发流程、你的团队为将来做准备。"陆奇还认为，要想将深度学习真正搞清楚，"必须把物理重学一遍，把生物学看一遍，把进化论再看一遍"，"因为深度学习跟这些东西完全相关，自己肯定想不清楚，要彻底想清楚，必须学"。

其实陆奇说的这些内容，都属于 IT 工程师的知识结构。新手通常紧盯着自己手上的工作，如何完成任务和项目是重点；但当你从新手走到胜任，走到高手和专家的时候，就会发现，需要学习的东西还有太多太多，而且很多时候是"功夫在诗外"，八竿子打不着的地方才是最需要深入学习的知识。

对于个人成长而言，这里面其实是有一个陷阱的：就是你处于较低层次的时候（新手、胜任），根本不知道要成为这个领域的专家需要学习哪些内容。换句话说，你对于这个领域专家的知识结构处于"不知道自己不知道"的状态，你根本不知道要想卓越还需要去学哪些内容。譬如，大部分人可能根本不知道掌握深度学习的内容需要了解物理学、相对论和生物学，所以也不大可能去学习。

怎么办？

通常大部分管理水平较高的机构里会有各个岗位的胜任力模型，告诉你要能够胜任这个职务需要掌握什么领域的知识内容；但关于高手到专家这个层次的知识结构，则很少有人告诉你。这是因为高手和专家本身就少，需要了解这些内容的人也比较少，所以很少专家愿意去提炼、整理、构建这个知识结构的模型。这个时候，找到愿意指导你的专家就十分重要，这也是贵人相助最有价值的原因。另外，通过互联网遍历后，发现自己知识缺乏的地方，及时补充，最后也会构建出专家级的知识结构。

怎么学

学习的元认知

我们家小孩上小学四年级时写了一篇叫"记忆的秘诀"的作文，讲如何背古诗词。既然是秘诀，就要有"秘密性"：大致写的是先要多读几遍，然后在睡觉前也要读几遍，早晨醒来再读一下，就会发现自己已能背诵了。

这种说法的科学性当然不足，但我仍然很高兴；因为看到他在主动探索适合自己完成某项学习任务的合理策略，并在实践中验证。

在他小时候幼儿园之前及幼儿园的阶段，我作为家长没有让他去背过什么古诗、三字经，所以到小学后，当遇到几位特别"凶猛"的语文老师时就抓瞎了：

每学期开始就发这一学期需要背的东西，每周一篇，既有很短的七言古诗，也有像《蜀道难》《琵琶行》这样的长文。面临这样的任务，有的孩子之前已经背过了，就会很早找老师去背。但我们小孩大部分没有背过，所以他的压力就非常大，其间各种纠结、痛苦，相信各位家长都深有体会。

经过一两年的实践，他能总结出关于背古诗词的方法来，不论是不是科学合理，但对他有效果，这就值得高兴。我举这个例子的目的，是想说关于学习的"元认知"问题，这个词许多人听说过，但仍然感到费解。

元认知的概念是指对于认知（可以简单理解为学习）策略的监控、评估与调整。通俗地说，对于你完成某一个学习任务（如背 50 个单词、弄清楚牛顿第二定律、完成数学作业等都可以算作一项学习任务）知道该用哪些合理的方法，并能够根据学习任务及时调整和选择相应的方法，在懈怠的时候能够主动去完成任务。背单词和古诗与学习物理定律的方式方法是不一样的，你不能拿着学物理的方式来学历史。通过观察小朋友的学习过程也可以发现：当遇到困难的时候，元认知能力强的孩子会换一种办法去解决，或者去请教家长、老师；而元认知欠缺的孩子，当不知道如何做的时候就会"陷"进去，不知道变通，当找不到方法时就会放弃，注意力不集中，玩手中的笔或者走神。

对于成年人而言，要提升个人的元认知能力，需要掌握大量关于认知的知识，即完成不同学习任务的流程、方法、注意事项、常犯错误等。这里面涉及陈述性知识（是什么）、流程性知识（如何做）、情景性知识（在什么情境下用、为什么要用）。

如果没有足够的认知知识，当你遇到问题需要调整策略时就会束手无策，因为你不知道其他的替代方法。举一个例子，你的衣柜里只有运动服（常年穿运动服），但今晚的晚宴邀请函上注明要穿正装，这个时候你可能根本不知道正装是啥，因此也没有什么可以选择的。

此外，需要对认知过程进行管理，包括计划、监测、评估、改进。当你有一个学习任务时，基于之前的经验和教训，你拿到这个任务后应该首先去判断这样的学习任务该采用何种认知策略（计划），用什么方法，投入哪些资源（时间、努力程度、外部环境、求助渠道）；然后在学习过程中时时监测，当正在采用的方法遇到问题时及时更换其他策略；完成认知任务后能够对自己这个过程进行评估，是不是最合理、要不要改进等。

元认知经常被通俗地说成"Thinking about thinking"，就是你自己要思考个人学习的方式方法是否合理并能够及时调整。

元认知大致包括以下 5 个活动：

（1）理解人类关于认知（学习）的常见方式。如果你根本不了解合理、正确的方式是什么，就无从对自己的学习过程进行监测，监测的本质是个人方式与合理方式的对比。

（2）理解你自己的学习方式和习惯。有的人适合通过阅读去学习，但有的人可能更擅长通过听或者观察去学习；有的人上课时很严谨地记笔记并在下课后复习，而有的人却从不记笔记或者只记笔记但课后从来不看。每个人都有适合自己的学习方式和方法，你要找到最适合自己的方式。

（3）监控你每次学习活动的有效性。保持警惕性和敏感性，不急躁但敏锐，当发现自己的认知方式效果很差时，要及时改进，如果有效就坚持。这个过程也被称为自我调节、自我监控或自我评估。

（4）主动管理自己的学习动机和态度。学习行为受个人的学习态度甚至心智模式影响，这些会影响你学习的积极性；如果动机和态度不端正，学习效果一定受影响。譬如，一个孩子这样解释自己为什么做错那道数学题：别的小朋友已经做完了都交卷了，我无法静下心来去推导，然后简单弄一下就交卷了。

（5）能够适时调整学习策略。当发现自己学习的方式、方法、动机和态度有问题时，学习者能够自我调节，端正态度，增强学习的紧迫性，同时借鉴更好的学习方法并真正落实下去。如果孩子发现自己做数学题时太急躁了，他应该告诫自己不要着急，按部就班地进行推导，否则很容易出错。

元认知包括了学习者、学习任务和学习策略。当个人学习时你就是学习者，学习任务随时变化，学习策略也要随需而变。大部分人学习效果差就是因为不知道正确的、适合自己不同学习任务的策略是什么，通常我们的教育也缺乏这样的策略（或者教的是适合所有人的方法）讲述。

元认知类似于你有一个"一对一"的师傅盯着你，他知道最科学高效而又适合你的学习方法：当要学习任何内容时，他自动告诉你该用哪种方法；当遇到问题时会提醒你及时改进。但世界上有这样的师傅吗？估计没有，因为没有人比你自己更了解自己，所以你要"分裂"出一个自己来指导自己，这就是元认知。

对于成年人而言，在元认知上最大的问题在于对认知知识的了解过少，对于人是如何学习的，以及在信息爆炸环境下学习方式和策略的变化基本上不了解，所以无从对自己的学习方式进行有效监控。

常见的一个误区是对不同阶段的人学习方式的误解。有许多人跟我说：田老师，我目标很明确也很努力，每天在朋友圈阅读大量的内容，甚至经常参加各种培训班，学会了很多方法、模型，但为什么工作绩效也没有提高啊？还有人大吐"苦水"：毕业后我就注重结识人脉，向各种"大牛"学习，参加各种交流活动和社团，但感觉自己提升并不快。

这些症状的背后原因是不知道成年人在新环境下的学习方式和方法。传统的学习方式通常指读书、听课、做练习、考试等，按照摩根·麦考尔（Morgan McCall）、罗伯特·艾金格（Robert W. Eichinger）和米迦勒·隆巴多（Michael M. Lombardo）在美国创新领导力中心（The Center for Creative Leadership）提出的职场成年人学习的 70/20/10 原则：

- 10%的学习发生在正式的培训中；

- 20%的学习发生在他人对自己的反馈、观察和同工作中的榜样一起工作；

- 70%的学习发生在真实生活和工作中任务完成或者问题解决的过程中，这应该是企业在制订任何学习和发展计划中最重要的方面。

在后来的研究中，人们也发现，这个模型并不是严格比例的模型。对于不同岗位和职能来说，其比例范围并不严格遵守 70/20/10 原则，但这个重要性的分布则是合理的，即：人们的学习主要依赖于实践，其次是人跟人之间工作场合的交互，而正式的培训上课等方式产生的作用对成年人来说没有通常人们认为的那么大。

这就告诉我们，对致力成为专家的人而言，除了传统学习方式，更大的修炼在于解决问题，在于与同事、合作伙伴和领域岗位专家交互上。而在现实中我们却遇到许多自诩热爱学习的人，四处参加各种培训班，上各种微课，与各类大咖交流，读各种书；但却不愿意去承担、负责核心工作，与自己的同事无法紧密合作。这样的人是不大可能真正学到有用的东西的。

真正的学习除了需要重视实践以外，处于不同层次（新手、胜任、高手、专家）的人，其最佳的学习途径也是不一样的。

按照不同分类，可以有以下不同学习途径：

（1）体系化内容，譬如教科书。这是前人结构化和体系化的知识传承方式。对于刚刚进入一个新领域的人员，建议你看看该领域里的经典教科书，从而了解这个领域的知识体系的基本结构和框架。

（2）严肃内容，譬如论文、专业的调查报告。即便不是做科研的人，如果希望真正有所成就，也应该去看看领域内的论文和专业期刊上的文章，哪怕只看摘要。尤其是在自己具备了这个领域的基本知识体系后，更应常常关注本领域的学术动态，了解领域内的新技术、新产品。

（3）通俗文章。这些内容可能出现在杂志期刊、网站、APP上，但内容质量参差不齐，包括许多"注水"、歪曲的内容，要具备较高的鉴别能力和水准。水平高的人可以一眼判断内容的质量，好的吸收而差的抛弃；但对于新手则困难很多。

（4）碎片化内容。这些内容一般短而散，微博、微信里有许多这样的内容，可能是一段话或者几个数字、图片等。这些内容也有价值，可以给我们启发和参考。

（5）实践中学习。通过完成各类任务、解决各类问题是成年人最主要的实践和学习方式（但这并非说传统的学习没有价值，传统的学习方式是基础）。你可以发现，任何最后成为专家的人都经历过大量的艰难实践，在毫无头绪、工期很紧的情况下完成任务并追求完美。这在本书的第三章中我们会详细介绍。

（6）跟人学习。"三人行必有我师焉"，每个人身上都有值得别人学习的地方。学习能力强的人对于学习十分敏感，他们习惯于看别人的长处，从自己的同事、同学身上学习，甚至可以从陌生人身上学习。所谓的"醍醐灌顶"和"贵人相助"也是这种方式。当你在一个领域有了一定的基础后，要多跟高人学习——高人的一番指点可能让你少走许多弯路，也会帮你解决很多自己思考不清楚的问题。著名作家路遥在他的《平凡的世界》里提到："在一个人的思想还没有强大到自己能完全把握自己的时候，就需要在精神上依托另一个比自己更强的人。也许有一天，学生会变成自己老师的老师——这是常常会有的——但人在壮大过程中的每一个阶段，都需要求得当时比自己的认识更高明的指教。"

这里有个前提是，你只有掌握某个领域知识体系的基本结构和框架时，高手才愿意跟你交流并指点你，否则人家所说所讲你也听不懂。许多人认为高手一指点自己就会了，整天沉迷于听高手的演讲和找机会跟人交流；但本质上学习还是靠你自己，高手讲的情景你要能理解，真正有价值的指点你要去考虑如何落地。

再结合我们成为专家的五个阶段：探索期、新手期、胜任期、高手期和专家期（探索期主要是尝试，这里不分析），每个阶段对应的最佳学习方式其实是不一样的，如图 2-4 所示。

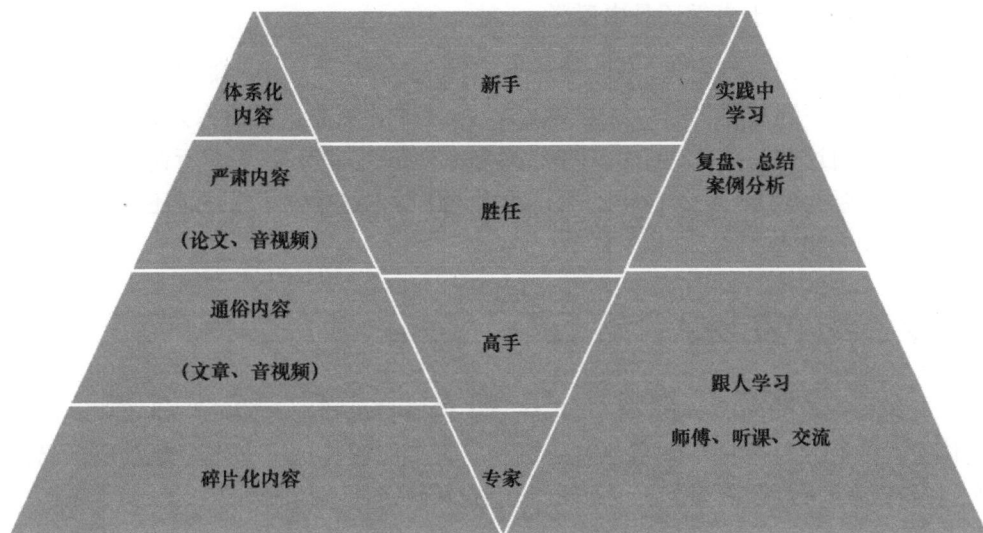

图 2-4　成为专家的各个阶段的最佳学习方式

从图 2- 4 中可可知：

- 在个人发展的初级阶段，譬如在新手刚胜任的时候，最需要的是实践和掌握体系性的内容。这个时候读教科书可能更有效。但许多人正好弄反了，新手的时候沉迷于碎片化、通俗内容，不去解决问题而更耽于交流。因为没有一个好的知识基础，看什么都觉得对，跟谁交流都觉得长进很大，但其实头脑中还是一团乱麻。

- 当到了高手和专家的阶段时，就像武侠高手一样拈花摘叶都可伤人，这个时候他们可以从碎片化的内容中得到启发，在跟人交流中快速长进（这时其他人也愿意跟他交流）。这个时候他们需要拓展思维，发现"不知道自己不知道"的东西，需要了解需求和更深入地理解人性，以便创新。

另一个人们经常走进的误区是，搞不清楚怎样才算掌握了某个知识点或者领域。如果不知道这个，就容易误认为自己已经达到顶峰了，但事实上在真正的高手眼中你可能才刚入门。

真正的掌握，不是看了一遍或自己觉得看懂了就了事，而是要将这个知识点转化成自己的理解，跟自己原来掌握的知识建立关联，并能够解决具体问题，这是第一个层次。譬如中学生学物理定律，仅仅记住文字内容还不够，必须搞清楚这个定律是怎么来的，利用这个定律能够解决什么问题；弄明白这个定律跟哪些定律相关联，是属于力学还是电磁学。

成年人的学习也是如此，仅仅看一遍或者几遍，相关知识及能力还是跟你没关系；如果想真正地掌握它，必须去实践。另一个层次就是，虽然你会解决问题了，但还要能够将这些与你已有的知识关联起来，看到更高的层次，即所谓知其然也知其所以然。要能够用通俗、简单的语言跟别人说明白这些知识，同时还要理解与它关联的知识有哪些。

专家型学习方法

有不少人看过许多书和文档，也注意去借鉴自己和别人的经验和教训，但在具体实践的时候总感觉不到自己有所进步。许多时候，放下书本后却发现自己什么也没有记下来；或者虽然记住了，在用的时候还是不能游刃有余！

随着移动互联网的普及，每个人都被碎片化的内容所包围。然后许多人就埋怨碎片化阅读造成他们学习的低效率，但其实知识碎片也有其自己的价值。同样读碎片化内容，有的人能看出其中的微言大义，并且能从这些内容引发去读更多的书，同时也引导他们去思考和实践；而有的人却只是了解了一些皮毛，或者只是掌握了一些谈资。

从心理学可知，知识学习的过程其实是一个将外部的知识（自己不懂的）与自己已经掌握的内容建立连接的过程：要想真正学会，就必须将这些外在的知识和经验进行编码，与你既有的知识和经验建立关联，部分内容成为你原有知识体系的一部分，部分内容作为新增的知识点，准备与未来的知识点建立关联。

美国教育心理学家、认知心理学家杰罗姆·布鲁纳认为，学习的实质是一个人把同类事物联系起来，并组织成赋予意义的结构。学习就是认知结构的组织和重新组织，就是在学习者的头脑中形成各学科知识的知识体系，这种知识体系是由学科知识中的基本概念、基本思想或原理组成的。他认为："从人类的记忆看，除非把一件件事情放进构造好的模型里，否则很快就会忘记。详细的资料是靠表达它的简化方式来保存在记忆里的。获得的知识，如果没有完美的结构把它关联在一起，那是一种多半会被遗忘的知识。一串不连贯的论据在记忆中仅有短暂得可怜的寿命。"

但这个建立连接而形成体系的过程不是一次性能够完成的，仅仅靠阅读还不够，真正的转换还必须包括去解决问题、去深度思考。在这个过程中需要你找到机会将这些知识和经验用一用，经过几次使用，你才有可能真正学会这些知识；也只有在这个时候，这些知识才能算得上你的知识！

那这个连接的过程具体是什么样的呢？

有一种专家型学习（Expert Learning）方法介绍了这个过程。这里面的"专家型学习"并非指专家们独有的学习方法，而是指更高效和专业的学习方法；掌握这种学习方法的人可能是专家，也可以是普通人。换一个角度看，可能真正的专家也不会用专家型学习方法，而一个小学生却可以用专家型学习方法掌握自己的知识。

专家型学习方法可以简单地分为以下 3 步。

第一步：知识在大脑里的组织

（1）对输入的内容进行分类分组

分类要求多维度，你认知的维度越多，未来可提取的机会就越多；但这些维度依赖于你之前的知识积累，如果你是初学某个知识点，你很难想到跟它相关的内容。这就是为什么知识越多的人学得越快，看同样一个"新东西"高手可以很快掌握的原因。

（2）对输入的内容进行摘要和提取大纲

对你所读的内容进行摘要，找到核心内容。无论是文字还是语言的表达，其中一定有核心观点、论据，你先要将这些识别出来，然后用你自己语言概括表述。各种文本和表达方式（譬如一本新书的说法可能跟你的背景知识是不一样的，你要搞清楚它说的跟你经常用的哪些是等同或者类似的）不一定适合你的背景和习惯，将看到的内容用你的语言和理解表述是一个转化的过程。同时，进行摘要和提取大纲是简化的过程。

（3）厘清输入内容所处的层级（在你的知识体系中）

这个表述的知识在你的知识体系里面处于什么层级，当然前提是你脑袋里已经有相应的层级，给你读到的内容找到相应的位置并能够放进去。

举个例子，当我看到一篇讲互联网社区运营方法的文章时，虽然我不是做互联网社区运营的，但主要从事的知识管理咨询工作中也会涉及社区运营，我会将它归到知识管理—知识管理系统—知识社区—知识社区运营策略下面，这个互联网社区运营方法会启发我们知识管理的知识社区的运营，同时也可能会归类到更大的知识管理运营策略里。

在对输入进行层级化时也涉及维度，你也可以将其多维度的层级考虑进去。

（4）对输入内容概念化，归类到相应概念树的分支

概念化则更抽象，本书的思维部分对概念能力有专门论述。其实质是探究所读内容背后的逻辑关系。

第二步：基于理解的记忆

虽然理解和记忆都不是我们最终的目的，我们需要的是在合适的时间能提取出这些知识来应用，但适当的重复是必要的。

如果你能够理解所读内容的真实意思，就更容易记住。在这个过程中，需要你去思考并与你之前的相关知识建立连接，寻找尽量多的可用的线索，再进行必要的重复。当你再去回忆的时候，某一个线索忘记了，还有其他线索帮助你回忆起来。

第三步：知识的可视化、图形化

大部分人的大脑除了可以记忆文字外，对图像和图形更敏感。对于输入的内容，可以进行可视化的想象与设计，譬如想象成一幅画、一个场景。这样，它们更容易被记住，也更容易被唤醒。

以上的表述比较抽象，以一个小朋友记忆《沁园春·雪》这首词做一个简单示例，期望对你有所启发。《沁园春·雪》的内容是："北国风光，千里冰封，万里雪飘。望长城内外，惟余莽莽；大河上下，顿失滔滔。山舞银蛇，原驰蜡象，欲与天公试比高。须晴日，看红装素裹，分外妖娆。江山如此多娇，引无数英雄竞折腰。惜秦皇汉武，略输文采；唐宗宋祖，稍逊风骚。"示意见表 2-1。

表 2-1 《沁园春·雪》的示意

编码过程		具体内容	备注
知识内容组织	分类	多维度：维度越多越易记	沁园春：词牌名，还有哪些词牌名？ 雪：描写雪的诗还有哪些？ 季节：除了冬天还有哪些，其他季节呢？ 作者：还有哪些？
	摘要大纲	自己的理解，用自己的话说出来，大纲和概述	全诗核心其实可分为两个层次：下雪的景色描述；抒发情怀。 核心目的在于要说明：数风流人物，还看今朝

（续表）

编码过程		具体内容	备　注
知识内容组织	层级化	上下级、同级	每个点都可以展开，譬如词、诗、小说是同级，沁园春与浣溪沙都是词的下一级等
	概念化	更抽象，概念树	雪、雨、风——天气现象
记忆与助记		复述，相关知识的提取点	譬如看过有关李世民、成吉思汗的电视剧等，都可以算作记忆的线索
可视化		一图胜千言	想象北方的冬季：大雪纷飞，原驰蜡象。再想象历史人物：粉墨登场，唐宗宋祖

如果小朋友能够进行上表的分析，再多念几遍其实这首词就比较容易记住了。但上面的分析是有一个假设和前提：小孩已经具备了其他的知识点，即相关知识足够丰富。当大部分人没有这么丰富的背景知识时，譬如是第一次学习诗歌，怎么办？

这类似于你刚进入一个领域，尚不具备这个领域的积累，这个时候如何快速入门呢？

对于小朋友而言，由于他们抽象思维的能力尚处于初级阶段，常见的方式方法就是去背诵尽量多的相关内容，即所谓"熟读唐诗三百首，不会作诗也会吟"。靠量的积累，老师再去讲一些跟这首诗多维度的概念点，让小朋友在提取时有更多的线索。

但对于成年人而言，最有效率的过程应该是上面讲的从系统化、理论性的书籍读起，从概念入手（这也许是最不舒服的方式，但可能是最高效的方式），结合分析与案例，尽快建立起这个领域的基本概念体系，然后再去读书、思考和实践，发展这个体系。有几本这个领域的体系化的书打底，再去读这个领域的其他书、文章和观点、案例，你就大致知道所读的这些内容是在说什么、属于这个体系的哪个知识点，甚至哪些有可取之处而哪些不过是老生常谈。

以上提到的方法，做起来并不容易，需要耗费较多时间；但对于真正想去学习和研究一个领域的人而言，是值得这样下功夫的。对于你需要的严肃内容，不去深入分析与关联，就没办法掌握。在这方面，钱钟书先生是一位典型的代表。即便钱钟书从小就有神童的美誉，但他所下的功夫也是超过一般人的。

关于钱钟书，最让人津津乐道的是他渊博的知识和超强的记忆力。据说，他看过的东西都是过目不忘，在进入小学读书之前，钱钟书已读了《西游记》《水浒传》《三国演义》《聊斋志异》《七侠五义》以及《说唐》等名著。钱钟书读书过目不忘,任谁从书中随便抽出一段来考他,他都能不假思索、流畅无阻地背诵出来,其至连书中好汉所使用兵器的斤两都记得。钱的记忆力被国外一些媒体誉为"照相机式记忆",凡是他看过的东西就像照相一样记在大脑中。看钱钟书先生的《谈艺录》《管锥编》,你也会发现先生旁征博引,从先秦到现代,从诗词到戏曲,随手拈来,行云流水,自然成文。所以他被誉为中国的"文化昆仑"。

在人们心目中,钱钟书先生的"天才"是常人可望而不可即的。但钱钟书的夫人杨绛先生却不这么认为,她在一篇回忆文章中写道:

"许多人说,钱钟书记忆力特强,过目不忘。他本人却并不以为自己有那么'神'。他只是好读书,肯下功夫,不仅读,还做笔记;不仅读一遍两遍,还会读三遍四遍,笔记上不断地添补。所以他读的书虽然很多,也不易遗忘。"杨绛先生还提到:"做笔记很费时间。钟书做一遍笔记的时间,约莫是读这本书的一倍。他说,一本书,第二遍再读,总会发现读第一遍时会有很多疏忽。最精彩的句子,要读几遍之后才发现。"

类似的还有被誉为大师的李敖,他的学术作品中也是引用无数,跟人聊天时也总能够出口成章。这是如何做到的呢?在一次演讲中他自己曾经揭秘:

"我李敖看的书很少会忘掉,什么原因呢?方法好。什么方法?心狠手辣。剪刀美工刀全部用到,把书给分尸掉了,就是切开了。这一页我需要,这一段我需要,我把它按类别分开来。那背面有用怎么办呢?把它影印出来,或者一开始就买两本书,把两本书都切开以后整理出来,把要看的部分分类留存。结果一本书看完了,这本书也被分尸掉了。这就是我的看书方法。

"那分类怎么分呢?我有很多自己做的夹子,夹子我写上字,把资料全部分类。一本书看完以后,全部进入我的夹子里面。我可以分出几千个类来,分得很细。好比说按照图书馆的分类,哲学类,宗教类;宗教类再分佛教类、道教类、天主教类。我李敖就分得更细了,天主教还可以分,神父算一类。神父还可以细分,神父喜欢读书就是一类,神父还俗又是一类。修女喜欢读书是一类,修女还俗这又是一类。

"任何书里有关的内容都进入我的资料里来。进入干什么呢?当我要写小说的时候,需要这个资料,打开资料,只是写一下就好了。或者发生了一个什么事件,跟修女喜欢读书有关系,我要发表对新闻的感想,把新闻拿过来,再把我的资料打开,两个一合并,文章立刻就写出来了。

"换句话说，我这本书看完之后，被我大卸八块，五马分尸。可是被我勾住了，这些资料我不凭记忆来记它，我凭细部的很耐心的功夫把它勾紧，放在资料夹子里。我的记忆力只要记这些标题好了。标题是按照我的习惯来分的。基本上都翻译成英文字，用英文字母排出来，偶尔也有些中文的。"

从钱钟书和李敖的例子可以看出，他们可能都不知道专家型学习的方法，但实际上在具体实践中已经用了这样的方式：尽量多地分类、分层，跟自己之前的理解、知识关联。分类分层其实是结构的基础，钱钟书花费大量时间做笔记、李敖各种剪切的过程，都是他们主动关联、重新建构的过程。

从本质上讲，如果你在输入的时候很爽（看一下就算），那么你在使用的时候一定不爽（记不住、想不起来）。在你打基础的阶段，每一篇、每一章、每一本书都下了大功夫，你在后面用的时候才能真正做到游刃有余，才能在学新东西的时候远远快于他人。因此，从下功夫的角度来看，学习的成效对每个人来说是公平的。

遍历你的领域

经过多年的学习实践和思考，你通常会觉得自己在某个领域已经很专业，大部分项目也都会做了，不知道该去学什么然后学习的动力就不足了。这种状态通常在胜任期期间最容易出现，觉得自己大部分都会啊，为什么专家却觉得自己还有很多不足，问题在哪里呢？还有一种情况，当你希望建立自己在某个领域的知识体系时，却发现总是做不到。

在上面的两种情况下，都可以去试一下遍历。通过这个过程，会让你发现自己"不知道自己不知道"的东西，增强学习的动力；通过这个过程，可能会让你真正了解你的领域和你跟高手的差别，当然也可能让你发现你的确已经很专业了，"前无古人"了。

"遍历"是计算机数据结构里面的一个名词，通俗点理解就是把某个集合中的数据全部访问一遍。引申到个人的学习上，指将某一方向或领域内人类既有的信息和知识都看一遍（这当然是个理想状况），在这个过程中你就能判断自己是否真的已经掌握了这个方向和领域的大部分内容，是不是还有你之前没有注意到的内容被遗漏了。

遍历可以是一个大的领域，也可以是某个小的点。基于你工作中具体的某个点你也可以去做遍历，这将让你把这个点做深做透。

通过遍历：

第一，可以让你对自己的真实能力与所在行业的位置有正确的定位。当你在遍历的过程中发现很多内容根本没听说过、完全不了解时，你就会更有动力去学习，也更加知道自己该学什么。

第二，可以帮助你查漏补缺。在你认为自己大部分内容都掌握的时候找到弱点、缺点，使你有的放矢地去完善自己的知识体系和结构。

第三，帮助你形成行业或领域的直觉。直觉的形成来自于你对于行业领域的全面了解，这个了解包括新闻、动态、专家、人物、案例、机构，甚至笑话、段子，遍历让你可以看到这些内容。

如何遍历，对于职场人来说，最简便易行的方式是借助互联网，方法有以下几种：

（1）快速看这个领域出版过的大部分书籍，书是最便宜的投资。

作者本人是做知识管理研究和咨询的，曾经为了做知识管理而对这个领域进行遍历，在 2010 年之前买过这个领域出版的大部分中文书，还包括一些国外的书籍。

（2）将这个领域内的前 100 页的论文都扫描一遍，可以是 CNKI 上的，也可以是谷歌或者百度学术上的。

我曾经将知识管理这个领域的论文大部分都扫过一遍，包括 CNKI、谷歌学术，还包括当时台湾的一个数据库里面的论文。

（3）搜索引擎上的前 100 页内容，你会知道这个领域的新闻、动态、产品、服务、牛人和机构等。

为了解知识管理，我曾经用百度、谷歌等搜索引擎去搜索前 100 页的内容，还不仅仅是"知识管理"这个关键词，还包括了相关的词，譬如知识库、知识社区等。有段时间，还专门研究过欧洲、美国、东南亚等地区的情况。此外，除了了解这个领域的理论知识，还可以了解有多少家做知识管理软件的企业，有哪些比较厉害的专家等。

（4）跟踪这个领域，每天关注这个领域的动态，包括新闻、会议、活动、论文等，并坚持 1 年以上。这些内容可以订阅下来，坚持每天看一看标题，有兴趣的再点进去看正文。

在这个过程中，你可能会发现需要学习、实践和思考的东西还有很多，你原来认为自己已经掌握只不过是"自我感觉良好"，然后再去继续学习和实践。通过这样的过程，可以对你的领域知识体系查漏补缺。到后来，你就真的掌握这个领域了。

通常，遍历不是一次能完成的，需要好几个循环。当某个阶段你觉得自己已经很专业的时候，你可以去遍历一下，把在这个过程中你遇到问题，以及发现自己在某一块的欠缺，用来指导接下来的学习。当你遍历很多次后，发现自己大部分都已经懂得，甚至只要看题目就知道内容是什么，知道哪些观点是真知灼见，哪些是在胡说八道，这个时候基本上可以说你已经掌握这个领域了。

钱学森曾经在跟自己的得意门生、著名的人工智能专家、中科院院士戴汝为的交流中提到，当年自己为了研究空气动力学这个领域，是这样做的：

"我不是说大话，我在做空气动力学的时候，关于空气动力学方面，英文的、法文的、德文的、意大利文的文献我全都念过。为了要把它做好，我得这么念，而且还进行了分析。"

钱学森其实做的是一个方向上的遍历！

笔者曾经在新浪微博上观察一位阿里巴巴大数据方面的负责人。他是佛教徒，每天坚持三四点钟起床，在微博上发表了全球各地关于大数据的新闻和动态链接，而且他还在自己的博客上长期写这个领域的评论，我观察了五六年时间，基本上天天如此。这其实是一种遍历和跟踪，对这个领域的新技术、新应用和案例，甚至公司和人物持续的关注，这样的人一定是对行业有直觉的。

这种方法适用于对一个领域有多年积累的人，如果是新手，那还是老老实实地从基础开始吧。按照探索、新手、胜任、高手和专家的分层，起码是胜任级别的人才可以考虑去做遍历的工作，以帮助你找到学习动力（发现哪些知识还不会）、建立知识体系、真正理解一个行业。

建立知识体系

我们经过系统的学习、实践和反思，当在某领域积累的知识量足够多的时候，需要建立它们之间的关系，这就形成个人在某领域的知识体系。

知识体系是相关知识互相联系而构成的一个整体。从客观性和主观性上讲，可以分为如下两种情况：

（1）知识本身的体系。在生产和研究中，已经成熟的知识之间有内在的关系，譬如经济学的知识体系、力学的知识体系等。它是一种客观的存在，跟个体的关系不是很大。客观的知识体系有层级性，譬如物理学是一个大的知识体系，但初中物理、高中物理只学习其中的基础部分，则会形成初中物理的知识体系、高中物理的知识体系等。

（2）与人相关的知识体系。通常我们说的就是这个知识体系。如果说人类的知识体系甚至一个领域的知识体系好比一棵大树，那么每个人只可能掌握其中的部分叶子而已。所以我们在说知识体系的时候，大部分讲的是个体的知识体系、完成某项工作需要的知识体系（工作项目知识体系，譬如项目管理知识体系指南 PMBOK）、某个岗位需要的知识体系（岗位知识体系）、某项任务需要的知识体系等。

从个人发展的角度看，任何人都需要多个维度的知识内容。处于不同岗位和层级的人首先要确定自己的知识结构，就像前面提到的福尔摩斯一样，要成为一个大侦探就要确定需要哪些领域的知识，每个领域知识需要掌握的层次高低。在某个具体领域中，如果你掌握了这些，就形成了你自己在这个领域的知识体系。

譬如一位工艺领域的新手工程师，他的核心工作是在工艺环节，要能解决工艺上的问题。但随着他职位提升，他也需要人际关系，需要能够影响别人的领导力，这就涉及技术知识、人际的知识和领导力的知识。而在新手阶段，工艺技术（初级）还是核心，他要形成关于常用核心技术的知识体系，而人际和领导力的知识只需要初步了解就可以了。

知识体系有什么用

在学习一个领域里的知识时，如果知道这个领域客观的知识体系，学习的方向目标就明确了。这是知识体系的第一个作用。

根据心理学的研究可知，记忆又可以分为长时记忆和短时记忆，前者才是人类的知识库。长时记忆中核心是语义记忆，而语义记忆依赖于不同的概念、事实、属性间的关系。换句话说，人脑比较容易记住的是各种关系、框架和模型，越是高手其模型越抽象，处于较高的层次概念。所以说，知识体系的第二个作用是帮助我们记忆。知识之间只有建立了更多的关联、更紧密的关系，才更容易记住。

但记忆知识不是根本目的，我们的知识要用来认识世界和解决问题。但许多时候我们面临问题时无法将知识顺利"取出"。心理学的研究表明，那些能够快速高效解决问题的人，他们在同样情况下更容易取出大脑里面存储的知识。而他们之所以能够快速提取，就在于他们大脑里知识的结构化和体系化。这样来看，知识体系的第三个作用是提取，便于我们面临问题和困惑时能够将知识及时拿出来应用。

知识体系是结果而不是起点，只有通过不断学习和实践，经过抽象和提炼才能真正形成自己的知识体系。

在具体工作中，建立知识体系的过程不仅需要你去学习，而且还需要不断实践，这样才能真正转化成你的知识体系。通过这个不断循环往复的过程，帮助你熟练掌握概念、定理、定律，将这些方法和技能运用于工作、生活，并最终经过深刻思考提炼出你自己的知识体系。从上往下看，你的知识体系可以简化成几个关键词。但每个关键词你都可以展开，详细说明其中所涉及的方法、流程、步骤、注意事项等内容，并且你还要知道它们之间是互相影响的关系。

从下往上是知识体系真正形成的过程，你一定是从一个概念和一个方法开始，最后才关联成相应的体系！

当没有人能够告诉你的岗位和核心工作会涉及哪些相关知识内容的时候，你只能通过支离破碎的线索去摸索、建构，在实践中发现需要和应该学习的内容，最终真正理解和掌握。如果有人给你指明方向，你应该感谢他，但仍然需要你在工作和实践中去思考和验证，最后才能够转化成你的知识体系。

如何建立知识体系

建立个人知识体系的过程，其实是个人学习、实践和思考的过程，其中涉及分类、概念能力、实践机会等各种因素，需要时间的打磨和积累，没有人可以一晚上就能够建立自己的知识体系。你的知识体系是不是合理，除了跟知识本身的体系比对外，还跟你的工作和目标息息相关：是否能满足你的工作需求，是否能真正支撑你的目标实现。这是考量的标准。

建立个人知识体系的前提是要有一个细分的领域。

如果你想建立关于管理学的知识体系，这个题目就太大了；因为管理学覆盖的面太广，不是个人能够全面掌握的。你需要去细分，如果没有细分领域，面对浩瀚的知识大海，你会被"淹死"。

在有了细分领域后，要弄清楚这个领域的知识，需要以下的步骤。

第一，搞定核心基础知识。

首先要搞定这个领域最基本的概念，这个领域的过去、现在和未来，最经典的模型理论案例，等等。

在实践中我们常见到，许多人工作时间也不短，项目也做了不少，但仍然成不了真正专家，就是因为对基本概念的理解不正确，那后面再怎么努力都是没有用的。

怎么才算真正搞清楚了？简单的测量方式是：你能够做到既知道它是什么又知道它不是什么，既知道它适合什么状况又知道它不适合什么状况。譬如知识管理这个领域，知道什么是知识管理不算掌握，还要知道什么不是知识管理；知道什么样的企业需要知识管理不算，也要知道什么样的企业知识管理一定做不成。你可以将 5W1H 即 What（对象）、Where（场所）、When（时间和程序）、Who（人员）、Why（为什么）、How（方式）都加一个 No 去分析一下。

当然这个基础知识想搞清楚不是一次性的，可能需要几年时间，结合不断的实践，你的认识才能够真正深入并掌握。

第二，解决该领域复杂困难的问题并深刻总结。

任何知识的掌握都不是一次性完成的，起码需要两次以上的循环。读了看了思考了，还需要在具体的问题中去验证和评估，需要通过实践去内化，完成项目和任务之后你的认识会再深入一层。"纸上读来终觉浅"，但当你没有实践的时候就很容易认为自己懂了，但这还远远不够。

外部理论经过学习储存在你的大脑里，再经过具体实践、反思，提炼成适合你的理论放在脑袋里，你对事物的认知会越来越深刻。

第三，持之以恒与遍历。

没有一个领域只用 3 个月就可以掌握，真正形成对一个领域的知识体系，甚至能够建立对该领域问题解决的直觉和深刻洞察，一定依赖于数年的持之以恒。当你认为自己学得足够多，实践也足够多的时候，基本上可以在自己的大脑里面建立初步体系。你可以用比较抽象的词汇描述这个领域。这时候，你就有了这个领域初步的知识体系。

但你认为自己掌握了就是掌握了吗？会不会有遗漏？会不会还有很多你"不知道自己不知道"的内容？这个时候，你可以去遍历一下你的领域。在遍历的过程中你就会发现，对于一部分内容你可能看一眼就知道说什么，哪些观点是有价值的哪些在胡说八道，这个时候你具备了较高水平的判断能力。但在这个过程中，你也会发现有的内容是你原来没有考虑到的，或者忽略掉的，甚至理解不够深的，这些地方你需要下功夫好好研究。

通过几次这样的循环，不断地对你的领域知识体系查漏补缺。到后来，你就真的掌握这个领域了。

所有的知识体系，最终的表达需要尽量简单，可以说它们是基于概念的（这就需要你具备概念能力），其次是需要关联：上下（纵向）的关联和左右（横向）的关联，基于知识本身逻辑的关联或基于你的岗位、职责的关联。

当你将大量的知识转化成简单的概念的关联时，你在某个主题和领域的知识体系就已具备雏形；但这样的关联是否正确、是否有遗漏、是否属于更高级别，还需要通过实践和思考去验证，最后才能确认，并在未来能够提升。

一个新妈妈一般不具备养育幼儿的知识体系，只有在小孩生病时才会积累关于生病的对策，慢慢将幼儿可能得的疾病分类并采用各自的应对方法。同样，关于小孩的发育知识她也没有，也是通过读书、跟人交流才明白。还有幼儿心理发育知识等，她都是通过看许多文章、交流，以及自己的体会才了解这些知识的。

新妈妈在养育孩子的过程中，大致会形成一个知识体系，在面对小孩的疾病、生理、心理发育过程中的各种问题才能做到游刃有余。如果有了这个知识体系，当你在朋友圈看到一篇关于婴幼儿心理分析的文章，你大致就知道这个文章在说什么，可以放到你记忆的什么地方，跟你原来了解的有什么不一样，是否可借鉴与信赖。当小孩有问题的时候，你也就知道从哪里去分析，可能出的问题是什么，等等。

专业领域的知识体系，其建立过程都比较类似。你需要去读书，而且是读很多本书；同时还需要去实践，在解决复杂、困难的问题过程中去利用、反思你从书上学到的知识；还需要在完成任务后去提炼，提升到更深刻的概念层次。在形成知识体系的过程中，首先是一部分的内容。譬如关于企业知识管理，你刚开始做系统运维时，应该大致能建立关于知识管理软件工具的体系；接下来，你会知道这个软件是一个实现管理目的的工具和手段，并且了解管理体系、制度体系、推广运营体系；最后才能够形成整个的关于企业知识管理的知识体系。

建立知识体系的过程大致就是这样的，这里困难的地方就是需要你真正地去实践、深入地思考，并不断地去验证。

学习上唯一的捷径

在没有互联网之前，每个人能借鉴和学习的范围是有限的，一般只是亲戚、同学、同事、朋友；那时，有许多有天赋的人因为没有机会学习、接触不到知识而被埋没了。

有了互联网之后，理论上讲每个人都可以借鉴和利用全世界的知识和经验。但这并非自然发生的：关于如何使用互联网，需要系统地学习和练习，而且这种能力以其他能力为基础。现状是，大部分人其实是在"看"互联网而不是"用"互联网，就像守着"金山"还在要饭一样。

在个人成长上，如果说有捷径，利用互联网学习和解决问题可能是唯一靠谱的捷径！但这里面其实涉及不同层次的问题、技巧和能力，很多人完全没有意识到。

可以直接找到答案的问题

中学语文课本上有道题，鲁迅先生写道："我的院子里有两棵树，一棵是枣树，另一棵还是枣树。"课后作业中问："这句话反映了鲁迅先生的什么心情？"

罗永浩当年念到这儿就退学了，他说："我怎么知道鲁迅先生在第二自然段到底是怎么想的，可是教委知道，还有个标准答案。"

冯唐是另一种高中生，他找了一家"黑店"，卖教学参考书，黄皮儿的，那书不应该让学生有，但他能花钱买着，书中写着标准答案——"这句话代表了鲁迅先生在敌占区白色恐怖下不安的心情"。他就往卷子上一抄。

于是，老师对全班同学说："看，只有冯唐一个同学答对了。"

以上所述是知名记者柴静在一篇文章里面写的冯唐和罗永浩。现在的学生则比罗永浩、冯唐他们读书的时候幸福得多，因为现在通过互联网很容易就找到答案。

今天无论你用的教材是人教版、北师大版还是苏教版，它们的大部分作业都可以在互联网上找到答案。

为什么能做到这样呢？原因在于：即便基础教育的内容相对简单，但要设计出有水平、有价值的练习题目也不是一件容易的事情，所以用一个版本教材的学生们常年做的练习题目大部分是一样的：当遇到一个不会做的题目时，只需要将题目用百度、谷歌等一搜索，你会发现之前有人问过类似问题，也就有了答案。

类似的知识和经验，包括 Word、Excel 的使用技巧、个人电脑常见的问题及解决办法，感冒了吃什么药等，在互联网上都有解决办法及参考答案。

对于这样的问题，你都可以将遇到的现象输入到搜索框中，就会发现各种各样的答案。学任何一个版本教材的孩子估计都有几十万人，加上每年都有人学，所以他们遇到的问题是大量重复的。Office 使用技巧、感冒这样的常见病症都类似，也是大量重复。

对于大量重复的内容，只需要输入现象即可找到问题，然后获得答案。

复杂问题可以从现象到原因，再到答案

但世界上并非所有的问题都这么简单。譬如你经常感觉到"左胸有点闷""走楼梯时总能听到膝盖响"，如果将这样的描述输入搜索引擎，你会发现各种各样的说法都有，专业医生会给你列出各种可能的原因，最后还不忘告诉你切实的诊断需要去医院检测后才能确定。

这种情景类似于你仅仅知道现象，但引起现象的原因有很多，所以需要更进一步的检查，找出准确的原因并确定核心问题后，才能发现合理的对策。

类似的还有"明明知道这个事情应该做，但不喜欢做就拖着，有时候甚至喜欢做也不愿意做，总是更喜欢发呆啥也不干，这样的问题该如何解决？"

如果你将这些文字输入到搜索引擎中，估计最有可能得到的答案是"拖延症"，然后会有一大堆关于拖延症、时间管理的内容推荐给你。

可大部分人看到这么多资料，仍然解决不了问题。首先这个事情不一定是拖延症，而即便是拖延症，引起的原因也太多了，可能是个体的原因、任务本身的原因或者你所处的环境（如果干与不干差不多，干好干坏一个样，相信我们任何人都会有拖延症）。也可能是这个事情超出你的能力范围，即便你开始做了也无法完成；可能是你做了也没什么好处，所以动力不足；你根本不想去争什么优秀和卓越，能混过去就好；也可能是你太忙了，有更重要的事情去干，所以这个事情就一直拖；也可能是你实在讨厌这样的事情，所以你自然会去逃避。

在这种情况下，其实应该做的是去分析真正的原因，找到到底是什么引起你的拖延，再去想想如何克服。

但普通人则不一定具备从现象到原因，再到核心问题界定的能力，仅仅靠互联网的搜索很难准确找到答案（大部分情况下，我们都不具备这方面的知识储备）。

这个时候除了利用互联网以外，就需要咨询专业人士和机构，从他们那里获得更可信赖的答案。

建立框架后再找答案

如何通过互联网快速了解一个人？大部分人的反应是去百度百科看一下，这当然是一种方法。但这样真能满足需求吗？

基于不同目的，了解一个人需要确定了解的不同维度。风险投资者为了对投资负责，会做详尽的调查，甚至会涉及投资对象的家庭生活、配偶等因素；因为之前出现过准备 IPO 的公司 CEO 配偶起诉离婚，因需要重新分配家产而阻碍了公司上市，甚至导致整个上市项目流产的案例。所以要了解一个人，首先需要确定目的，然后再建立需要了解的框架。例如，任何一个人都包括：

- 物理条件，如身高、体重、颜值、健康状况等。

- 经历和成就。你的简历上都会写自己做过什么、取得的成就是什么。这方面也是一个人的基本情况，当然不是靠这个人自己说，而是要获取客观的评价。

- 思维方式和方法。思考问题倾向于乐观还是悲观的，建设性还是破坏性的，遇到困难时是越挫越勇还是就此放弃，逻辑思维能力、判断和洞察力等。

- 性格和品格。雷厉风行还是和风细雨；为达目的不择手段还是坚持原则，守住底线；等等。

只有建立了相应的框架，才能通过互联网寻找相应的内容和线索，最后拼出这个人是什么样的，并真正深入了解这个人。在这个过程中，不仅要听他自己的介绍，还要从客观角度去判断：别人的评价、他的作品、日常表现等。

了解一个人是这样，了解一个公司、产品其实也类似，都是先要有框架，再去找内容。这样才能够比较全面、客观地了解事物。

对于大部分工作场景而言，你遇到的问题都不是中小学生做的练习，而是一个个需要解决的问题。这些问题对于你来说是新的，这个世界上即便发生过类似的问题，你也不知道在哪里，是谁做的，所以很难直接从问题层级上拿来借鉴。这个时候，需要你去分析问题，将问题拆解，建立相应的框架和模型，然后才能利用搜索引擎去查找。

举个例子：你和你的团队面临一次至关重要的投标，竞争对手及其产品服务跟你们差不多，招标方的熟悉程度、客户关系也旗鼓相当。

这时候该怎么办？

关键是你要找到核心点：客户真实需求是什么，他们最关注什么，决策人的偏好是什么，等等。这些其实涉及上面提到的"如何了解一个人"的问题。

研究竞争对手，找到他们的优势和弱点在哪里，如何利用等；对他们的产品和服务也要做同样的研究。

许多时候，这些信息可能不是互联网上有的，需要通过人际关系去获取，即便互联网上有一些，也大都是零散、片段化的，需要你通过分析总结，最终勾勒出事情的全貌来。

对于复杂的问题，不要奢望任何人或者网络能够给你标准答案，能给你的大致是一些线索和片段，然后给你一些启发，你的职责是最终基于你的目的而构建出答案。这一块可以学习"第一狗仔"卓伟对于信息的专业追踪和分析能力。

互联网的工具和技巧

正常情况下，一个人再怎么努力跑，速度也是赶不上火车和汽车的。通过互联网获取信息和知识，还涉及一个工具选择的问题：世界上已经有了许多好的工具而你却不知道，那只能用你的双脚和车轮子赛跑。类似的还有信息和知识获取的渠道和知识源：别人已经整理得很好，你用就是了，没有必要再重新整理。

某公司市场部的一名员工，跟领导打赌：下个月我们的某型号产品一定会超过竞品的××，领导认为他扯淡，但结果是他说对了。这样的"预测"发生过很多次后，在他们市场部，他就被誉为"大仙"了。秘诀在于他知道有一个百度指数，而他们的产品又是大众产品，没有其他工作的时候他就去研究那里的数据和趋势。而其他同事，从来不知道世界上有这样一个工具！

更低一个层次的是互联网上获取信息和知识的技巧，这种技巧没有难度，但却是"不知道自己不知道"的东西。经过系统的练习这些技巧很容易掌握，对于没有掌握的人而言，这些人通常也会被"惊为天人"。

从上面可以看出，利用好互联网，还有两个前提：

第一是能够将你的问题进行分析、转化，形成合适的关键词。

如果你做的事情是很普遍的程序性工作，则可能有标准答案；但大部分个性化的问题不可能在互联网上有标准答案，都需要你将这些问题进行分析和转化，才能形成合理的关键词，再去寻找有启发作用的建议与方法。

第二是你要掌握基本的搜索引擎技巧和积累相关的信息和知识源。

不同专业和岗位所需的资料来源是有差异的，可能各自有独特的来源。首先，你要在日常工作中整理自己获取信息的来源网站、数据库，或者借鉴资深人士的信息源列表；其次，你要掌握基本的信息获取技巧，多练习、多实践才能真正掌握。

要真正能够自如地从互联网上获取信息和知识，需要从四个层面着手，如图 2-5 所示。首先，你要掌握搜索引擎应用的技巧；其次，积累你所在领域和岗位需要的信息和知识获取渠道与知识源地址；再次，提升你建立知识框架的能力；最后，提升自己分析问题、分解问题的能力。在这里面，最容易的是前两项（搜索引擎技巧，渠道和知识源），而后两项能力的提升则需要深入地学习、实践和思考，才能更加准确与有效。

本章所附录的思考题目涉及这方面的问题，你可以试试是不是都能顺利解决。

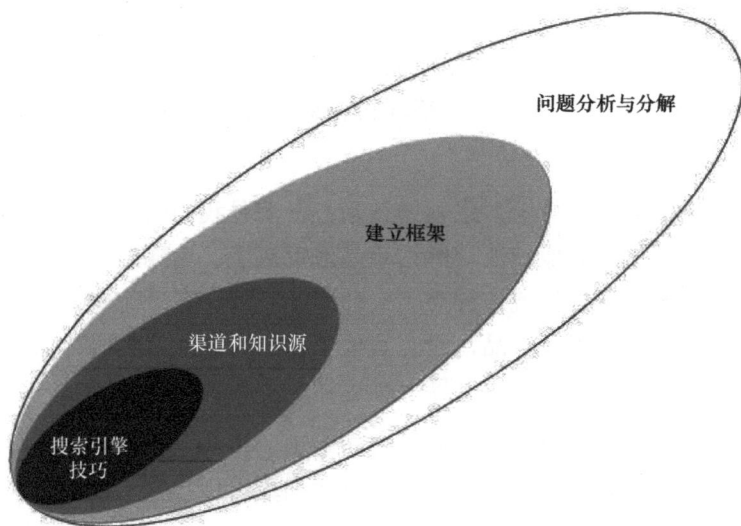

问题分析与分解

建立框架

渠道和知识源

搜索引擎
技巧

图 2-5　互联网上获取信息和知识的四个层面

学习能力

五维度学习能力

1994年，"首届世界终身学习会议"（罗马会议）在意大利首都罗马举行，提出"终身学习是21世纪的生存概念"，强调如果没有终身学习的意识和能力，就很难在21世纪生存，表明终身学习这一理念在世界范围内达成共识。人们发现，如果仅仅靠在学校（基础教育和高等教育）学习的那些知识，将无法面对未来的社会竞争和个人职业生涯的发展需要，甚至无法在变化的社会中生活。

我国的传统文化无疑是要重视和强调学习的，"活到老，学到老"的谚语其实就体现了终身学习的理念和要求；"万般皆下品，唯有读书高"的诗句虽然失之偏颇，但也反映了普通百姓对于学习的重视；更不用说，一些"疯狂"的家长为了让孩子上一所好学校，为一套学区房而豪掷万金。

现在，大部分单位招聘时都会考虑应聘人员的学习能力，面试官也通常会问"你学习能力怎么样"，应聘者都会说"我学习能力不错"来应对。学习能力是其他能力的基础，也是我们在社会和职场立足的最基本能力。要成为任何领域的专家，具备很强的学习能力是前提，在这个世界上没有一个学习能力不好的专家，一个也没有。

从我们的研究和咨询经验来看，对于大部分人来说，可能没有他们自己认为的那样会学习，我们认为如下五个维度构成成年人的学习能力。

（1）学习的意识与动力。认为学习对于个人发展是有价值的，自己需要学习并愿意主动学习。

不少人并不真正认为知识有价值，或者认为有比知识更有价值的东西存在，而认为有成就的人不一定依赖于知识和学习；虽然认为学习有必要，但自己学不学都一样，学习的动力不足。例如，不少人认为靠拉关系、拍马屁更能快速帮助自己升官发财（在某些地方也的确是这样），认为自己是官二代、富二代，不学习也比普通人过得好，为什么要学习？

（2）学习的方向与目标。有自己明确的学习方向和目标，知道自己该学习什么。如果没有明确目标，那么学习效果会大打折扣。

但大部分人并不明确自己的学习目标，在"不知道自己该学习什么"的情况下，一部分人放弃了学习，另一部分人"什么都学"，这两种情况下都没有成效。

（3）学习的方法与技巧。掌握在互联网环境下高效的学习方法，以及相应的技巧。

"书读百遍，其义自见"，曾经我们把这样的话奉为圭臬，但是现在情况不同了。如果时间无限而知识有限的话，你用自己最原始的学习方法学习就行了，反正总能够掌握。但现在的问题是：我们的工作和成长需要的知识内容越来越多，而你随着工作越来越忙，这个时候学习的方法和技巧就很重要了，因此你需要进行高效率的学习。

成年人的学习方法与学生不同，互联网环境下的学习与之前的不同，许多人不具备相应技巧和选择能力；如果大脑里仅仅记住了搜索引擎能找到的知识，这并不是学习，最多算硬盘而已。

（4）学习的行动与实践。这是最核心的一点，坚持持续阅读、训练、实践、反思、总结，多年如一日。

人们总是高估短期的成效，而忽略长期坚持的结果。所有的学习并非一日之功，需要大量的阅读和实践。许多人是"理论上认为自己爱学习"，但实际上却没有行动。掌握学习的方法和技巧，有明确的目标和方向，这些只能给个人的学习提供可能性，但只有持续学习，才算真正具备学习能力。

（5）学习的成效与结果。经过实践，真正对某一领域知识（哪怕是最细微的点）有较深入的掌握，并能在工作绩效中体现，通过学习的成功案例来证明自己的学习能力。

如果一个工作多年的人，从来没有深入掌握某一领域，则证明此人学习的能力堪忧。

通常我们认为学习能力差的人表现为记不住、学不会，但这仅仅是不会学习的一部分表现！没有学习的意识、不知道学什么、想学而未学、不掌握方法、学很长时间却没掌握有价值的东西，都是学习能力差的表现！

而学习能力强的人，一定是以上五个维度都做得较好的人。因为任何一个维度的欠缺，都会使你的学习事倍功半，无法真正推动下去。

在经历探索、新手、胜任、高手和专家等不同阶段的过程中，需要在初期阶段（胜任期之前）就真正认可学习的价值（不依赖于权势和寻租）、明确学习的方向、掌握学习的方法，并能够多年如一日地投入学习中，相信功不唐捐，在学习过程中不求速成而真正去享受探索的乐趣，知道学会了需要能够解决问题并乐于用知识解决问题，用不同层次的学习效果激励自己进行持续的学习。

如何做到持续学习

某羽毛球俱乐部里有一位山东省队的退役选手，叫光光；还有一位业余的选手，拿过本地羽毛球男单第三名，叫小猪。两个人常打男单玩，互有胜负。

有一天小猪说："光哥，你觉得我水平如何？"光光笑着说："很好很好。"小猪追问："跟你比如何？"光光笑着说："可以可以。"小猪不死心，说："光哥，我们认真打一局，2000 元，21 分，我拿满 15 分就算赢，如何？"光光两眼放光："好的好的。"结果是 21∶2，光光丢那两分，一分是斜线跳杀出界，一分是劈吊下网。

再后来，有一天，光光说有位朋友来打球，这位朋友是现役国青队的。那天这位朋友和光光打了一场球，结果是 21∶7，光光只得了 7 分。

中间休息的时候，国青队的选手跟大家聊天，说："你们业余打球，谁出汗多谁就赢了，至于谁打得好谁打得不好，那不是扯淡嘛。在我们眼里，都是一两拍就打死的。"最后他说了一句我一辈子都忘不了的话："不要拿你们的业余爱好挑战我们的吃饭本事。"

这是一篇《专业与业余：不要拿你们的业余爱好挑战我们的吃饭本事》的微信文章讲的故事。我们在日常生活中也发现，专业的人与业余选手的差异通常大得超出我们的想象。

我们都知道中国足球踢得不好，如果经常看英超和西甲这样的强队比赛，再看中国国家队比赛的时候就觉得不想看。我的一位朋友从小学就开始踢足球，而且他在小学、中学、大学的足球队中都是主力。他讲了一个亲身经历的故事。他曾经跟一位参加过类似乙级联赛的队员踢球，这个球员在跟他们企业队踢的时候如入无人之境，碾压他们这些一直以来觉得自己踢球很厉害的人。这位朋友说："跟这些不算顶尖的专业运动员踢，才知道自己原来这么渣。"

造成这种专业与业余巨大差异的原因是什么？核心在于专业人员是在教练指导下进行了科学训练，而且这个训练的时间长度和强度远超常人（甚至常人无法想象），最后结果当然是专业远超业余水平。这种水平的差异其实在专家与普通人身上是类似的：从学习上看，专家不仅仅是知识的深度上，甚至在掌握知识的数量上也是普通人无法想象的。

本书的读者大都是知识工作者，具备了一定的信息鉴别能力和知识学习能力，这是能够持续学习的基础。互联网促进了知识普及，增加了足够多的知识资源，仿佛我们每个人都能够通过学习来提升自己的能力，改变自己的命运，成为某个领域的专家，但这仅仅是一种可能性。

"理想很丰满，现实却很骨感。"虽然大部分人都认可学习的重要性，社会和时代也给每个真正愿意学习的人提供了相应的机会，但是真正去着手学习的人却是少数，而且能够持续学习的人就更是少之又少。

为什么呢？如果说在教育阶段的学习是为了打下基础、习得技能、提升素质、考上好的学校，那么对于成年人而言，大部分学习是为了提升自己的绩效和个人能力。绩效是当前的，个人能力是长久的。但学习本身不是一件立竿见影的事情，周末当别人去滑雪、泡吧而你自己在租住的房子里学习，并不能够带来下周一的绩效提升，也不会有人给你加工资。它的作用需要时间维度的积累和发酵，而且这个过程会很漫长，所以许多人等不及，当看到自己的学习没有带来"直接效果"的时候，就放弃了。

刚毕业上班的同学还可能经常看看书，但当他们结婚生子，事情逐渐增多，同时在单位从新手转变为能够胜任工作的时候，大部分人就很少去下功夫学习了。在学习上能够持续下大功夫并有所得的人一般有两类：

第一类是内心足够强大、目标很明确的人，这种人不管有没有人督促和要求，他们只追求自己心里的目标，一往无前义无反顾。但这样的人属于人群中的异数，少之又少。

第二类是那种在竞争压力特别大的岗位和公司的人，如果不去持续地学习和长进，就没法混下去，就完不成任务和要求，所以被"逼迫"着学习。

实际上，这就是持续学习的动力问题。如果仅仅靠个人的自觉性，大部分成年人是无法持续学习下去的：学习的效果很难及时反馈，没有办法做到学了就有好处，就能够升职加薪，而且学习本身是一个艰苦的过程，是跟自己较劲的"非人性化"的行为，所以大部分人的学习动力其实是慢慢弱化下来的。

知道自己需要学习，但又不愿意真正地学习，所以只能通过"伪学习"的方式让自己有"学习的感觉"。各种知识付费的服务大都利用了这样的心理需求，通过简单的方式帮你解决焦虑的问题，至于是否真正能够起到学习的作用，则不是人家关注的问题。这些服务更类似于心理按摩，当时爽了就够了，不要想太多。

那普通人如何做到持续学习，在没有反馈、没人要求、看不到成效的时候一直学习？那些天赋异禀的人能够长期坚持，普通人怎么办？

方法一：解决问题拉动学习

普通人都愿意随便看看，随便听听，跟人聊天扯淡，而不愿意深入学习，因为深入学习费力费神。但当有人问到你一个问题自己却搞不清楚的时候，你得想着去研究了。当客户提了问题你必须给人解决问题的时候（因为人付费了），为了不掉链子或不丢面子，你也得详细分析和学习一下吧。

可能不是你爱学习，而是有太多问题要解决，不得不学习。但这个解决问题的过程其实已经促进了你学习。1932 年 6 月 27 日，胡适先生在给当年毕业的大学生的演讲中提到，他最怕的是这些学生毕业后堕落了，而堕落方式的"第一是容易抛弃学生时代求知识的欲望。你们到了实际社会里，往往学非所用，往往所学全无用处，往往认可完全用不着学问，而一样可以胡乱混饭吃，混官做。在这种环境里即使向来抱有求知识学问的人，也不免心灰意懒，把求知的欲望渐渐冷淡下去。况且做学问是要有相当的设备的：书籍，实验室，师友的切磋指导，闲暇的工夫，这些都不是一个平常要养家糊口的人容易办到的。没有做学问的环境，谁又能怪我们抛弃学问呢？"对于这种问题，他开出的药方就是："总得时时寻一两个值得研究的问题！"问题是知识学问的老祖宗；古往今来一切知识的产生与积聚，都是因为要解答问题——要解答实用上的困难和理论上的疑难。所谓"为知识而求知识"，其实也只是一种好奇心追求某种问题的解答，不过因为这种问题的性质是不必直接应用的，人们就觉得这是无所谓的求知识了。

"我们出学校之后，离开了做学问的环境，如果没有一两个值得解答的问题在脑子里盘旋，就很难保持求学问的热心。可是，如果你有了一个真有趣的问题逗你去想它，天天引诱你去解决它，天天对你挑衅你无可奈何它——这时候，你就会同恋爱一个女子发了疯一样，坐也坐不下，睡也睡不安，没工夫也得偷出工夫去陪她，没钱也得缩衣节食去巴结她。没有书，你自会变卖家私去买书；没有仪器，你自会典押衣物去置办仪器；没有师友，你自会不远千里去寻师访友。你只要有疑难问题来逼你时时用脑子，你自然会保持发展你对学问的兴趣，即使在最贫乏的知识中，你也会慢慢地聚起一个小图书馆来，或者设置起一所小试验室来。

所以我说，第一要寻问题。脑子里没有问题之日，就是你知识生活寿终正寝之时！古人说，'待文王而兴者，凡民也。若夫豪杰之士，虽无文王犹兴。'试想伽利略（GALIEO）和牛顿（NEWTON）有多少藏书？有多少仪器？他们不过是有问题而已。有了问题而后他们自会造出仪器来解决他们的问题。没有问题的人们，关在图书馆里也不会用书，锁在试验室里也不会有什么发现。"

日本著名的管理学家大前研一曾经说过，为了锻炼自己从事咨询、帮助客户解决问题的能力，在日常生活中他总是注意观察，总是想这个事情如果安排自己去做该怎么做，是不是能够做得更好。他举例说在地铁上看到把手上的广告，就会想如果这个广告委托给我们做该如何做，通过这样的方式促进思考和学习。

有了互联网，我们可以很容易找到用户真正关心的问题。为了学习知识管理，曾经有一段时间我在"百度知道"上将网友提的关于知识管理、知识库、知识社区等相关的问题都回答过一遍。在试图回答这些问题的过程中，能够了解用户的需求，也促进了我去进一步研究很多内容，加速了学习。甚至有一年为了了解不同类型用户对于知识管理的需求，我曾经给那些招聘知识管理人员的公司发送简历来赢取面试的机会，在面试的过程中面试官会问五花八门的问题，在这个过程中也发现了许多自己之前认为已经掌握，但事实上却不够深入理解的地方，促进了进一步学习。

现在问答网站有很多，互联网上的问题也很多，不管是不是问你的，你都可以主动去回答，在你的大脑里推演，然后在解决问题的过程中去发现自己学习得不够深入的地方。

除了基于问题的学习方法，还可以是基于主题的学习。譬如，这段时间工作涉及企业的组织结构设计，可以花上半年时间将这个事情搞清楚，在搞清楚这个事情时你会发现需要看很多书、论文、案例等，需要去请教许多组织结构设计的高手，需要去干好几个类似问题的项目等。

国外中小学生教育中还有一种方法叫基于项目的学习（Project Based Learning，PBL）。1918 年 9 月，杜威的学生、著名的教育家屈伯克发表了《项目（设计）教学法：在教学过程中有目的的活动的应用》一文，首次提出了项目学习的概念。在 20 世纪二三十年代，屈伯克的项目教学法在美国的初等学校和中学的低年级里得到了广泛的应用。譬如让孩子们建设一个房子，这里面就会涉及物理、数学、材料学、建筑等各个领域的知识，因为有明确的目标，孩子们学习兴趣和动力较高，大都能全身心投入，因而学习效果也比较好。

知识工作者的大部分任务都围绕项目展开，当你完成一个项目的时候不要认为这是结束，要去研究一下是否还有更好的方式，要去探究为什么用这样的方式，要知其然再去探究其所以然。

基于问题的学习、基于主题的学习、基于项目的学习，是成年人最有可能保持持续动力的学习方式。问题、主题和项目的拉动作用，使你必须去解决、搞定它，在这个过程中如果你能够真正沉浸进去，就会发现这是一个庞大的任务，而且越学习越会发现自己需要学的东西还有很多，你也会乐此不疲了！

方法二：输出拉动输入

假如下周三公司请你做分享报告，报告的主题是你的某项经验，公司全球最大的老板和各级领导都会到现场，可能还有你的女神。要求你讲一个半小时，听众还会提问一个小时，你会怎么办？

对这种需求，相信你一定要下大功夫去准备。在这个过程中你会发现很多内容没有你想象的那么清楚、明白，你得去查资料，请教高手，大量去阅读，甚至考虑再做两遍。你要做一个漂亮的 PPT，要考虑表达的逻辑关系、用户的关注点等。

如果你真正这样去做了，最后讲得好不好不知道，但起码会促进你对这个主题的学习。这其实是一种基于输出的强制学习，因为你要输出，促进了你学习的输入；但如果没有这个输出的要求，你很可能也就没有这么强的学习欲望，也不会想学得那么深入。现在因为你怕当着那么多人掉链子、丢面子，所以你既希望学得足够广，也要学得足够深。

我知道有许多人在没有成为专家的时候为了自己的学习，特别愿意分享：在准备分享的过程中，起码促进了他个人的学习。而他也能够从大家对分享内容的反馈中发现问题，回过头来继续深入钻研。还有人用强制自己写作的方式逼迫自己学习。能够用文字表达清楚的事情，一定是经过自己系统思考且搞清楚的，而搞清楚的过程其实就是学习、思考的过程。

其实写作本书的过程，对于我个人而言也是一种学习。要保证自己所写的内容站得住脚，必须了解国内外各个流派的观点，必须知道最新的研究成果。看到一个可用的资料必须去验证，总结自己的经验和体会后，必须找到一个以上的研究成果来支撑，这个过程都能让我成长。

总结一下，如果想要让自己的学习能够持续下去，可以通过主动寻找问题的方式和输出的方式，促进自己去学习。对于胜任期之前的人，建议从解决问题入手；当你达到胜任期后，就可以考虑用输出带动输入的方式了。在解决某个问题或者写一篇某主题的文章、PPT 时，需要查找很多资料，跟许多人交流甚至要看好几本书，还要去找机会实践一下，也许慢慢地你就学进去了，甚至问题搞不清楚就不愿意从学习中走出来，这样就会有点欲罢不能的感觉了。

学习源和工具

在 20 世纪 70 年代末，中国第一代大学生都很珍惜来之不易的学习机会，大部分学生对知识如饥似渴。那个时候出现了许多读书的狂人：按照书名的字母顺序去读书，从 A 读到 Z。

但今天，在知识爆炸的环境下，互联网上的数字内容已经远超出每个人的认知范围，所以利用好的工具去发现知识、找到好的知识源成为一个人提高学习效率、提升输入质量的重要问题。基于此，我们整理了大家通常会用到的搜索引擎（见表 2-2）和知识发现工具与知识源（见表 2-3），供大家参考使用。

前面提到，李敖为了学习和研究，有一个很大的书房，在买书的时候通常是买 2～3 本，然后可以对这些书动剪刀，将自己认为有价值的东西剪下来再建立分类，提升他输入的质量和效率。这在今天这样的条件不是普通人能拥有的。在现在的房价下，如果李敖的书房在一线城市，房价可能要好几百万元。对于新入职场的人而言，书籍的价格也不便宜，所以普通人可能很难像李敖那样。但在互联网环境下，我们有许多能代替李敖的"剪刀大法"的工具，常用的笔记类软件就能起到那样的功能，印象笔记、为知笔记等都可以实现李敖那样的需求：存片段化内容、多维度分类和标签等。

表 2-2　常用的搜索引擎

名　　称	特　　色
谷歌	网页搜索质量好，但目前国内受限制
百度	重复度高，生活类内容有优势
必应（bing）	英文搜索质量较好，图片搜索质量也不错
So.com/sogou.com	实在找不到了也会用
微博搜索（s.weibo.com）	找人、找线索、没头绪的时候可用
知乎搜索	看观点，找线索
微信搜索	微信里面内容的发现
百度学术	擅长中文，速度快
谷歌学术	目前国内受限制，英文内容优势较大

表 2-3　知识源

名　　称	特　　色
维基百科（wikipedia.org）	相对较严谨，内容多，偶尔可以用
百度百科、MBA 智库百科	前者速度快，了解内容可用；后者管理内容较多
知网（CNKI）、万方	中文论文、期刊库，可以了解研究领域的进展
国家图书馆的数字馆	有很多免费内容
哲学社会科学文献中心	可以免费下载社会科学领域论文
台湾博硕士论文、台湾学术文献库	台湾地区数据库

行动指南

关于高效学习的清单

（1）学习能力的第一个要素是能够确定自己需要学习的内容。如果不知道自己学什么的话，以有限的时间去跟无限的知识较劲，你会被"淹死"。因为不知道学什么，一类人就放弃学习了，另一类人什么都学，但结果其实是一样的。

（2）在学校的时候有人告诉你学什么，但当你是成年人的时候就不要指望别人了，确定学什么是你的职责。这也是对自我探索的过程，了解你自己的优势特长、人生目标和兴趣，当然更重要的还要考虑社会的需求。许多"活跃的学习者"兴趣太广了、学的太多了，虽然每天都在学习，但是仍然没有长进。

（3）除了不知道应该聚焦在学习哪些专业的知识外，还有就是不知道学什么内容，除了陈述性知识和流程性知识，你不仅需要学习情景性知识、战略性知识，而且还需要学习"不知道自己不知道"的知识（如何发现），同时还需要有学习一个领域、行业、机构等的框架，这就是解决不知道学什么的四个层次。

（4）真正的学习一定要包括干活和解决问题，只有经过实践的东西才是真正学会了的。你还要注意跟人去学习，高手的指点让你少走许多弯路。所以说现在的学习不仅仅是传统意义的读书、练习、思考这些形式。从书中学习、跟人学习、在解决问题中学习，合起来才是正确的学习途径，而且实践中的学习是根本。

（5）输入决定输出。当你在一个领域初入门的时候最需要的是看系统化的内容，这个时候看一本比较成熟的教科书的收获要远远超过你读几年的朋友圈。当你在某个领域内成为高手，或者起码对这个领域的全貌有所了解的时候，碎片化的内容才对你有价值。不要沉迷于那些煽动情绪或者读起来很爽的内容，这些可能是毒药。

（6）警惕时髦的内容，许多时候他们只是某些个人的感触，即便不是故意的骗子，但也会受制于提供者的认知限制而价值不大。警惕那些充满新概念和新术语的内容，如果一个概念在其他地方没有而只在这里出现，那就要加倍警惕。

（7）知识结构是跟岗位和职能相关的，也跟个人的目标相关，是一种自我的选择。知识体系是对某领域知识掌握后的结果，它只不过是对某领域掌握后更高层次的概括。没有人可以一上来就有知识体系；形成知识体系的过程是个人学习、解决问题和思考的过程。

（8）真正掌握一些知识的最好方式是在输入时尽量多地建立关联，多维度地关联后才能保证既学得进去又能在用到的时候取出来。这里涉及分类分组、概念化、层级化、图像化等方式。在这个过程中，如果你有元认知能力，就可以监控自己的学习过程，并适时改进。

（9）真正精通某一领域的时候你是能够知道的，因为你发现在你的前面已经没有人了。但做出这个判断需要你多次对所学领域的遍历：将这个领域的前辈们说过的、写过的都看一遍，而且都能看懂，知道他们说法的优缺点。在这个时候其实你就知道有许多书其实不需要读，许多人也不需要去跟他们聊了。

（10）没有互联网的时候我们能借鉴的范围是自己的亲戚、朋友、同学、同事，而互联网让我们可以看到和借鉴全世界的内容。在学习上，如果说有捷径，这可能是唯一的。但这有一个前提，就是你真的会用互联网，然而现状是很多人不会利用互联网。

（11）正常人都不爱学习，许多人只不过是"享受"我在学习的感觉。所以，如何真正有效并能够持续地学下去是根本，对策是不要为学习而学习，而是基于问题学习、基于项目学习、基于输出学习、基于目标学习；将学习变成手段，当它成为你达到自己伟大目标的手段时，你的学习动力就有了。

进阶

成为专家的 5 个阶段的重点学习方法及内容见表 2-4。

表 2-4　各阶段的重点学习方法及内容

阶　　段	重点学习方法及内容
专家期	注重跨领域、上下游所涉及内容的学习，在完成创新型项目中学习，关注行业内外的最新动态并在其中发现趋势和线索
高手期	学习本专业更深层次的内容和思维方法，以及本专业外相关领域的基本框架和思路。整理和提炼本专业和岗位的套路，主动去形成系统化的框架、模型、方法，在这个过程中发现需要学习的内容

（续表）

阶　段	重点学习方法及内容
胜任期	该阶段专业领域的学习上要追求深入，探究问题和任务的背后，更多地学习、积累情境知识、战略性知识。另外开始学习思维上的知识，在相应技能上有所提升
新手期	围绕工作学习：向人学习，跟师傅和前辈学习，在这个过程中大量阅读与思考体系化的内容，并能够在解决问题后进行总结、提炼
探索期	学经典基础内容：专业知识、人际知识、个人知识管理知识。学会学习的方法

个人学习能力自测

按照现代知识工作者知识获取和学习的方法，设计 5 道题目，用来测试个人高效学习过程中的 5 个不同维度的内容，从而真正判断你是否有学习力。

你可以测试一下自己，看看是否可以快速解决以下问题。如果你能够很好地回答这 5 个问题并理解每个题目设计的背后目的，相信你也就理解了会学习是什么样的一种体验。

【学习力测试题目】

（1）用互联网的方式，如何快速找到全球研究胚胎干细胞的专家？（或者其他领域的专家）

（2）如何通过收集资料，研判国内呼叫中心未来发展趋势？（或者其他行业）

（3）在有限时间内，让你去学习关于 UFO（不明飞行物）的知识，目的是掌握人类在该领域积累的知识内容。你应该学习哪些方面的知识？请列出。（或者一个你不熟悉的领域）

（4）小明遇到一个题目，百思不得其解！小明的哥哥看了一眼后跟他说，你应该用我教给你的某个方法，这个时候有两种情况：

● 第一种情况：小明"恍然大悟"，一下就做出来了。为什么小明在哥哥指点后才能做出来，而之前却做不出来呢？

● 第二种情况：小明哥哥说了，小明还是不明白，仍然不会做，这是为什么？

（5）能否将你的专业，用不超过 10 个关键词表达出来，并画出这些关键词之间的关系？

这 5 个问题的设计初衷和基本思路以及答案，可以在知识管理中心（KMCenter）的微信公众号（KMCenter）上去获取。

第三章

实　　践

　　所有专家都是干出来的。不经历大量项目和任务历练，不会解决复杂困难问题的不叫专家。真正的长进在干活后，不会总结、提炼干了多少活都没有用。

钱钟书先生在小说《围城》里面，描述了一条大学里针对不同专业的"鄙视链"："理科学生瞧不起文科学生，外国语文系学生瞧不起中国文学系学生，中国文学系学生瞧不起哲学系学生，哲学系学生瞧不起社会学系学生，社会学系学生瞧不起教育系学生，教育系学生没有谁可以给他们瞧不起了，只能瞧不起本系的先生。"在20世纪八九十年代的时候，中国曾经有一句话叫"学好数理化，走遍天下都不怕"，今天大学里大致也有类似的状况，大部分人读大学的核心目的在于找一份好工作。在这个"鄙视链"的背后，其实是以所学专业的效用为划分标准的：理工科学生毕业后可以直接从事生产解决问题，而文学、哲学等专业则离应用稍远了。

如果在18世纪，可能这个"鄙视链"的顺序正好相反。无论是东方还是西方，在早期的时候，知识跟实践都是割裂的，有知识的人本身就属于较高阶层，也是智慧、道德的代表，用知识来解决问题甚至会被鄙视。苏格拉底将知识与道德紧密联系在一起，他认为一切罪恶的根源在于无知，没有人会自愿地、有知地犯错。而且苏格拉底所指的知识更多的成分是对自我的认知，即了解自我。其后的柏拉图和亚里士多德虽然对于知识的认识进行了发展，譬如亚里士多德就认为既要知道什么是道德，更要去践行道德，从而引出了实践智慧的概念（对比与哲学智慧），但有知识的人还是离实践比较远。在中国漫长的封建社会中这种状况更甚，即便到了中华民国时期，仍是"学而优则仕"，混得好的人通过科举制度的选拔去当各级官吏，混得不好的人则沦落为"百无一用是书生"，而被人耻笑。儒家的传统观点认为：知识分子是修身、齐家、治国、平天下，当没有平天下的机会时，大部分人转入自我的完善和修炼。庄子哲学则更是强调人的完善不来自于外部，甚至主动隔绝与外部的关联，拒绝探索客观世界，大部分时间重在内求自身。

知识真正被广泛运用于实践中的历史并不长，从工业革命开始，知识包括技术先是被广泛应用于生产工具（蒸汽机）中，然后是应用在生产过程和产品中，在20世纪初期，从泰勒的科学管理到福特的流水线生产和大规模制造，知识才被广泛应用于工作管理中，并掀起了一波生产力革命。按照德鲁克的说法，第二次世界大战后，"知识被用于知识本身"，再伟大的智慧，如果不能应用在行动上，也将只是毫无意义的资料。"不管是外科医生还是市场研究人员，只有自身的专业知识作为技能的基础并加以运用才会产生绩效和成果。"

换句话说，作为知识工作者其价值核心就在于解决问题，在解决问题的时候会用自己所拥有的知识。同时，通过解决问题的实践也可以验证知识工作者所掌握的内容是否与客观情况相符合，并在这个过程中提升知识的深度和广度，以便解决更加广泛的问题。

对致力于成为专家的人而言，不经过广泛和深刻的实践就无法对客观事物拥有深刻、全面的认识，仅仅只有间接经验和理论还称不上掌握了知识。没有复杂困难的实践，也不可能产生真正有价值的创新，所以解决问题、完成各类任务和项目是在专业领域真正达到顶尖水平的必然路线。

在成为专家的过程中，学习很重要，但如果没有实践的验证和提升，真正的学习无法发生；思维方式也很重要，但思维能力的提升除了来自于学习，更来自于分析问题和解决问题的过程。所以，如果没有承担较大责任、参与并负责复杂困难项目和任务的机会，即便你再努力，对于大部分领域而言，你都会欠缺"临门一脚"而无法达到顶尖水平。

本章主要从只有干活才能成为高手、去哪里寻找实践的机会、真正的长进在干活后三个维度论述，期望对致力于成为专家的你有所启发。

只有干活才能成为高手

仅有很多知识是不够的

中国应试教育被诟病最多的是题海战术，整个中学里面学到的知识点其实并不是很多，但中考和高考作为选拔性考试要求的却是学生的熟练程度和一次性正确率。为了提高这些指标，大部分学生都会耗费大量的时间用来做练习题、各种大小的模拟考试。大部分人都知道，从明白一个知识点，到能够将这些知识点恰当、准确地用在解决练习和考试的题目中，这中间有很长的路要走。假设高考某一学科需要掌握 100 个知识点，但用到这些知识点的问题可以设计出10000 个甚至更多，理论上讲，某一道题可以用到 1 个知识点，也可以用到 100个知识点（难的问题通常涉及知识点数量多，对知识点理解的要求也较深），这就会有问题：孩子对于知识点是掌握了的，如果你告诉他用哪个知识点去解决这个问题他大致就能做出来（题目不会做，但看一眼答案就恍然大悟就属于这种情况），但真正解题的时候用哪些知识点却是一个"黑箱"，没有人明示，只能靠学生从考试题目提供的蛛丝马迹中发现线索，并假设用到何种知识点，然后再去验证。如果时间充裕的话，他可以不断地尝试，总能找到正确的答案。但通常考试的时间都是有限的，所以为了快速、准确作答，题海战术成为学习实践、检验的一种方式。这是因为题海战术不仅可以提升学生理解不同题目的类型，而且能够根据几个线索快速判断题目要考核的内容，这样遇到熟悉的题型即可快速反应并作答。同时，在做题目的过程中也加强了知识点的理解。

学习知识后，都需要去做适当的练习，这无可厚非，也只有经过适当的练习和实践才能够真正掌握知识。问题在于咱们的考试将这种练习的数量做到"变态"的程度，因为从设计题目的角度来说，这些题目数量可以是无限的，并且这些场景跟实际社会中存在的问题关联度很小，因此，除了应付考试，过量的练习对于应对社会上的挑战是没有多少价值的。

工作多年后的人都有一个体会，原来自己大学里面学的东西还是有用的。只有在他们用来解决问题后才发现这些知识的价值，甚至这个时候会后悔当时没有好好学习。但学校学习的最大问题是，不知道这些学习内容在哪里会用得上，这就成了为学知识而学知识，所以通常学习动力不足。

不仅学会知识的过程需要练习和实践，即使你真正理解了，到能够在现实中利用这些内容解决问题，也需要练习和实践。因为通常情况下知识都表达得抽象而非具体，概括性强且超越普遍的实践，例如模型、框架、方法，三原则四步骤或者五个注意事项，这些内容要发挥作用还需要与具体的需求和场景结合起来才可行。

例如，一个刚刚高分通过司法考试的人，可能比那些资深律师对于法律条款的记忆都要好，资深律师对于具体的法律条款也有记忆，但他们通常会在需要的时候去查询。从事法律相关的工作，大家所用的法律、法规和各种司法解释等内容都是一样的，因为这些内容都是公开的，任何人都可以获取。但估计很少有人会认为，那些记法律条款更多更准确的实习律师比资深律师更厉害。

为什么呢？一个实习律师跟一个资深律师差异在哪里？大家可以看看表 3-1 就明白了。

表 3-1　实习律师与资深律师在掌握知识上的差异性

类　别	实　习　律　师	资　深　律　师
对法律知识的记忆	更多更准确，但他们记忆单薄、体系化不足、深度不高	记忆更深层次的内容：精髓、立法的精神、重点、例外情况，每个核心内容在他们的头脑里都有对应的案例和体验
对目标客户需求的理解	没有明确的目标客户，不清楚客户的核心需求，但认为自己可以解决所有问题	有明确目标客户并已经将目标客户需求进行了有效分类，理解每类客户的显性和潜在需求。比客户还了解客户，知道哪些是能够满足的、哪些是伪需求
关于法律利用情境知识的掌握	对于不同法律法规的利用场景理解少，只能机械选择所需要的法规	基于案件的目的和双方证据，可以自主地选择对于当事人最有价值的规则并加以利用，能够有效影响他人
战略性知识的掌握	欠缺从更高层次理解目标和策略，易纠结于细枝末节而抓不住核心，工作价值低	从纷繁复杂中能够抓住重点环节，并在这里用力，对于核心目标敏感性强，他们的价值在于对问题核心解决办法的判断

从表 3-1 中我们可以看到，与实习律师相比，资深律师之所以水平高的原因是"功夫在诗外"，对法律条款的文字理解是最基础的要求，而对用户需求、不同法律问题解决的情景、更深入的法治精神的理解才是成为专家的根本。对于不同类型用户需求的深入、准确把握，是简单通过读书和做练习题目无法获取的，只能通过大量接触用户才能掌握；"只能在战争中学会战争"，对法律的更深入理解甚至成为信仰，也是在实践中一次一次地被教育后才能内化成自己的价值观。一个新手律师也许知道在刑事案件中证据是根本，但可能会在具体的业务中忘记了证据的重要性，而只有专家律师才会面对纷繁复杂的现状、各种说法和利益纠葛时，抓住证据这个环节不放松。

我们公司曾经有一位顾问，进公司后她是相当认真和刻苦，几个月后就将我们做知识管理实施的方法论记住了。为了锻炼她，当有不重要的客户来电话、网络咨询的时候，就安排她去回答客户的问题。但是当我们对这些客户进行回访的时候，客户的反馈是：你们这个同事很厉害，但仿佛跟我们现在做的事情不搭，不在一个频道上。后来分析这个同事的交流记录，发现一个很大的问题：无论客户问什么问题，这个同事总能跟人说一大套，巴不得把我们的整个方法论告诉人家，但对于客户关注的点却提不出对策来。造成的结果是，客户觉得你说的很对，但跟他的状况没关系。问同事为什么不直接回答客户的具体问题，她说客户啥也不懂，需要全面了解。我就对这位同事说：客户有需求的时候才会请教你，但你首先要在某个点上让客户信服，人家才愿意跟你去谈更全面的合作呀。

后续通过几次深入的交流才知道，由于这位顾问参与的实际项目很少，虽然记住了大部分框架和模型，但对于这些不同知识点的内容在什么条件下用、什么时间用、为什么要用，其实她不了解，所以只能一股脑儿全倒给客户。

前面已经提到，知识利用的情境知识也是一类知识，简称情境知识。学校和教科书中大部分教的都是陈述性知识与概念性知识，加上少部分流程性知识，这些书上的内容都是对的，因为它们经过了几代人的评估和验证。但经常是，学习成绩很好的学生，当他们毕业后，到了真实的工厂、企业、实验室的时候，却发现自己什么也不会干，满腹经纶不知道在哪里用。

原因就在于他们缺乏这些知识利用的情境知识。

但情境知识很难教，通常也没有系统化的内容可教。对于与现实结合紧密的专业，譬如管理、营销等，大部分学校里的老师对这些情境知识也是欠缺的，所以他们不好讲也不会讲。这也是许多在市场上打拼多年，在实务界很有成就的人去大学教书比较受欢迎的原因，他们了解更多的知识应用的情境并能讲出来，同时把书本上的知识点放到了应用环境中，也就显得活灵活现了，这样的讲述学生也容易记住。案例教学法是一种传递情境知识的方式，题海战术也是一种尝试，但知识工作者遇到问题时，情境知识只能靠你自己去摸索。高手和专家之所以一眼就看出问题背后原因，在于他们通过有限的线索可以快速识别出问题后面的情境，并能从自己的知识积累中找出最合适的知识点加以应用，让问题得以解决。

理解了这些道理以后，你就应该知道：

在知识的学习上，输入内容到自己大脑里，只是第一个层次，只有经过实践、验证才能真正实现飞跃，成为你自己的知识和能力。而干活实践的过程就是你学习、积累情境类知识的过程。

记住：个人真正进步的核心除了学习思考外，实践是最后但也是最重要的"临门一脚"，只有通过不断地实践、干活解决问题才能真正理解世界，才能真正创造价值。

干活是成长的终极武器

曾经见过许多资深的媒体人说：新闻专业、中文专业的硕士生来单位后却不会写简单的会议报道，让他们感叹现在学校培养人才能力的缺失，并表达对现代教育的失望。的确有这样的问题，许多有较高学历的毕业生却连本专业最基本的技能都不会做，或者做得乱七八糟。

研究如何提高写作能力的书籍、文章有很多，这些相关专业的学生估计也看了不少，但大部分学生还是不知道如何简单明了地写出一篇文章。不知道是不是为了避免这种状况，中山大学中文系有一个传统，它要求本科一年级必须写完 100 篇作文；二年级需要写 8 篇万言书评、100 篇古文诵读、30 篇指定篇目背诵；三年级则需要完成 15000 字的学年论文……

这样简单粗暴的要求仿佛与倡导个性化和创新的年代不符，也曾被人称之为"大跃进"和形式主义，但中山大学中文系却将这个传统坚持了下来，成为了中文系学生的"规定动作"，自 1986 年开始，这个传统已经在中山大学中文系延续了30 多年了。2015 年他们出版了一本叫《百练成篇：中山大学中文系百篇作文实践教学三十年的回响》的书籍。"百篇作文"已经成为该系独有的文化。一方面，每位学生获得导师的亲自指导，在练就写作技能的同时更习得为人处世的宝贵经验；另一方面，导师通过对学生作文技能的指导，关注学生的身心成长状况并引领其树立正确的人生观和价值观。对于毕业多年的学生来说，大家在工作中慢慢体会到这种方式的价值，它不仅培养了学生敏锐的社会触觉、深刻的问题意识、流畅且具个性化的文字表达，而且也使学生获得了心智和品行的同步提升。

如何成为一个写作方面的专家，无论是虚构作品还是非虚构作品？方法可能有很多，但都离不开一个答案：就是不断地写。著名作家王安忆是这样说的："写小说就是这样，一桩东西存在不存在，似乎就取决于是不是能够坐下来，拿起笔，在空白的笔记本上写下一行一行字，然后第二天，第三天，再接着上一日所写的，继续一行一行写下去，日复一日。要是有一点动摇和犹疑，一切将不复存在。现在，我终于坚持到底，使它从悬虚中显现，肯定，它存在了。"

写出《许三观卖血记》《活着》《兄弟》等作品的知名作家余华原来是一名牙医。20 世纪 80 年代牙医的收入还不高，他就想找一份舒服的工作，于是就到文化馆去写小说。"一开始时，我连标点符号都不会用。根本不知道如何写，所以就先从短篇小说学习，那个过程很艰难。"基础很差的余华最终能成为知名作家，当然离不开他那个时代的背景：20 世纪 80 年代是文学的黄金年代，许多文学杂志的版面填不满，所以他有机会发表自己的小说，但也离不开他的努力。

他曾这样说："坐在书桌前，我脑子里什么内容都没有，但一直逼着自己往下写。我发现写作会让一个人变得自信，我第一部作品写得很差，但有几句话写得很好。第二部好像开始有故事了，然后再写第三部，就发表了。"他认为要成为作家，"要让你的屁股和椅子建立起深刻的友谊来，要坚持坐下来"。用对话推动情节，对人物进行心理描写等都是一名小说作家的基本功，但余华却发现自己不会这些基本的技能，怎么办？去练习呗，看经典的《罪与罚》是怎么写的，看诺贝尔文学奖得主威廉·福克纳是怎么写的。

有许多朋友问，大学毕业以后，自己一直没有中断学习，但为什么感觉还是长进不大，分析和思考能力也没有提高，有任务的时候还是做得不好？这里面的原因有很多，其中很多人是陷入了学习的陷阱。真正的长进需要学习，但没有一个专家和高手仅仅靠学习（传统的学习）而能成为专家。本质上讲，掌握知识离不开实践和做，只有经历了这样的过程才能将知识转化为自己的，也才能真正明白在什么情境下需要什么样的知识。

换句话说，干活才是有所成就的终极武器，而读书学习只不过是一种手段。但许多人却本末倒置了！

著名书画鉴定大家、画家徐邦达有一个外号叫"徐半尺"。1991年徐邦达应台北故宫博物院邀请去鉴定书画，当对方打开一个卷轴时，几乎只要展开半尺左右，他就可以辨其真伪，因此就有了"徐半尺"的雅号。他的弟子则认为更应称呼他"徐一寸"，因为书画往往展开寸许，徐邦达便已知真伪。其实徐老在不到三十岁就成名的故事更脍炙人口，他扭转了两幅《富春山居图》的真伪：被乾隆认为是真迹、题写了四十多段诗跋的，实际上是明末清初临摹的副本，而被乾隆帝御笔题为赝品的，才是真迹。

这种神一般的绝技是怎么来的呢？

这当然得益于徐老关于书画领域大海般的知识积累：几十年前在哪儿见到过的书画，几十年后再见时，徐邦达依然记忆犹新。有人认为这种非凡的记忆力是天赋，可他自己认为"只在用心"。浩如烟海的古代文献资料烂熟于心，才有古书画作品过目不忘，鉴定时的得心应手。海量知识积累来自于他对书画的热爱，他的夫人滕芳回忆："我们常说爱到入骨三分，但是徐邦达对艺术是爱到入骨两百分，甚至连做梦都离不开字画。"

但是，是否有很多关于书画的知识就可以成为徐老这样的大家呢？

著名美术史论家、美术评论家陈传席先生见徐邦达三次，每次问他同一个问题：鉴定真伪的关键是什么？徐邦达每次都回答：经常看真迹。"经常看真迹"将大部分人的努力之路堵死了，为什么，因为在现今的环境下，普通人根本没有机会看到真迹。随着技术的发展，许多人整理提炼资料的能力越来越高，甚至可以超出徐老的资料积累和整合，但大部分人却没有机会大量接触真迹，而徐邦达出身于商贾之家，从小习画，而且家里有大量的收藏。

- 1950 年，徐邦达被调到国家文化部文物局（今国家文物局）任文物处业务秘书。这个时期，经徐邦达等专家鉴定留下来的数千件古书画作品，后来均拨交给了故宫博物院，成为该院古书画收藏中的基本藏品。

- 在中华人民共和国成立初期，故宫博物院所藏文物仅是昔日紫禁城藏品的十分之一。为使故宫博物院绘画馆藏品尽快丰富起来，徐邦达与同事踏访全国 80%以上的县城。在短短数年间发掘和抢救了 3700 件书画。

- 1978 年，徐邦达与启功、谢稚柳、刘九庵等组成全国书画巡回鉴定专家组，八年后，编著了多卷本《中国古代书画图目》。这次古代书画鉴定工作堪称中国历史上第三次书画普查，前两次分别在北宋宣和年间和清乾隆嘉庆年间，留下了研究传世古代书画必不可缺的参考文献《宣和画谱》与《石渠宝笈》。书画鉴定小组的工作也堪与历史上的前两次比肩，成为后人参考的重要文献，由此可见徐邦达及其同仁谢稚柳等对古代书画鉴别的功力。

- 1993 年，国家文物局成立全国书画鉴定小组，谢稚柳任组长，并与启功、徐邦达、杨仁恺、刘九庵、傅熹年、谢辰生等组成七人小组，对全国的博物院、文物商店的书画进行鉴定。

这样大量系统观摩、研究和真正亲近真迹的机会，现在谁可能有？

今天的书画鉴定者因为欠缺了徐老这样大量实践（接触真迹）的机会，即使非常努力，技术支撑手段也远比当年先进，可能还是很难达到徐老那样的水平和高度，这就是实践的力量。

2014 年 9 月初，一直紧锣密鼓筹备上市的阿里巴巴集团向美国证券交易委员会（SEC）递交了招股书更新文件，这也是阿里集团上市前最后一次更新招股书。在这份文件中，尤其引人注目的是招股书显示阿里集团合伙人团队又选举诞生了三名新的合伙人，分别是阿里云技术团队的蔡景现、小微金服集团技术团队的架构师倪行军，以及人力资源及组织文化团队的方永新，三人均为"70 后"。由此，阿里集团的合伙人名单由此前的 27 人增加至 30 人。其中阿里云技术团队的蔡景现"花名"多隆，此前外界基本上没有听说过这个名字，但他在淘宝内部是神一样的存在。当时的阿里巴巴集团首席人才官彭蕾在解释为何会是他们三个人入选合伙人时说:"他们三个人的特点就是很傻很天真,多隆写代码可以写到入定的状态。"

多隆 2000 年入职阿里巴巴,是淘宝网最早的三个程序员之一,到 2014 年成为阿里的合伙人合计 14 年时间,在阿里职级是 P11(阿里内部最高的技术岗位),相当于管理线的副总裁级别。作为淘宝最早的程序员之一,淘宝网很多产品在早期就是他一个人开发和维护,包括文件系统 tfs、key-value 系统 tair、cache、搜索、通信框架等等。借用阿里副总裁张建峰("花名"行颠)对他的评价:在内网的标签上,他被称为神,这不是恭维,在所有工程师眼中,他就是个神。多隆做事一个人能顶一个团队,比如写一个文件系统,别人很可能是一个项目组,甚至一个公司在做,而他从头到尾都是一个人,并在很短的时间内就完成了。从 2003 年到 2007 年,淘宝搜索引擎就是他一个人在写,一个人在维护,而且这还不是他全部的工作,另外他还做了其他很多事情。

这么厉害的人是怎么来的,是不是天赋异禀?

他的同事曾经问过类似的问题:你是如何成长为"大神"的?多隆的回单简单明确:"就解问题嘛。"看起来很简单的答案,但有许多限制条件。因为淘宝的业务一路飞速成长,海量用户、海量产品和需求造成淘宝这样的平台在成长过程中遇到的技术挑战越来越大,技术难题越来越多,要解决的问题一定会越来越复杂,涉及的技术细节和领域也是越来越多。这些困难和问题给了多隆这样的纯技术人才逐步"打怪升级"的发展机会,而且他也很享受这样的机会。

能成就这样的"大神",跟他的资质、努力一定分不开,但多隆本身却不是计算机专业出身,也不是来自清华北大,他在大学所学专业是生物系生命科学。因为抓住了淘宝网快速发展的机会,加上自身对于解决问题这种实践方式的沉迷,他不知不觉就成了专家和高手。设想一下,如果他没有去淘宝这样一个快速发展、需求飞速涌现的公司,而是去了一家普普通通的机构,那么,他根本没有这么多机会去实践,也就不可能取得这样的成就。

钱钟书的夫人杨绛先生的那句"你的问题主要在于读书不多而想得太多",成了许多人劝人多读书的名言,但好多人估计没有去探究过。实际上,这句话是杨绛先生写给一个青春期的高中生的。每个青春期的孩子都是一个诗人,他们开始与这个世界交互,多思而敏感,所以才有少年维特那样的烦恼。由于生活的阅历和眼界所限,许多小孩看几本课外的书后会产生出许多自我感觉良好的"奇思妙想"，但这些所谓的新想法、好想法只不过是因为眼界限制所致的自我妄想。从这个角度说，杨绛先生的这句话十分准确：现在你考虑的很多问题，在未来等你读书更多、阅历更丰富的时候，可能就不是问题。对于成年人也有类似的问题，许多你觉得很高深艰难的问题对于其他人可能就是常识，只不过你不知道而已。

但对于成年人而言，尤其是对于大部分受过高等教育的知识工作者们，每个人理当具备较高的知识基础，掌握一个现代人需要掌握的基础知识。在当今互联网推动下的知识传播环境中，普遍性知识的获取渠道很多且成本极低，这个时候许多人面临的根本问题已经变成了：读书不少，干活太少。在红军长征时，许多我们后来耳熟能详的领导人在现代看来，都非常年轻，大部分军团长一级的年龄都是三十岁左右，甚至更小。但由于中国革命波澜壮阔的实践机会，在战争中学会战争，许多人的水平和能力都得到了快速提升。

对于知识工作者而言，持续的学习是一种基本意识和能力，但这种学习一定要与实践结合起来，更强调实践和解决问题。要明白，真正的学习一定包括实践，而实践是更重要的学习，学习是为了更好地干活、完成任务、解决问题。干活、做任务和解决问题才是根本和王道。"纸上读来终觉浅，绝知此事要躬行。"不去真正完成多个任务、做几个项目，学得再多其实也没学会，像油和水一样：你是你，知识是知识。分别工作十年和工作二十年的两个人，能力差别会很大，这里面原因很多，在工作过程中解决问题的多少是造成差异的根本原因之一。

最后能成为专家的，他们一定是解决问题的行家：在他们的职业生涯中，曾经解决过大量复杂困难的问题，另一方面他们也具备解决未来新出现问题的能力。这种能力的获得，需要学习但同时一定是在实践中摸爬滚打得来的，一定是通过不断地干活才能具备的。离开了大量、困难复杂的实践，没有人可以成为专家。

实践的类型，你属于哪一类

我的老家在华北农村，放假回家跟在家务农或者外出打工的乡亲们聊天的时候，他们很羡慕我们的工作：认为我们整天坐在办公室里面不用风吹日晒，这样很幸福。在他们的观念中，认为我们不用"干活"，日子过得悠闲自在。对于这种说法，理解农民辛苦的我也不好意思去辩驳。但我们其实都知道，这里面是对"干活"概念理解不同，我们虽然在办公室工作，但压力、焦虑并不一定比农民低，而生活的幸福指数甚至还没有他们高。

他们认为只有去田地里面播种、收割才算干活，而我们干的活却是思考、学习、解决相对不那么物质化的问题（譬如提高人的认知、流程和制度、考核和激励等）而已。"客户虐我千百遍，我待客户如初恋。"如果不仅仅是传统上甲方乙方的那种关系，而是将你的老板、同事都作为客户，相信每个知识工作者都有那种毫无头绪、找不到路径和方法的经历。

与体力劳动者对比，知识工作者的压力并不一定小。通常情况下离开了工作场所，体力劳动者的事情就结束了，可以不用想它了。而对于负责任的知识工作者而言，则没有上班和下班的概念，因为这属于你的职责，需要你在任何地方都去思考和研究，无论白天还是黑夜，不论工作日还是假期。

卖汽车轮胎的销售员和出版社的编辑，工作看起来差异很大，但他们都是知识工作者。不同的知识工作者根据他们工作中需要的协作程度（个人独自完成还是需要多人协作完成）和工作中需要知识的程序化程度（有章可循还是需要进行不断临机判断）两个维度，可以将知识工作者的工作和实践分为四个类型（这儿对应了本书第一章中专家的四种类型），如图3-1所示。

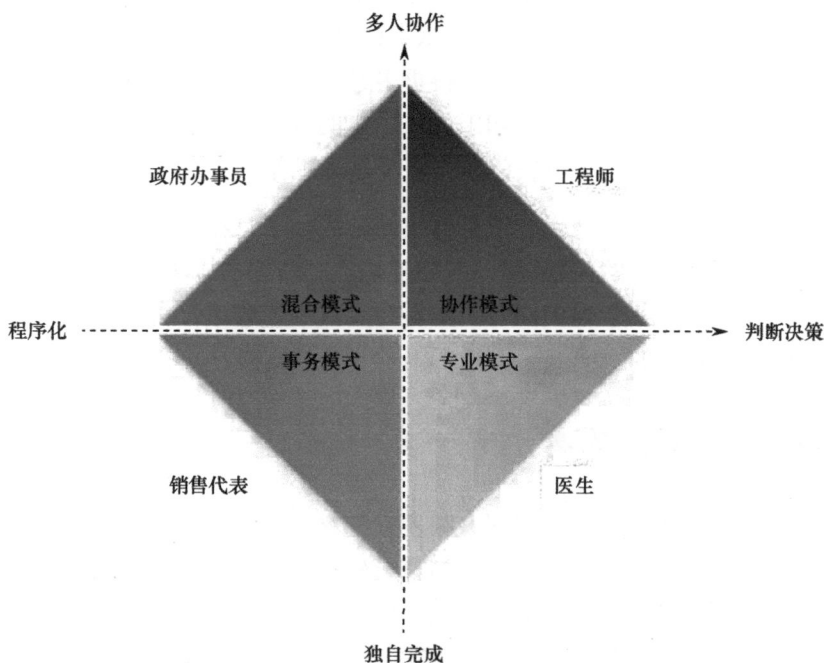

图3-1　知识工作者工作和实践的四个类型

对应图3-1中的各个象限，需要的实践方式也不同。

第一象限：既需要不断临机判断决策又需要跟多人协作工作。这种工作通常包括各层级管理者、各种工程师、设计师、编辑等角色。

他们的工作成效只有在与他人协作中展示出来，要提升自己的能力必须在可以协作的环境中。例如管理者要动员、激励他人投入工作、产生高绩效，而非自己拥有较高产出，所以这类人的实践必须有相应的环境。在仅有一个人的公司里面，永远无法培养出人力资源管理的专家，也培养不出生产经理。

第二象限：需要跟多人协作，但工作比较程序化。这种工作通常属于需要协作的事务性工作，要求程序化部分业务十分熟练，协作能力和意愿较高。譬如负责企业注册的公务员，有的窗口负责企业名称核查，有的负责评审打印营业执照，每个人的职责明确，完成自己所在的步骤后会流转到下一个节点。

第三象限：工作独立性较强，协作较少，工作内容比较程序化。这种工作的典型代表是呼叫中心的坐席代表、运维工程师等角色。譬如中国移动客服 10086 的坐席代表，他们能够从呼入电话客户的语言和语气中发现客户的核心需求和关注点，在极短的时间内提供令客户满意的服务；一个负责维护 ERP 系统的工程师，在系统出现错误时需要他们能够尽快界定问题的核心，并提出解决问题的对策，同时能够快速解决问题。

第四个象限：工作独立性强，协作较少，主要依赖于个人的临机判断。这种工作的典型代表是教师、医生等角色。一个人在医学院学得再好，如果没有人去找他看病，也一定成不了优秀的医生。当然，如果每天有几百个人只找他看感冒，他也每天都在看感冒这样的病症，那么他无法成为专家（这一块后面有详细的解释）。

从以上四个象限来看，不同象限的人需要完成的任务是不一样的；他们在提升自己的水平和能力中，从新手到专家需要实践的内容也是不同的。

建议每位读到这里的朋友，先确定一下自己的核心工作主要属于哪一个象限。

体育、音乐、美术这类主要依赖于个体进行训练的活动，可以通过专门科学的练习方法进行提升，该类专家养成过程的本质在于训练个人的反应，强调突破个人的瓶颈，养成做某件事情的直觉。通常，这些领域科学的训练方法大部分已经形成（无论田径还是弹琴，目前大都有比较科学的训练手段），只需要按照这些科学的训练方法，然后具备合理的训练量，并有名师指点即可提高（当然，最终的成绩既依赖于你的天赋也依赖于训练水平）。实际上，任何领域到最高水平都是"功夫在诗外"，顶尖的运动员一定会用脑子训练和比赛，最牛的画家一定也有很深的文学素养，除了本专业的训练，他们都擅长持续的学习和跨领域的思考。

但对于在职场工作的人而言，他们的工作对象通常不是自己，而是他人（客户、老板、同事、员工）；面对的工作内容通常不是客观的物体（比如车床加工机械零部件、农民种地），而是相对"软"的管理规则、客户满意度、激发员工的士气和确定未来的战略这样的内容，所以知识工作者的工作实践必须依赖于他人，必须在组织环境中才能实现，如果仅仅只是个人有想去做的愿望而根本没有相应环境，最终可能无法完成。

无论你多么了解销售的理论和技巧，但要想成为销售的高手和专家都离不开大量接触各种类型的客户，通过多种方式挖掘、发现客户的需求。如果没有大量的潜在客户让你去接触、交流、签单到实施，乃至后续的客户持续服务，是不大可能成为销售专家的。进一步说，现在的大部分工作都需要与他人协作完成，复杂产品和服务的销售除了依赖销售技能，还需要有好的售前顾问、商务顾问的配合，没有这样的团队搭配，个人也很难有实践的机会。

从另一个角度看，我们将职场中知识工作者的工作分为三类：

第一类是重复性质的工作。譬如上面提到的政府办事人员、客户服务中心的坐席代表、运维的工程师等都属于这一类，对于这一类工作的实践是尽快地接触大量的用户和问题，理解用户需求，能够处理不同类型的问题。

第二类是项目性质的工作。譬如程序员、市场人员、人力资源部门的管理人员，这类工作只能在项目中锻炼自己，当你没有这样的项目机会时，很难自己进行训练。你要争取加入重要、复杂和困难的项目，争取在项目中承担更重要的角色，在这样的项目中才能提升自我。

第三类是创新性质的工作。研发、战略设定等部门的工作对创新的要求比较强，这种锻炼也只能尽量多尝试，然后用结果与原来的预期进行对比，发现自己初期判断中的问题、过程中的经验和教训等。在未来类似工作中借鉴之前的经验和教训，进而提升工作成果和质量。

当然每个人的工作中一定都有重复或者创新的部分，判断的依据是你的工作核心部分是那些，再采取相应的实践策略，找到合适的实践方式。

除了实践内容上的不同外，还有两个必须考虑的因素。

一是实践数量要足够多，只有积累到一定程度才能够实现质变。

没有人只做两三件事情就能成为解决问题的专家，适当的重复对于每个角色和岗位来说都是必要的。原来（现在更加复杂）一个医生达到副高职称，最顺利也得 10 年以上：18 岁开始上大学读书，5 年本科毕业，5 年住院医师，5 年主治医师，5 年副主任医师，理论上最年轻是 38 岁。即使是天才，成为专家也需要大量的实践。

麻省理工学院教授卡尼格尔（R. Kanigel）1991 年写过一本《知无涯者：拉马努金传》，记录了被誉为"印度之子"的数学天才拉马努金（Srinivasa Ramanujan）。这位出生于 1887 年的数学天才没有受过正规的高等教育，全靠自学成才，家乡是穷乡僻壤，而且他出身的家庭穷得叮当响。这位从未接受过正规数学训练的人却是一名不折不扣的数学天才，具有惊人的数学直觉，在他短短的 32 年人生中却独立发现了几千个数学公式和命题。近些年还有专家认为，他临终前发现的一个函数可以被用来解释宇宙黑洞的部分奥秘。但令人吃惊的是，当他首次提出这种函数时，人们还不知道黑洞是什么。2000 年，《时代》周刊选出了 100 位 20 世纪最具影响力的人物，其中就有拉马努金，并称赞他是一千年来印度最伟大的数学家。但这样的天才是不是生下来就这么厉害？有一天一位老朋友遇到他，就对他说："人们称赞你有数学的天才！"拉马努金听了笑道："天才？你看看我的臂肘吧！"他的臂肘的皮肤显得又黑又厚。他解释自己日夜在石板上计算，用破布来擦掉石板上的字太花时间了，他每几分钟就用肘直接擦石板上的字。朋友问他既然要做这么多计算为什么不用纸来写。拉马努金说他连吃饭都成问题，哪里有钱去买纸来算题呢！

二是实践机会的质量足够高。

就如前面提到的，如果一名医生仅仅治疗感冒是不可能成为专家的，这也是人们经常埋怨自己做重复性的工作没有成长的原因。许多职场人也经常问："被职业固化经常做重复性工作怎么办？"这其实是现代工业发展将人"物化"的一个负面结果，最极端的例子就像富士康这样的企业里，许多年轻人因为工作的重复性，造成心理问题甚至跳楼的境况，增强工作的多样性也是激励员工的手段之一。

还以呼叫中心的坐席为例，一位致力于成为专家的坐席代表都需要花费几年时间在一线去接听五花八门的电话、理解用户显性和隐性的需求，在这个过程中她可能会对用户需求进行分类，并对每个分类找到最佳的应对策略，她可能对特殊需求者形成自己的敏感性和直觉，当遇到不同的客户时能够快速反应让客户满意，而不会让用户的问题升级。

但当这个坐席代表已经具备这样的能力时，就应该为她提供更有挑战性的工作，譬如让她从一线退下来去培养更多优秀的服务者，要求她能够将自己的经验显性化教会新人。这个坐席代表如果要成为一个专家，还需要将自己负责的工作从艺术做成技术，从技术做成套路，只有这样才能提升工作的效率。

但并非每个人都有机会在合适的时间得到自己需要的实践机会，换句话说，就是你想做重要复杂的项目也得要有机会。所以要赢得更好的实践机会，需要个人主动去争取。

去哪里寻找实践的机会

不将成长寄托在刻意练习上

有这样一位牛人，他是中国科学院的外籍院士（1995 年当选），1983 年就在北京大学心理学系上过 3 个月的认知心理学课程。他是中国人民的老朋友，中文名字叫司马贺！他牛到什么程度呢，除了他的母校芝加哥大学的政治学博士外，先后还获得 8 所大学的法学、哲学、科学的博士学位。他得过计算机领域最牛的图灵奖（1975 年），他还是心理学研究的大拿，得过美国心理学会终身贡献奖（1993 年）。但计算机、心理学都不是他的主业，他是 1978 年的诺贝尔经济学奖的获得者。1978 年瑞典皇家科学院贺词说："其科学成就远超过他所教的任何一门学科——政治学、管理学、心理学和信息科学。他的研究成果涉及科学理论、应用学、统计学、运筹学、经济学和企业管理等方面，在所有的这些领域中他都发挥了重要的作用，人们完全可以以他的思想为框架来对该领域的问题进行实证研究。但西蒙首先是一位经济学家，因终生从事经济组织的管理行为和决策的研究而获诺贝尔经济学奖。"

诺贝尔奖委员会说他首先是一位经济学家，但他在管理学、政治学、社会学上的辉煌贡献怎么算？是他将管理的决策职能第一次明确提出来，有限理性、管理人、决策技术等都是他最先进行了系统的论述。他的名字叫赫伯特·西蒙（Herbert A. Simon，1916—2001），美国管理学家和社会科学家，经济组织决策管理大师，第十届诺贝尔经济学奖获奖者。1973 年他和威廉·蔡斯（William Chase）在《美国科学家》杂志上写过一篇心理学的论文，这篇论文主要研究国际象棋大师的学习行为和内在机理，在论文的末尾有这么一段话：国际象棋没有速成专家——肯定没有速成的大师或者超级大师。全神贯注于该项运动的时间不超过 10 年，却达到超级大师水平的、有案可查的一个都没有。

我们可以粗略地估算，一位大师也许盯着棋局的时间有 10000～50000 小时，而一位 A 级别棋手的时间是 1000～5000 小时。对大师而言，这些时间和高等文化程度的人成年之前花在阅读上的时间相当。

论文中提到的鲍比•菲舍尔（Bobby Fischer，1943 年 3 月 9 日—2008 年 1 月 17 日）是一位犹太裔美国人。因 1972 年在冰岛的国际象棋"世纪之战"比赛中战胜苏联人而获得第 11 届国际象棋世界冠军而得名，被广泛认为是有史以来最伟大的棋手之一，有"国际象棋莫扎特"之称。但可笑的是，人们为了强调，将西蒙在论文里的那段话归结于西蒙提出了"一万小时定律"。

在 1993 年，瑞典心理学家 K. 安德斯•埃里克森以德国柏林音乐学院的小提琴手练习时间为研究对象，将结论写成论文"刻意练习在获得专家级演奏中的作用"发表在知名的《心理学评论》期刊上。在这篇论文中，埃里克森第一次系统地提出了"刻意练习"的概念。他们发现最佳小提琴手的平均练习时间是一万小时，而且技能水平与练习时间紧密相关。次年，他的同事调查了钢琴的演奏者，结果类似。刻意练习的概念一提出，就引起了许多人的兴趣和研究，埃里克森也一直通过相应实验去验证和完善，他在 2013 年重新对刻意练习的概念进行了修正，表述为：在一项训练活动中，用全部的专注去工作，目的是对某一特定方面的表现进行改进，以及通过重复和问题解决而逐渐获得精细改善的各种机会。

以上的定义看起来仍然让人费解，实现刻意练习的充分条件用通俗的语言表述可参见图 3-2。

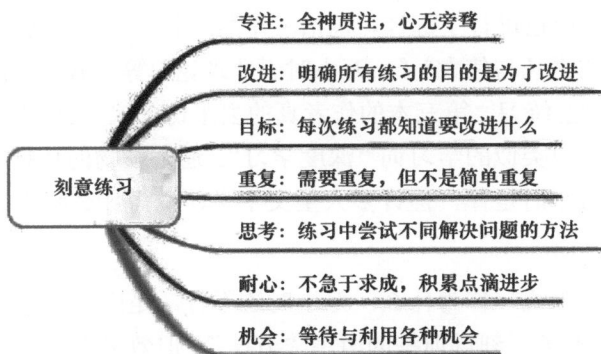

专注：全神贯注，心无旁骛

改进：明确所有练习的目的是为了改进

目标：每次练习都知道要改进什么

刻意练习

重复：需要重复，但不是简单重复

思考：练习中尝试不同解决问题的方法

耐心：不急于求成，积累点滴进步

机会：等待与利用各种机会

图 3-2 实现刻意练习的充分条件

实际上，刻意练习是有自己的限定条件的，概括起来主要有以下 3 点：

资源限制

刻意练习既需要个人的时间和精力，也需要获得教师、训练材料、训练设施。通俗地说，对于有成熟训练方法的领域，支撑刻意练习的资源需要花钱，甚至是大把大把的钱！

动机限制

从根本上说，刻意练习不是激励性的。演奏者把它当作获得进步的工具，练习缺少内在的奖励或快乐，这和领域内的个人很少自发练习的事实是一致的。前文已经提到，大部分人之所以能够做到胜任的层次上，是因为有外力（家庭、领导、经济因素等）的"逼迫"，当没有人明确要求的时候，大部分人就会放弃。而刻意练习本身是没意思、不好玩的，属于胜任期之后的专业练习，你得忍受无聊的重复，但大部分人做不到。

努力限制

刻意练习是很费精力的活动，因此每天只能持续有限的时间。在一段时间内，不感觉到筋疲力尽为宜，否则就无法将刻意练习持续进行下去，这就要求刻意练习的时间每天应限定在合适的范围内。所以真正的刻意练习是一场持久战，不是一次性的，需要持续、科学的训练。对于大部分人而言，这个太难了，很难坚持！

以上的内容是学术领域的研究，从 2008 年开始国外许多畅销书作家将"一万小时定律""刻意训练"这些词给通俗化了，成为了类似鸡汤的成功学。相关的书籍国外有很多，国内也进行了翻译，包括《异类：不一样的成功启示录》《哪来的天才——练习中的平凡与伟大》《一万小时天才理论》等。第一本讲了一万小时理论，第二本强调刻意练习，第三本的作者真的去采访了 K. 安德斯·埃里克森，他造了一个跟刻意练习类似的学习词"深度学习"。通俗读物的传播非常迅速，大部分人都知道了一万小时定律，但许多人望文生义，说为什么我"睡了一万小时的觉，也没成为睡觉的专家"？

后来又有人出来说，你为什么一万小时还不行，是因为还没有进行"刻意练习"，并提出了许多进行刻意训练的所谓"方法"，但效果也并不理想，因为我们看到刻意练习的限定是很严格的。能想到的刻意练习例子是鼎盛时期的李娜和她的团队，一年的费用大概 700 万元。她的教练是阿根廷人卡洛斯·罗德里格斯，这位世界知名的教练培养出曾经七次夺得大满贯的比利时名将海宁。她的体能教练是德国人阿历克斯，在获得澳大利亚公开赛的冠军时李娜曾这样评价阿历克斯："过去这几年，我就没怎么受过伤。"这是对一位体能师的最高评价。她的经纪人是体育营销巨头 IMG 集团副总裁麦克斯·埃森巴德，这个麦克斯也是莎拉波娃的经纪人。

普通人很难有这样的团队，大部分人支付不起这样的费用，更重要的是一个知识工作者的工作也不可能像钢琴、网球那样有明确、规范的训练方法，就是说假设你是一位人力资源部门的员工，你想针对这个岗位进行重复训练和刻意练习，但训练什么和练习什么都是不清楚的！因为人类对于知识工作的研究与分析还很少，并没有像音乐、艺术类工作那样有明确的练习方式和方法。

"台上一分钟，台下十年功。""有志者，事竟成。""我亦无他但手熟尔！"说的都是不断练习这个道理。因为一万小时的说法符合了人们潜意识里面的成功都来自于苦练的认知，所以很快传播开来。但从文献中可以看出，一万小时成了一个被神化的数字，它只是一个大概的示意。"一万小时定律"根本称不上定律和理论，只不过是一种误传。在学术领域没有人明确地将一万小时训练作为一个定律提出来，包括西蒙和埃里克森都没有。而长时间刻意练习效果显著的领域也局限于棋类、音乐、体育等具备明确步骤、方法、目标的领域，并且刻意练习有严格的限定，譬如练习的方法一定是正确的，得有名师指点。如果低水平的老师指导，可能练得越多离卓越就越远。而这些限定决定了，绝大多数人都没有机会进行真正的"刻意练习"。

譬如对于一个有志于成就卓越的项目经理而言，并不是你有项目经理头衔 10 年就能成为专家，你需要进行刻意练习。但谁会给你提供刻意练习的资源，刻意练习该练习什么（内容），如何科学地练习（方法）等，你仔细想一下就会发现这些根本没有答案！知识工作者的工作复杂程度远远超过大部分的音乐和体育项目，他们更多地需要判断、决策和推理。不同行业和岗位的知识工作者需要的训练方式不一，而且没有成熟的被验证过的标准方法和流程，这是知识工作者提升的最大障碍！

归纳一下，一万小时是一个概数，可能在某些领域是实用的。但"一万小时定律"不是定律或者理论，因为没有被严格验证。简单重复、低水平反复不会带来进步，要想提升得快需要"刻意练习"，但刻意练习的限定条件更适合个别个体的提升，对于知识工作者所做的复杂工作，很难进行有效的刻意练习，因为他们缺乏相应的资源，缺乏这个领域的名师指导、无法忍受乏味的过程。

那普通人要想较快地提升，能够从刻意练习里面借鉴什么？

对于大部分知识工作者，我们认为：真正提升的机会在解决具体问题之中，在解决困难的、不会做的、没有思路焦头烂额的项目中，只有更多地经历这样的项目和任务的压迫、历练与锻造，才可能实现真正的成长与进步，否则即便你饱读诗书、满腹经纶，也只能成为那种谈起来头头是道，但做起来漏洞百出的人。

在解决问题尤其是复杂困难问题的过程中，其实你就会被动经历刻意练习，如果时间足够长，可能会远远超过 1 万小时。这个过程中，如果有高手的指点当然是我们的幸运，即便没有，只要你持续不断地去做，市场、客户也会"教训"你，指点你，你也会成长起来。但是许多人其实做的是那些每天重复的工作，或者他的岗位没有提供相应的机会，这就是另一个方面的问题了！

对于知识工作者需要的基本技能，譬如如何用语言表达你的想法、如何画思维导图、如何用搜索引擎的技巧等，那些已有的成熟方法和步骤，如果正好是你需要的，可以借鉴刻意练习的方式进行训练，以便能够快速提升。

很多人被所谓的好工作耽误了

某 985 高校里面的两个同学，一个根正苗红学习好、班干部，毕业分配到大型央企。另一个同学条件一般，最后被分配到偏远地区当工人。30 年后，那个发展得更好一些呢？

人生不能假设，但真实的生活中却有类似的案例，通过分析这样的个案也许能够给我们一些启发。

1968 年 12 月，他大学毕业被分配到青海当工人。那些根正苗红三代贫农或者工人出身，学习成绩好、在校表现好的同学，都分配去了当时最好的单位：国防科工委和二机部直属的大型工厂。毕业 30 年后的 1998 年，同学再聚会却发现被分到青海是他一生中最大的机遇。那些在毕业时分配较好的同学现在情况怎么样呢？因为在那些大型工厂里人才济济，光留学苏联回来的就有一大批人，资格老的有很多，这几届毕业分去的只能长时间当基层工人。而且那些工厂产品的型号是定了的，不允许你随便搞技术革新，任何一点小的革新都要经过层层审批。

不仅他们没有太多的机会发挥才能，而且那些地方往往在偏僻的山沟，子女上学困难，就业也困难。他们就提前退休，让子女顶替。其中有一位当时班上的干部，各方面都很好的，现在不得不开了一个小商店以补生计。

被分配到青海当工人的学生名叫朱清时，他在 1991 年被评为中国科学院院士（当时叫学部委员）。后来担任过中国科学技术大学、南方科技大学的校长。因为远离中心城市，青海的人才又少，加之朱清时一直坚持学习和长进，当青海中科院某所在 1974 年选拔项目人员时，他顺利入选并很快得以成为项目的实际负责人。经过项目的历练，他成为 1977 年第一批公派出国进修的学者，后来回国后参与各种项目，在 1991 年被评为院士。

"古今之成大事业、大学问者，必经过三种境界：

'昨夜西风凋碧树，独上高楼，望尽天涯路。'此第一境也。

'衣带渐宽终不悔，为伊消得人憔悴。'此第二境也。

'众里寻他千百度，蓦然回首，那人却在灯火阑珊处。'此第三境也。"

这是国学大师王国维在《人间词话》中写的话，已成为读书人常用的语录。王国维是一代学问大家，曾经做过末代皇帝溥仪的老师。有一个段子讲王国维和溥仪：相传王国维买了许多古董在家把玩，退位的溥仪看到后就说其中几件是赝品。王国维不服就找高手给鉴定，发现溥仪指出的赝品果真都是假货，因而就对溥仪文物鉴定的功夫甚是佩服。问溥仪是如何鉴定的，溥仪却说：我也不懂你们那套鉴定方法，我就是感觉你淘的那几件和我家里的不一样。

这回答可真霸气！却道出了一个实情，对于这种鉴定的手艺，看多少书、听多少讲座，都代替不了上手。在这一点上，医生与之类似，同样的两个医学毕业生，知识量差不多，努力程度差不多，但其中一位去了三甲医院每天的工作非常忙，而另一位去了乡镇卫生院，每天没有多少事情可做，假以时日，后者与前者的水平差异会越来越大。

为什么？因为水平和能力的增长除了学习，更依赖于实践中的锤炼。没有实践机会，不可能真正学会，更谈不上成为专家。记得曾经有一位亲戚的小孩也学的医学，毕业后有两个选择，一个是去国内最牛的医院最牛的科室，但没有正式编制；另一个是去三四线城市的医院，有正式编制。当时我的建议是，如果从个人长进的角度看必须是去那个没有编制但足够牛的医院，那里有他们那个专业最牛的医生可以追随，更重要的是有最大数量的患者，尤其是各类疑难杂症都会去他们医院，这是最好的实践机会，同时也意味着个人水平和能力长进的最大机会。而且从未来看，真正有经验和具备高水平的医生其实会强大到忽略掉传统的编制问题，而且他们将会有各种机会去其他医院。因为任何医院都需要有能力、水平高的医生。

但并非所有的岗位都像文物鉴定工作者和医生这样，主要依赖于个人的判断。大部分的工作除了个人判断，更需要去跟人协作，譬如工程师、管理者等。这种工作的长进则更需要别人能够给你参与协作、主导协作的机会。所以组织"压担子""给机会"曾经都是很火的词。在没有改革开放之前，人们只能被动地等待着组织给自己机会，为了赢得这些机会，许多人绞尽脑汁去迎合、讨好那些代表组织的人。现在体制内的机构，包括政府、企业、事业单位等经过改革和优化，但有部分仍然依赖于这些。甚至当说要给你压压担子的时候，已经成了要升官的潜台词。在个人的成长和发展中，学习与思考都很重要，但核心的是要有实践的机会。这个实践的机会在过去完全掌握在组织手中，所以人们只能期盼领导慧眼识人。改革开放后人们可以相对自由地流动，其实这是很大的一个红利。

进一步说，实践机会本身也是差异化的，对于个人能力提升的价值也会分层次！

一位在软件公司做开发的朋友讲，有一个当年挨着他工位坐的朋友，现在已经是亿万富翁了。虽然这个朋友所在的软件公司也上市了，但大部分员工是没有股份的。因为他们公司主要是做政府和企业市场，这类客户更多是靠关系来打单，对于产品和服务的质量要求不太高，所以程序员就没有那么重要。但工位挨着他的那位朋友后来跳槽到了互联网公司，主要做大众用户，只有做出好产品来这些用户才会买单。这样的需求下，对于人的能力的重视程度就会很高，所以大部分互联网尤其移动互联网初创公司，核心员工都会有期权和各类激励措施。

这里其实不完全是财务收益的问题，在这样的公司里面，即便最后没有上市或者获得高额财务上的回报，但为了满足用户核心需求所做的努力，对于个人成长的价值也是很大的。而传统的软件公司，在更多依赖于关系的销售机制下，其实产品做得差不多就行，这种需求对人的要求就低很多。如果你长期在这样的企业中工作，对你的提升和成长将会非常不利。

如果将时间花在研究有价值的用户需求上（这是有共性和规律可循的），而不是去研究某个人或几个人（譬如你的一个或者几个领导，这个随意性太高）的需求上，这样做出来的产品会更有价值，个人的成长也会更快！

在个人的发展上，总结、提炼、学习、思考都很重要，但最核心的秘诀其实是真正去解决有价值的问题，而且能够解决的问题越复杂困难越好。只有通过不断地解决这样的问题，从外部学到的知识才能真正转化成你的判断和洞察，你的思考才能够有输入和原料，才能够提升高度、加深深度和扩大广度。如果没有实践的机会，学富五车也可能一事无成。

从是否能给员工实践机会的角度看，可能许多人所在的机构真不行。在一个小卖部内卖货的伙计可能永远学不会大型组织的管理，像诸葛亮那样偏居一隅仍能对天下大事了然于胸的深刻判断只能出现在小说里面。上军事院校学习战争一定有其价值，但大部分人也只能在战争中学会战争、掌握战争。所以，对于那些真正希望上进的人而言，我的建议是尽量去那些真正有需求的岗位上，去那些能够解决复杂困难问题的岗位上，而不是去那些钱多人傻的地方。

这样的机构在哪里啊？需要你去寻找。但可以提醒你的是，这样的地方并不一定非要是 BAT 或者所谓的大单位。我也知道有一些互联网公司比国企还像国企，冗长的流程和复杂的内部关系，大家都在讨好各自的老板。这样的地方可能满足你对单位品牌的需求，却不一定能让你真正地成长。

差不多资质和基础的人之所以在数年后能力差距很大，其核心的原因在于是不是有足够多、足够困难的实践，换句话说你是不是有机会做了很多困难的、需要你殚精竭虑才能搞定的项目，是不是被项目和任务压迫过，这是根本所在。许多人足够聪明也足够勤奋，但由于所在的机构和岗位没有给他机会去实践，自己也不能去争取机会，即便学了很多，却没有真正操练的机会，则还是无法实现真正的掌握和飞跃，永远达不到精通的层次。

实践的机会都在各类组织及机构里面，大部分人需要在这些组织及机构里面发现实践的机会。从个人成长和发展的角度看，那些"钱多事少离家近"的地方可能真的不是什么好单位，许多大学毕业生找工作的时候都爱找所谓的"好单位"，而他们的定义就是名气大、机构大，最好是公务员，最不济也是央企、外企，这些不仅不一定是好单位，而且可能是你成长路上的"坑"。

从个人成长角度看真正的好单位，是那些能够给你足够多解决问题机会的地方，是给了适合你发展阶段的实践机会的单位。

但如果没有这样的机会怎么办？

主动寻找有价值工作的机会

记得在一次访谈航空行业各个层次的工程师时（既有毕业几年的新手，也有已经成为型号或者系统负责人的骨干和专家），我们都问了同一个问题：你觉得阻碍自己成长的核心因素是什么？大部分人的回答是参加型号任务的机会。如果能够加入到全集团的重点型号任务的研发过程中，成长的机会就多。但并非所有工程师都能参与，有的是参与民品项目、有的参与细枝末节的支撑项目，所以这是造成大家进步水平差异的根本原因。那些能够快速成为系统或者型号专家的人，更多地参与了重点项目，在这个过程中他们除了自己下功夫学习和思考外，因为被任务压迫，有较高的要求和严格的时间节点，或主动或被动地让他们快速提升。

从这一点上看，我们每个人都得感谢这个时代。改革开放后四十年的快速发展其实给每个人的成长提供了外部的大环境，与那些发达国家和地区按部就班的发展相比，我们的各行各业都突飞猛进。正是这样的机会，让大部分人都有可能参与、从事真正创造性的工作。从整个社会的角度看，各行各业的快速发展是时代给予大部分人的红利，但对于个体而言，则不一定能享受到这样的红利。

如果你所在的机构无法提供较多的机会怎么办？

也许你所在的行业或者机构发展就是很慢，不可能有太多需求；或者你们内部有太多高水平的人，即便有复杂困难的任务也交不到你手上；甚至因为你与相关的负责人关系不好，不给你提供锻炼和提高的机会。同时，即便是有很好的实践机会，你也不一定能够真正得到。想要得到这样的机会，你必须把自己所负责的看起来简单、重复性高的工作做好了，才能证明你可以承担更复杂、更有创造性的工作。这个道理其实很简单，各行各业的角色都有类似的道理：如果你连给客户发一个联络邮件，都能让你的老板找出错误来，老板怎么可能有信心把一个项目交给你，让你去做项目经理？

在写作本书的过程中，我们对许多专家进行了访谈，里面也涉及培养接班人的问题，问这些专家愿意给什么样的人机会。首先，这些专家都有培养人的意识，真正的专家都不狭隘并愿意教会更多的人，从这个角度看，这些专家像教师的角色。其次，他们谈到了更愿意把机会给知识面较宽，思维层次较高的人。同时，他们更多强调的是这个人一定通过之前完成的任务、项目证明过自己。哪怕是"脏活"累活，那些真正有潜质的人都主动去干，而且干得很"漂亮"。只有证明过自己了，人们才会放心大胆交给你更重要的任务。

　　这里面有一个误区，许多人将工作初期必须经历的学徒阶段看作无法忍受的重复工作，然后在这个阶段就想着去跳槽换到所谓"更有价值"的工作，但结果是永远无法找到那样有价值的岗位。你得明白，无论多高的学历，当你从学校走向社会实践的时候，都有一个重新开始的过程。一般在学校只是单纯地获取知识，而进入社会工作则是将知识与现实的需求和问题结合起来。换句话说，每个人都要有一个学徒期，在这个学徒期内你要从最简单、不起眼的地方干起，在古代甚至还要帮师傅干家务活，但这是一个积蓄能量的过程。这个时间长短不一，但谁都无法超越，在这个阶段你需要静下心来去基于需求、实践和问题进行大量的学习和练习，需要经过数年时间的实践、积累、观察、思考，这个过程中亦需要真正的高手指点。

　　但我们许多人太着急了，可能刚刚入门就认为自己已然是高手。这也符合心理学所说，新手最容易自满。因为这个时候不知道前面有多长的路要走，自认为自己已经走了很多。大部分人都希望有所成就，而且希望有大的成就，都羡慕那些厉害的人，希望自己在某一天能够突然厉害起来。但这个世界上哪有这样的事情啊！

　　当然还有另外一个情况，你的工作环境的确无法给你成长，这个原因可能是机制决定的，而且短期内无法改变；也可能是你的老板决定的，他的性格、眼光和格局就那样了。如果你在这里即便将重复的事情做到极致了，也不可能有机会得到更有价值的历练。对于这种情景，跳槽可能是最好的选择。

　　总体而言，如何发现帮助你成长的机会、如何自己创造机会，大致可以分为以下几个方面：

　　一个方面，在内部争取机会。这就需要你在平时学会主动展示自己的工作成效和工作能力，让领导和同事认识、认可你。如果你遇事总绕着走，不愿意去做困难复杂的问题，不能在日常工作中证明你的能力和担当，那真的有机会的时候人们不会也不敢交给你去做。要敢于承担、主动担责，建立良好的人际关系和你解决问题的能力及形象，争取更多的机会。

　　另一个方面，跳槽到机会更多的地方。如果你是真想干事并具备相应能力基础的人，总的来说还是有很多地方可供你发挥的，但需要你去寻找。一个简单的标准是：要去那种需求多而不是名声大的地方；要去那些不稳定而不是已经固化的地方；要去那些有无限可能而不是能一眼望到未来的地方。如果条件具备，你也可以尝试自己创业，这种锻炼的机会当然会更多。但需要注意，并非人人都适合创业。

对于许多人而言，如果从个人成长的角度看，跳槽可能是最简单和有效的方法，因为有许多机构的机制、环境决定了它很难改变。如果觉得你所在的环境的确无法给你机会，你也争取过、努力过，但都没有成效，跳槽可能是最好的选择了。

成为专家这个事情除了依赖于个体的天赋、性格特征、努力程度，还跟外部环境有很大的关系。在上大学期间，同宿舍的两位同学，都想在专业上有所建树，但 20 年后差距却很大。大学毕业后甲去了深圳，乙去了一个三线城市的事业单位。甲在深圳为了生活，买房，专业上有所建树，努力地工作，并花很多时间去实践、研究；而乙同学生活压力小，从来没考虑过购房，当然奋斗的劲头少很多。随着时间的推移，甲、乙同学在专业上的差距越来越大。

当然，这种差距除了由于地域不同，也会与领域、行业相关联。譬如有的领域已经很成熟了，再怎么努力也难有大的突破。另外，如果你服务的机构从来不做困难的项目，那么你也很难有提升的机会！

不要小看这种外部环境的差别，我们大部分人还没有能力和本领与之对着干。这背后的原因大概是：

第一，就是咱们之前说过的，大部分人都有惰性。当外界的环境要求不高的时候，当没有外部环境逼你的时候，大部分人都会选择能应付就应付，这是人之常情。

第二，人是容易受环境影响的。环境不仅影响人的心情，而且还是人不断上进和奋斗的催化剂。

有人会说，现在互联网这么发达，我在一个小城市甚至一个村庄里，只要有互联网，我也可以掌握全世界的信息，这当然没错。但现实是，全世界随着互联网普及的另一个趋势是"大城市越来越大"，人们都知道城市太大后生活成本一定增加，管理和服务甚至幸福指数都会下降，但还是越来越多的人或主动或被动地涌入大城市，这个趋势不是中国独有，而是全世界的潮流。这是因为，城市中不仅每个人有更多发展机会，而且还会逼迫人去奋斗、去拼搏、去上进。试想，你周围的人都在努力学习、工作，追求进步，你难道不会受到感染而有所行动吗？相反，你生活在小镇上，人们不是聚在一起聊天、打麻将，就是上网、打游戏，然后喝酒、K 歌，这样安逸生活下去，你还有多少激情？

如果想在专业上有所成就，对年轻人而言，可能最简单粗暴的方式就是去北、上、广、深，这里可能会有你希望的锻炼机会。

第三，"将别人的事当作自己的事"。如果当前没有大量实践的机会，但自己又不太可能跳槽或者创业，那不妨主动去找事情做：即便没有人为你的努力付款，你也可以去帮助人们解决问题。互联网提供了让你接触到各种需求的机会，你可以联系需要的人或者机构，兼职帮他们做；如果连这样的机会也没有，你甚至可以在自己的大脑中训练，不同的任务和项目如果让你去做，比如如何提高效率、如何节省成本、如何用创新的方法去完成等。这种练习也会帮你赢得更多实践的机会。

你也可以模拟场景去思考和分析。这个模拟可以是你自己想象出来的、设计出来的，当然最好是真实的问题，然后分析，找出这些问题背后的原因是什么。这样训练可以帮助你在面对具体场景的时候已经有备无患。具体的场景在哪里？其实百度知道、知乎上提出来的每个问题，都可以是你的场景，你在各种聊天室、微信群里的讨论也是你的场景。

真正的长进在干活后

为什么活干得不少长进却不大

几年前，一个有技术背景出来创业的朋友跟我讲他的疑惑。

由于扩张很快，所以他们公司总是在招聘。这个过程中他发现，许多工作八年、十年以上的人，描述自己曾经做过的项目和任务具体怎么做，大都能说得头头是道。但当问到为什么要那样做、还有没有更好的方法时，大部分人就语焉不详。可以看出，这些人根本没有思考过。

说不明白的背后，是因为这些人只按照要求去干活完成任务，干活的同时很少思考问题，能够做完后还深入研究的就更少了。结果就是，大部分人只知其然却不知其所以然，让这样的人去做些有明确要求的具体工作没问题，但要让他们去自己谋划、设计和规划一摊子工作就很难了。

这种状况其实是一种普遍现象，虽然大部分人都是每天上班下班忙忙碌碌，但仅有少数人才真的下功夫研究自己做的工作，并为了将这些工作做到极致去学习、思考。

参与实践本身就可以提高人的水平和能力，但这种提高是有限的。真正有效的提升在于完成任务和项目以后，是否有进一步的思考、总结，并在其基础上进行提炼和提升，将个人的经验进行理论化，形成未来可重用复用的模式、模型、结构、框架等内容，并可以指导他人的实践。而那些最后成为操作工的人，就是欠缺了思考总结、提炼提升的过程。

换一个角度看，个体价值的提升有三个层次（这其实也是管理者对于员工要求的层次）：

第一个层次：解决问题。任何机构雇用一个人，解决问题是最基础的要求，把一个人请过来一定是需要这个人解决问题、完成任务和项目。当然这个人完成的任务和项目有复杂和简单之分，越高水平的人需要解决的问题和完成的任务越复杂。这是每个人最基础的价值所在。

第二个层次：提炼方法。除了能解决问题，还需要能提炼出解决问题的方法，并能指导其他人去完成该项工作。是否能够将自己的经验和方法显性化是考验一个人水平高低的基本要素，如果仅仅会做而不能说出来或者写出来，说明你还处于"必然世界"而非"自由世界"，还是知其然而不知其所以然。

第三个层次：发现问题。能主动发现非显性化的问题，并能够着手问题的解决与优化。发现问题是每个专家和领导的职责和能力，这种人才可以管理一个部门或者一个机构。如果你仅仅是在出现问题的时候能够解决问题，那么你永远是"救火队长"。发现、规避问题，将问题消灭在萌芽状态是更高的要求。

总结提炼是有所成就的核心

据说美国的事后回顾、事后评估或点评（After Action Review，AAR）最早是从越战开始的。

第二次世界大战和朝鲜战争中美国空军优势都非常大，空战交换比能达到5:1，甚至有时候是10:1，也就是打掉对方五到十架飞机，自己才损失一架。可是在越南战争期间，美军的 F-4 明明比越军使用的米格-21 性能好，而交换比居然只有 2.3:1。由于无法承受这样的损失，美军在保持优势的情况下居然被打怕了，干脆在 1968 年把空战停了一年。

在没有空战的这一年期间，海军想了一个新办法去训练飞行员，而空军并没有采用这个新办法。过去旧的训练方法是 F-4 飞行员对抗 F-4 飞行员，这两个飞行员的思路都是一样的，没有针对性，他们不知道米格飞行员怎么想。

而海军的这个新方法有三个原则：

第一，一切动作和结果都要记录在案。

第二，训练中的假想敌——蓝军得有针对性，越真实越好，最好还要让蓝军比红军更厉害。

第三，必须进行行动后点评。点评中每个动作都可能受到质疑：当时为什么要做这个动作，你在想什么，如果换个做法会怎么样。

结果一年后重新开始空战，海军的空战交换比从 2.4 提升到了 12.5。空军坚持旧的训练方法，他们的交换比从 2.3 降低到了 2.0。

现在 AAR 不仅是美国军队（海军、空军、陆军和各种特种部队等）在用，各类商业组织也在用。国内的联想集团将这种方法叫"复盘"（借鉴围棋的术语），基本上都是一个意思。这个方法也被广泛用在企业的知识管理里面。

名字虽然是新的，但这样的方法其实并不新鲜。在 1965 年，原中华民国代总统李宗仁回到大陆。同年 7 月 26 日上午，毛泽东主席接见了李宗仁夫妇和李宗仁的机要秘书程思远。在聊天中，毛泽东主席问程思远的学历和工作经验，后来谈到美国。程思远说，美国总统肯尼迪生前，在他的办公桌上就摆着一部《毛泽东选集》，看来他是要部下研究中国。程思远还说道，近来一位国民党人对我说，他也用毛泽东思想办事，他把毛泽东思想概括成两句话："调查不够不决策，条件不备不行动。"听到这里，毛泽东主席笑了，似乎对这句话颇为欣赏。突然，毛泽东主席问程思远："你知道我靠什么吃饭吗？"程思远茫然莫名所以，回答道："不知道。"

"我是靠总结经验吃饭的。"毛泽东主席说。

停了一下，他又说："以前我们人民解放军打仗，在每个战役后，总来一次总结，发扬优点，克服缺点，然后轻装上阵，乘胜前进，从胜利走向胜利，终于建立了中华人民共和国。"

事实上，类似的话毛泽东主席说过多次。1956 年 9 月 10 日，他在中共八大预备会议第二次全体会议上说："我的那些文章，不经过北伐战争、土地革命战争，是不可能写出来的，因为没有经验。所以，那些失败，那些挫折，给了我们很大的教育；没有那些挫折，我们党是不会被教育过来的。"1962 年 1 月，他在扩大的中央工作会议上说："在民主革命时期，经过胜利、失败，再胜利、再失败，两次比较，我们才认识了中国这个客观世界。在抗日战争前夜和抗日战争时期，我写了一些论文，例如《中国革命战争的战略问题》《论持久战》《新民主主义论》《〈共产党人〉发刊词》，替中央起草过一些关于政策、策略的文件，都是革命经验的总结。那些论文和文件，只有在那个时候才能产生，在以前不可能，因为没有经过大风大浪，没有两次胜利和两次失败的比较，还没有充分的经验，还不能充分认识中国革命的规律。"

在总结经验教训上，毕业于苏联伏龙芝军事学院的刘伯承元帅是个中高手。刘伯承有一个工作习惯，每次作战结束后，都要专门召开一定规模的总结讲评会，进行战术总结和政治思想总结，而且总是将两个总结放在一起搞，既肯定成绩和进步，又找出缺点和不足，进而明确今后打仗应继续发扬什么，注意克服什么。使部队每打一仗，不仅指挥方法上有进步，思想作风等方面也能得到提高。许多当年的老部下事后回忆，这样的总结会就是最好的课堂，每次都能学到许多管用的经验和教训。中华人民共和国成立后刘伯承担任南京军事学院的院长，除了借鉴苏联的教材，还组织编写了许多教材和战例，其实也是总结与提炼。

可以说，事后回顾（AAR）也好，经验教训也好，这些方法既朴素又有效，应该成为每个致力于有所成就的人必须掌握的方法。在成为专家的征途中，有尽量多的实践机会是第一要务，但同样参加了这些项目和任务的人们，谁更会总结和提炼，谁就提升更快。有许多人虽然干活了，但却"只会干活"而不能超越干活，不能从实践中抽象出概念、理论和更具普适性的经验，也就成不了顶尖的专家。而总结提炼类似于刻意练习中的及时反馈，通过自我的反思与对照，知道哪里做的好哪里比较差，才能有意识地提升和训练自己。

参与、负责大项目和复杂项目的机会，擅长在做完后总结和提炼，进而得以提升，这两条才是个体之间拉开差距的核心因素！而其余的读书也好，学习也罢，都是手段而已！如果明白了这些，你就不要去做那些"只会干活的人"：干完活以后你的长进才刚刚开始。这个时候你要强迫自己去反思整个过程，找到缺点和问题去填补，找到自己觉得做得好的地方进行模板化、套路化、框架化、概念化，去升级你的经验，再有类似项目的时候，想想是不是可能做得更快、更好、更顺利。

除了总结更需要提炼和提升

对于职场工作的成年人而言，其学习和能力提升的核心不在于多看或者少看了几本书、多听或者少听了几节课，而在于他是否有实践的机会，并是否能够在干完活、解决问题后实现长进和提升。

许多人说我也会总结，但为什么没有提升呢？传统的总结有价值，但通常欠缺了提炼的过程，让这个价值大打折扣。真正的总结提炼的核心在于提炼和提升，是非常不容易的，需要你能够超越自己的具体实践，把实践的过程和成果提升到理论的层面，这里面其实需要更深刻的思考，需要你有较高的概括能力，才能够真正达到较高的水平。同时，这个过程也涉及学习的部分，你总结提炼的东西一定是对的吗？你提炼的内容还需要与前人的理论进行对比，确定是否合理，是否还可以更深层次地提高，只有这样才能让总结真正有价值。

提升源于对所学、所做和所思考内容的总结，在实践后会发现所学知识是否适合新的环境，所思是否符合客观现实，所做的结果是否与自己的预期吻合。这个过程其实是一种对自己亲身经历（学习、思考和实践）的检验、对照和发现，是需要提炼、概括、判断的抽象和深入反思的过程。

总结提炼的能力是每个知识工作者必须训练的基本能力，这种能力的获得是没有捷径的。

首先是意识，要有完成任务才是学习和个人长进开始的认识，不要认为事情做完了就已结束。

其次是不断地尝试，刚开始试图去总结提炼时，可能不知道做什么，即便提炼出来的东西也是浮于表面，无法深入事物的本质，不要着急，你可以跟其他人的总结提炼去比对，分析自己差在哪里：是因为解决的问题数量太少还不足以产生出规律来，还是因为问题界定有误、欠缺概括能力或者自己思维的全面性不足够？找到问题后并要改正。

随着总结能力的提升，总结的结果就可以指导你以后做类似事情，也会成为你带团队、教会别人的资料，你的个人能力也随着提升！不干活不成，但仅会干活的人会沦落为"机器"，没有人会认为一个机器需要升职和涨工资。所以，要干活，更要通过总结提炼而超越干活！

基于我们的研究和实践来看，每个人在实践后需要总结、提炼的无外乎以下三个方面。

第一，人的方面

在老子的《道德经》第三十三章中说："知人者智，自知者明。"相传刻在古希腊德尔斐的阿波罗神庙的三句箴言之一，也是其中最有名的一句就是"认识你自己"。在古文明中,无论是欧洲还是中国,都认为了解、认识自己是个人修为的核心。

认识自己的方法有很多种,甚至一些宗教里面也都提供了不少方法。但对于现代人而言,对自我的认识、了解不能仅仅来自于个人的反思和冥想,而是建立在实践基础上经过验证的自我认识:你认为的自己跟在实践中验证过的自己是否是一致的,你对世界的认知、见解和判断是否正确一定需要实践来检验,这也是辩证唯物主义认识论的观点。

德鲁克在自己的著作里面曾经介绍过欧洲的两个宗教组织采用的一个很好的方法:"每当他们要做任何重要的事时,譬如说进行一项关键的决策,他们被要求把预期的结果以书面形式记录下来。9 个月以后,他们必须按照预期结果对实际结果进行反馈分析。这样,他们很快就能知道自己在哪些方面做得很好,自己的优势在哪里,并且也能知道自己必须在哪些方面抓紧学习以及必须改变哪些习惯。最后,他们还能知道哪些方面自己缺乏天赋并无法胜任。我自己采用这种方法至今已有 50 年了。这种方法能够揭示一个人的长处(一个人能够了解自我,这可是最重要的事),并且指出哪些方面需要改进,需要哪种性质的改进,以及没有能力做的事和甚至不应尝试的事。一个人能了解自己的长处,知道如何发挥自己的长处和自己无法胜任的事,这可谓是继续学习的关键。"

除了对自我进行反思分析,现代人的大部分任务都需要跟人合作才能完成,所以对于人的方面的总结还涉及对他人(同事、外部的协作者等)进行分析。对管理者来说,对被管理对象的深刻理解也是提升个人领导力的基本手段,只有深刻地理解同事的优劣势、性格甚至包括思维方式,才能够进行有效的分工、授权和合作,便于充分发挥每个人的特长,最终实现目标。

第二,事的方面

完成任务、负责或参与项目都是解决具体的问题,在这种实践中除了人的因素,是否掌握了完成事情的方法,是否注意了客观环境的差异性,是否能够随着要求、需求的变化而变化都是影响事情完成的核心因素。

对于个体而言,总结和提炼首先要去分析事情的结果是否符合预期目标,大致分几种情况:符合目标、比目标做得好、比目标做得差、任务或者项目发生了变化没有执行完毕。无论是哪一种情况,都有可以总结和提炼的地方,也有可以提升的地方。

符合目标。如果完成了目标可以考虑是否能够提升，是否可以把完成任务过程里面的认知、方法和工具标准化、结构化，做成模板、框架、模型，便于以后套用。如果不去做这些总结和提炼，下次再做类似事情的时候仍然会无章可循，很难保证每次都达到目标。

比目标做得好。需要去分析是否目标定得合理（有许多故意将目标定得很低，这样每次都能超额完成）、超额完成目标的经验（认识上的、决策上的、方法上的，还是因为外部因素），然后有优势的、创新的地方（流程、方法等）争取能够做到套路化，便于以后套用。认识和决策上的经验需要记录、内化，便于以后借鉴。

比目标做得差。分析是否目标有问题，如果有问题，那么制定这样的目标后面的原因是什么（个人认识问题、外部问题等）；执行过程存在的问题（认识、决策、方法、外部因素等），需要汲取的教训是什么，未来如何规避。即便是没有完成目标的任务和项目，也是能够获得经验的，这些经验亦需要总结和提炼出来。

任务或者项目发生了变化。这其实也是经常存在的问题，随着形势的变化当时的任务或者项目已经没有必要而被取消、属于其他的任务或者项目被合并、资源短缺被终止等等，这些情况都有可能发生。对于这样的任务或项目，通常不是操作者能够决定的，但参与的过程仍然有价值，在这个过程中的思考和尝试，也应该被总结和提炼，便于未来可用。

你的能力提升和展现都需要在完成任务和项目中进行，所以总结、提炼最核心的部分在于能够有机会做更多有价值的事情，并在做的过程中和结束后都能够让自己跃升一步。

第三，机制的方面

每个知识工作者其实都是在既定的环境中生存和发展，所以对你身边的环境的认识和适应是个人能力的重要方面。我们每个人都是"戴着镣铐跳舞"，对于我们有能力去改变的地方就应该勇敢地去做，但对于时机不成熟或者不可能改变的我们只能去认识、理解和利用它。

在实践后的反思和提炼环节，除了人的方面、事的方面，还需要包括你所在环境下机制的方面。对自己所面临机制进行分析，找到可以利用的地方，规避它们的缺点和问题。譬如在一种环境里面可能会支撑你做一项伟大的研究，允许你三年什么成果也没有，期待你最后能够一鸣惊人。但在大部分环境下，如果你想要做一个伟大的产品和服务时，除了心里要有这个伟大的目标，你还要在这个过程中去产出让你的领导能看到并认可的成果，否则可能连半年没到项目就被终止了。在实践中你要去总结提炼你所在环境的优劣势，为你自己争取发挥才能的更大空间。

人的长进需要读书和思考，更需要的是干活和完成任务、解决问题创造价值。在干活和完成任务的过程中除了验证你所学所思的正确性和客观性，也会促进你学习更多情境知识，了解实践的多样性和复杂性，从而真正提升能力。但这个过程并不是自发完成的，总结和提炼是其中极为重要的一环。

具体来说，总结和提炼的步骤可以按照以下五步走。

第一步，回顾任务和项目开始前的目标，最起始的时候希望达到的目标和期望是什么？在实施任务的过程中，我们常常会忘掉目标，只记着往前走就会迷失，这也是大家常常说"勿忘初心"的原因。

第二步，评估最终结果，与初始目标相比，哪些达到哪些失败，让自己引以为豪超出预期的是在什么地方、自己不够满意的又在什么地方。

第三步，分析原因，事情做成和没有做成的根本原因是什么，包括以上提到的人的方面、事的方面、机制环境的方面。这一步是最难的地方，因为每个人都会有弱点，而真正的自我批判是痛苦的，承认自己没有想象的那么厉害也是只有少数人才能真正做到的，通常评论他人容易解剖自己太难，能否站在客观的立场上看到自己的短处甚至弱点对每个人都是一种考验。在这个步骤中，如果有机会可以邀请可信任又真诚的导师和朋友站在第三方立场上帮助自己。

在这个阶段最容易犯的错误是将个人的问题归咎于机制环境的问题（这里面跟个人的心智模式有关），因为将过失归咎于外部，自己就不用自责，也无须为下次做得更好而去提升了。京东集团的创始人刘强东说过："过去很多人失败的时候说，政策的变化，市场的变化，消费者需求的变化，技术的发展，等等导致了失败，都是瞎说，最终都是人不行。"这样的说法虽然有点简单粗暴，但应该成为真正追求卓越人士的认知：核心是提升自己、顺应环境。柳传志也提到："自我剖析的时候，要客观，要能够对自己不留情面。自我剖析是去分辨事情的可控因素，搞清楚到底是因为自己掌控的部分出了问题，还是别的部分出了问题。"

这个过程并不容易，因为真正的总结和提炼要求你能够客观地评价个人、他人、项目和任务，能够真正地对自己进行剖析，深挖自己的认识，发现自我的优劣势，这其实对于个人来说并不舒服。但正是这样的不舒服，才能够让你去实现提升。

第四步，总结经验、提炼规则而实现自我提升。大部分人每年都会写年终总结，而大部分人其实根本不记得自己上一个年份的年终总结写的是什么，因为这种状况通常是为了应付管理者。

但个人没必要去忽悠自己，如果你真的想去做总结和提炼，你必须明白它的目的是为了帮助你了解自己并改进和提升，为了下次再做类似事情的时候能够高效率而不犯错，写过程的流水账不是目的，而是要发现完成工作过程中规律性的东西，你必须在概括现状和过程后能对这些进行深入的思考，能够进行更高层次的提升：提炼成可以指导未来工作的规则、框架、模型。而且当你提炼出这些成果的时候，还得去验证，因为你自己总结的不一定是正确的。验证可以通过互联网看看之前的人们有没有类似的经验和教训，可以反思你总结提炼的结果是普遍性还是孤立的个案。普遍性越高，证明其可应用范围越大。

第五步，持续总结、提炼、验证、提升。很多时候做一件或者几件事情，没有人可以总结出一套规律来，如果能发现其中的规律性，必须有较多的例子。所以总结提炼不是一次能够完成的，而是不断循环的：这次总结提炼过程可能要结合上次同类型任务和项目，甚至很久以前的，提升的高度也不是一次完成的，而是每次能够进步一点，但日积月累就能形成规律性的东西。

当总结出相关规则后，还需要去循环验证、对比，是否符合逻辑和现状，是否可以复制到更广的范围、是否具备普遍性等。

关于总结和提炼的结果，基本上都可以归到套路的范畴，关于这一部分在本书的思维篇有专门一节进行论述。但需要注意且一再强调的是，并非你做一件事情就能够总结出一套规律性的东西来做成模型、结构和框架。能够结构化可复用的经验总结，需要你经历更多的实践，更多的深刻思考和提炼才能够完成。

总结和提炼作为一种方法，在应用时要注意以下几点。

（1）及时总结，每次提升。完成一件事情过了半年再总结，估计每个人都会忘掉当时的具体情况而自我美化和歪曲，所以总结提炼一定要完成后就做，争取每次有一点点提升。

（2）循环总结提炼，而非一事一议。个人长进的过程并非一件事情而是所有的事情结合在一起发挥作用，所以总结和提炼也不是仅仅对一件事情，而是在总结某件事情时能够回溯到之前跟这些类似的任务或者项目，在你所有的类似实践中发现持续存在的问题、总结出可以指导未来行动的策略。

（3）验证你的结论。许多时候，你总结的自认为是规律性的东西不一定是对的，可能是你所不了解的因素影响所致。对于你所得的结论和提炼的规则要谨慎，海底捞火锅的创始人张勇讲过一个他们公司的故事："我曾经见过一个小伙子，干得可起劲了，干完自己的本职工作还跑到别处去帮忙，干完这个干那个。我说这是个好苗子啊，要提拔他。结果我们杨总说，不用提，他已经辞职走了。"

为什么啊？

真相是这样的：吧台那边的小姑娘已经明确告诉他了，"不要在这儿这么表现了，我已经有男朋友了"。——他不是为了海底捞在奋斗，他是为了吧台的小姑娘在奋斗。

"你看，我想了那么多激励措施，做了那么多亲情化举动，还跟他们讲情怀和梦想。他们告诉我说他们也都听得懂啊，但事实的真相不是这样的。"

（4）在总结提炼后你得出的结论一定要去验证。验证是否符合你所在的环境并在实践中取得成效，只有经过实践的检验才能发现你的结论是否真实、客观、全面；验证他人有没有类似的经验和体会，如果你认为自己发现了一个世界上没有人知道的秘密，那八成是一种臆想。只有经过验证的内容才能具有普适性，才可以指导实践。

关于总结提炼，我们设计以下的模板（见表3-2），供你在完成任务和项目后进行反思时参考。

表3-2　总结提炼模板

类　型	预　期	结　果	原　因	规　则
人的方面	自己			
	他人			
事的方面	流程步骤			
	方法与工具			
	资源支撑			
机制的方面	内部			
	外部			

行动指南

关于实践的清单

（1）干活是成为专家的终极武器，任何领域的专家都曾经解决了很多困难复杂的问题，也干过不起眼的工作。在这个过程中，他们掌握了解决陌生问题的能力，并具备了对大部分问题的直觉。

（2）知识是前人经验的总结和提炼，具备客观性、普遍性和抽象性，要真正地掌握必须经过实践这个环节去验证。仅仅看懂了或者会做练习题都不算掌握，因为具体的工作和问题场景多变，你还需要去掌握这些情境知识，知道在什么场景下用到什么知识。

（3）思维能力也只有在完成任务和解决问题中被检验和提升，你想的对不对需要实践检验。在这个过程中，你要学会修正自己的思维方式和技术，离开实践的思考就是空想。

（4）对于重复项目和创新型工作，要解决的问题和完成的任务是不相同的。你不能指望在重复型工作中能够积累创新型工作的能力。

（5）大部分知识工作者的工作场景，很难满足和具备刻意练习所需要的限定条件，所以真正的练习一定是通过做项目和完成任务才能实现的，而且越复杂困难的项目越有效。但可以借鉴刻意练习的思想。

（6）很多人是被所谓的好工作耽误的。许多所谓的好工作只不过是埋葬你才华的大"坑"，事少钱多离家近，公务员、央企、外企、BAT，这些听起来都很好的单位，却可能成为阻碍你发展的瓶颈。从个人长进角度而言：能够提供适合自己发展所需要的实践机会的机构才是你的好单位。

（7）只有把基础的、基本的工作做好了，才能让别人相信你具备做更复杂工作的才能。没有人喜欢长期做简单重复的工作，但简单重复的工作对个人长进却是必要的。要想赢得做更有价值工作的机会，你得证明自己有干好这些工作的潜质。

（8）被动地等待他人的安排是进步的大敌，如果你愿意总能够找到做重要事情的机会：展现自己赢得信任，组织压担子、把别人的事当自己的事、果断跳槽、帮互联网上的人们免费解决问题等等。

（9）同样是干活，有的人干着干着成了专家，有的人却成了"操作工"。十年的经历却只有一年的经验，核心在于有的人只为干活而干活，而有的人在干完活以后还能够超越干活，提炼出干活的套路。

（10）没有总结提炼，你干多少活都没用。总结的对象是人、事和机制，在这个基础上，还要能够提升到更高层次才具有指导未来的价值。总结是回顾，提炼是上升，我们要求总结多上升少。提炼涉及分类、概括、概念等能力。

（11）一个在河南南阳农村干农活的青年却对国际形势了如指掌，并善于分析地缘政治这样的战略问题，这种人才和事情大致只能出现在小说中。再高深的功夫如果没有练习和长期强对抗的锤炼，在自由搏击的瞬间都会被 KO。

进阶

成为专家 5 个阶段的重点实践方法及内容见表 3-3。

表 3-3　各阶段的重点实践方法及内容

阶　段	方法及内容
专家期	判断任务和项目的价值，做更有创新的工作。培养人，去研究较低水平人们的需求，并为他们设计相应的指引。为同行业、同事总结提炼框架、模型和方法论
高手期	项目工作转化成重复工作，创新工作转化成项目工作，提升工作中套路化的比例，让大部分业务都有固定方法。勇敢地去做更复杂困难的事情，每一次复杂大型项目的煎熬都是成长的绝佳时机。总结提炼到本质为止，用更抽象的语言描述你的工作
胜任期	提升完成任务和项目的效率，尝试套路化做事情的方式。站在更高层次上考虑任务和项目：为什么要做，是否有更好的方法。量变才能质变，争取机会做尽量多的项目，熟能生巧
新手期	不怕事情小，每个都做好，做完后还去思考。除了观察还要主动向前辈请教，总结每次的得失
探索期	尝试尽量多的实践机会，每个机会都争取比较深入的参与。思考所参与活动的目的和价值

思考

（1）对你当前所负责的工作，能否选择其中的一项职能用一页纸画出来，让一个新手看了这页纸就可以学会？

（2）在你当前所处的工作环境中，阻碍你获得有价值工作机会的原因是什么，如何赢得从事更多有价值工作的实践机会？

第四章

思　　维

思考是连接知识和实践的纽带，既要会干活又要能思考。只有知识不会思考的人是"移动硬盘"，只会思考而欠缺知识的人也只会胡思乱想。

据说，当托马斯·约翰·沃森还是 NCR 公司的高级销售主管时，在他召集的销售会议上，很少有人主动发言，被要求发言的那些销售人员也是搪塞了事，当有人发言时其他销售也是心不在焉。这样的状况让沃森十分恼火，事情终于在又一次冗长的会议快结束时爆发了，他问这些销售人员为什么不将自己真正的想法说出来，如果有不同想法为什么不提出来？

这些销售人员懒洋洋地说他们已经习惯了接受会议的决定，再说自己是个普通销售，只要多跑客户就能签单，勤动嘴、多跑腿就成了。沃森沉吟了半晌，突然大步走到黑板前写下了一个很大的"Think"。他转过身来对大家说："不！我要请大家注意，作为销售人员，我们不是靠跑腿、动嘴，而是靠动脑才能赚到薪水的。我们共同的缺点是，对每一个问题都没有充分地去思考。"

沃森后来创办了一家公司——国际商业机器公司（IBM），并将这个单词"Think"带到了 IBM，成为 IBM 人百年来遵守的箴言。据说知名的笔记本电脑品牌 ThinkPad 就来自于这里。有意思的是，1996 年，当乔布斯重返正处于低谷的苹果公司时，为了鼓舞士气和重建形象，他花重金为苹果设计了一个划时代的广告，在展示出包括爱因斯坦、爱迪生、毕加索等杰出人物之后，推出的广告词是"Think different"：需要思考，更要不同的思考！

著名篮球明星姚明在自己的职业生涯中之所以取得较高的成就，除了他的自身条件、天赋、科学的训练，"用脑打球"也是专业人士认为他之所以成功的原因。

任何领域的专家除了在专业上积累了海量的知识，他们还在具体的实践和学习中锻炼了自己的思维能力。这种能力使他们能够在面对简单问题时直击要害，通过直觉和判断快速解决问题；面对复杂问题时不急不躁，通过缜密的分析将问题简化，找到合理的解决方案。更重要的是，这种能力也让他们保持旺盛的好奇心和斗志，从不满足且持续精进，从而能够走过从新手到专家的漫长、艰苦和孤独的历程，真正在某个领域有所成就。

在成为专家的过程中，思维上的修炼包括以下三个层次。

层次一：思维的基本活动

对于思维的最简单理解，就是为达成特定目的，将已有知识运用于实践的认知活动。从这个定义可以看出思维的重要性，它是连接知识与实践的纽带。要想提升个人的思维能力，前提是必须熟练掌握思维中最基础的活动：分析与综合、比较与分类、概括与抽象、推理与判断等。

这些能力是人们思维活动的基础，也是思维的基本功，如果在这些能力上有所欠缺，那么其他高层次的思维活动则很难展开。在其上的逻辑思维能力、批判性思维能力、直觉、顿悟等思维方式，则是我们学习和工作中接触比较多的内容，各种思维方式各有各的优缺点，适用于不同的场景。

层次二：思维模式

思维模式是个体看待事物的角度、方式和方法，它对人们的言行起决定性作用，也被称为心智模式。思维模式受文化影响较大，譬如东西方的思维模式不同，也跟个人的认知有关，认知影响甚至决定着个体的思维模式。

中国人看印度阅兵，当叠罗汉的摩托车飞驰而过时我们总是带着不解，搞不清楚这种阅兵是要展示什么，因为这种形式太像中国的杂技表演。但在中国人的认知中，杂技表演这样的活动是不适合出现在国庆日阅兵这样严肃场合的。类似的情况在生活中也存在着，两个人结婚后对方总会有一些活动和想法让你觉得不可理喻，认为完全不能沟通。这背后其实都是思维模式的影响，而每个人的思维模式则受到他所生活的国家、地区、社区、教育和家庭的影响。通常我们说的原生家庭对个人的影响，其实是在说你的家庭在你个人思维模式上打下的烙印。除了受外部的影响，思维模式也跟个人的性格、价值观和自我反思的能力紧密关联。

层次三：思维技术

思维技术指在解决具体生产和生活问题时产生出来的被验证、可重复使用的思维层面的方法、框架和模型。譬如金字塔原则来自于麦肯锡公司的咨询实践，经过总结和提炼，已经成为全社会可以借鉴和采用的，用来分析问题、寻找解决方案、用语言和文字表达思想的一种方法。

思维的三个层次之间，思维技术是跟工作结合最紧密，是处理具体问题时会用到的手段和方法，而思维的基本活动则是我们思考的基本功，没有扎实的分析、综合能力，不知道比较和分类，欠缺概念能力等，你根本不可能真正掌握思维的技术。而思维模式则决定了你看世界和问题的角度、努力的方向和目标，具有战略性。

本章将就这三方面的能力进行阐述，对于市面上已有较多书籍和文章说明的内容，将不在本书展开。譬如逻辑思维、批判性思维、逆向思维等都很重要，但关于它们的论述已非常多，你可以自行查阅相关资料。按照重要性和基础性的原则，将在下面三个部分中对成就专家具有核心价值的内容进行陈述。

理解思维的本质

这是一个段子，中央电视台的美女记者在大西北采访一个十几岁就失学放羊的孩子：

"你每天干什么？"

"放羊。"

"放羊为了什么？"

"挣钱。"

"挣了钱呢？"

"娶媳妇。"

"娶了媳妇呢？"

"生娃。"

"生了娃，让他干什么？"

"放羊。"

……

这种杜撰出来但却很生动的对话，在不同人的眼里会读出不同的意思。也许女记者心里会问，为什么在青春期的孩子眼里没有爱情、财富、社会贡献，他难道不向往美丽的爱情，不希望实现财务自由，难道就不希望在社会上有一番作为？

如果这个孩子愿意跟这位女记者敞开心扉，估计要让这位记者失望了，因为在放羊的孩子心里可能根本没有爱情、财富、价值这样的词，这样的词太抽象了，他们不懂也不感兴趣。而他们能看到、感觉到的是具象的东西，人民币是红红绿绿的，可以买吃的喝的，可以建房起屋，可以作聘礼才有人愿意跟自己结婚；媳妇是一个女人，但高矮胖瘦、漂亮与否这都不重要，只要能够生孩子，孩子可以传宗接代。

能多大程度上理解抽象事物，是否能够将自己的经验和体会抽象成语言文字，这些是受教育程度的一个简单测量标准。幼儿园和小学低年级阶段学习算数的时候都要用教具，用小棒、手指头、脚趾头来辅助理解。到小学高年级老师就要求孩子们总结段落大意、中心思想，到初中就开始学习代数、几何、物理，这些内容就更加抽象。随着升入高中，大部分课程内容都已经是抽象的了，在这个过程中孩子们的成绩就开始分化，不能适应这种抽象层面训练的就去读技校，技校相比大学更加具象：车铣刨磨、零件部件都能看到、摸到。

所谓的爱情、财富、抱负、治国平天下，这些都属于抽象内容，没有读过很多书的孩子其实欠缺这方面的理解。即便同样大学毕业的人，这里面的能力也有差别，理解具象的内容更加简单、容易，而对抽象内容的理解则要困难和复杂很多。这也是为什么许多人读不完一本书，却可以看很多电视、电影，因为图像比文字更加具象。这也是为什么让孩子阅读比看电视更好的原因，阅读的过程可以锻炼他们的抽象能力、想象能力，而理解画面则很少需要抽象和想象能力。

思维，是一种在大脑内发生的抽象而复杂的活动，它更关注事物的本质和规律性的东西，而自动忽略细枝末节。专家之所以对他所在的领域有深刻和精到的认识，能够解决复杂困难的问题，不断产生创造性的想法并付诸实践，除了在该领域大量的知识积累，还依赖于其个人的思维发展水平。

传统的心理学将人的认识活动分为感觉、记忆与思维，而思维是认识的最高级形式。眼睛看到的、耳朵听到的，这些都属于感觉，譬如下雨时雷鸣伴着闪电，正常的人可以用眼睛看到闪电划过天际的亮光，耳朵能够听到雷鸣的声音，这属于感觉。但为什么下雨的时候会有闪电和雷鸣，光靠表象（声音、形象）无论如何也搞不清楚。这个时候就需要思维。我们学过物理都知道刮风是空气流动的结果，下雨是水蒸气在高空中遇冷凝固造成的，这就解释了下雨刮风的本质，所以思维是人脑对客观事物本质属性及事物之间规律性联系的概括、间接的反应，但要反映这些关系（事物本身、事物之间），则必须以知识为中介，如果没有知识，是不可能搞清楚这些关系的。

人类有了思维，不仅仅可以搞清楚那些可以看到、听到、闻到（感知）的事物，也可以认识那些可能永远不可见的事物及它们之间的关系。譬如光速是每秒30万千米，我们没有人有机会见到这样运动的物体，但这并不妨碍我们对光这个事物本质属性的理解。

思维是认识活动的高级阶段，也是人类区别于其他动物的一个重要特征。在生活和工作中，能否解决困难复杂的问题、能否进行创新与创造，跟人的思维发展水平关系很大。

从信息论的观点看，思维是一种大脑对于输入（信息）与大脑内既有的知识经验进行处理的心智过程，这个过程中涉及分析与综合、比较与分类、抽象和概括、判断与推理等活动。所以，思维是以已有知识为基础的，如果你没有相关的知识，即便思维能力很强，也很难得出客观的结论。

在成为专家的过程中，思维的各项活动都会涉及，但由于这些内容的相关论述已经非常多，所以本书主要探讨几项最为核心的思维活动：知识与思维、概念能力、分类能力。

知识与思维的紧密结合

从 20 世纪末到现在，外语专业大学毕业生思维能力欠缺的研究成为一个热点。如何在外语教学中发展学生的思辨能力成为国内外语教学界长期关注和研究的问题。许多研究者忧心忡忡，"外语系的学生遇到争论需要说理的时候，常常会脑子里一片空白，觉得无话可说；或者朦朦胧胧似有想法，却一片混沌，不知从何说起。"这种现象被称之为"思辨的缺席"。

其实，不仅外语专业的学生缺乏思辨能力，各专业的学生都存在这样的问题。之所以外语学院的学生在这方面表现得尤为突出，根本问题不在于他们的思辨能力比其他专业弱，而是因为思辨能力的基础是具备系统知识或知识框架，只有积累了这个领域的知识体系和框架才可能真正产生思辨。外语专业学生之所以思辨不行，核心原因在于他们所获取的知识缺乏系统性，这与我国对外语专业的定位有关，以英语专业为例："高等学校英语专业培养具有扎实的英语语言基础和广博的文化知识，并能熟练地运用英语，在外事、教育、经贸、文化、科技、军事等部门从事翻译、教学、管理、研究等工作的复合型英语人才。"这是技能的定位而非知识体系的定位，譬如地球物理专业的本科生有一套专业的知识体系，但外语则没有，就因为欠缺知识体系，所以导致思维能力较差！

当然，如果仅仅具备知识而不具备思维能力，没有能力去分析具体的场景和问题，无法将复杂的问题分解，无法明确问题解决的目标和路径，那么你掌握的知识根本没有用武之地。

所以，真正的专家在知识数量和质量上一定有大量积累，同时具备较高水平的思维能力，能够透过现象看到本质，形成概念并进行有效的判断和推理，而后得出结论，并最终解决问题。关于这两部分的关系，在本书第一章中有分析，不再重复。

用概念能力看透事物的本质

如何做到看起来很深刻

对于百度做 O2O 业务的初衷，百度公司创始人李彦宏是这样解释的，当百度决定开始做电影票业务的时候，他们发现在工作日电影院的平均上座率只有 15%。"通过 O2O 我们很快可以填满那些空着的座席，将影厅上座率提升到 50%～80%。对于餐厅业务也是如此，O2O 可以将经济变得更有效率。"

听了这样的解释，我们才明白送盒饭、卖电影票原来可以提升社会的运营效率，这也是一件很厉害的事情啊！

以写小说出名的跨界高手冯唐，坦言自己真有当导演的打算："做导演是有可能的，毕竟交给别人我怕表达不了自己作品中想表达的东西，还不如自己上。原来我担心自己不专业，不过通过这几次与影视剧的接触，我发现导演很大部分的工作是需要做判断，我觉得我可以尝试。"

在互联网金融最火的时候，中欧工商管理学院的许小年教授认为，互联网金融要解决的问题是金融业的核心问题，而不是互联网的问题。"金融业的核心问题是什么？金融最困难的是什么？是风险，是信用评级。"许小年教授认为，互联网可以助互联网金融企业降低获取信息的成本，但是它不可能改变整个金融业的性质，金融业的难点就是在信息不对称的情况下，很难识别风险和控制风险，这就是金融业的实质。

著名管理学者包政教授为"包子堂系列丛书"写的后记《献给我的导师徐昶教授》中提到，徐昶教授穷其一生想弄明白企业管理的核心问题：

"徐老师最终弄明白了，企业管理的核心命题是分配，是利益的共享。一个企业乃至一个社会，如果不能与创造者共享利益，就不可能从根本上唤起全体成员做贡献的意愿。也弄明白了，企业管理是实践，即便是宝钢这样的成功经验，都不可能简单地移植到玉溪卷烟厂。其中涉及人与人之间的关系，涉及组织及其文化。"

效率、判断、风险、分配，这些词汇都很常见，大学一年级学生都懂的词。但用在上面的语境中给人感觉很深刻，为什么呢？

世界纷繁复杂，很是热闹。但这些高手却用一个词语概括出了本质！

仿佛一夜之间，人们在北、上、广、深等大城市看到满大街的自行车贴着二维码被骑着四处穿梭，他们都叫自己 O2O，许多人仅仅看到了这个领域的热闹，但估计大部分人没想过 O2O 背后是在提升社会和经济运行的效率，所以当李彦宏说出来的时候我们觉得很深刻。

国内外的导演性格迥异、工作方式多样，但他们最核心的工作是判断。冯唐说了出来，我们觉得抓住了本质。互联网金融火的时候，涌出来上千家公司，然后就是各种互联网金融公司跑路的新闻。这些公司洗劫了许多中国大爷大妈的口袋，原来金融背后是风控！

讲企业管理的书汗牛充栋，许多人都读过德鲁克"管理是一种实践"的书，但可能大部分人没弄明白企业管理的核心命题是分配。

之所以觉得他们的表述深刻，是因为他们透过表象抓住了事物的本质，用一个概念给点了出来。

什么是概念

小明在作文《我的理想》中写道：

"虽然我才上二年级，但一定要好好学习。只有好好学习，将来才能买得起变形金刚、乐高的玩具，这些玩具都很贵，我妈不舍得给我买。

"然后玩具买多了，得有地方放，我们家租的那个房子根本装不下，那就得买套房子。最好能买套像小丽她们家那样上下 3 层的房子，还要养一只狗。

"妈妈不在家的时候，爸爸总爱看那些穿着翅膀衣服的阿姨。将来找女朋友我也找那样的，我们班的小花长得太胖了，一点也不好看。"

老师的评语是：写得好，金钱和美女，老师也喜欢！但建议改成事业和爱情。

这其实是一个笑话，里面说的金钱、美女、事业、爱情都是概念！

2016 年 11 月 9 日下午，第 72 期"朗润·格政"论坛在北京大学国家发展研究院举办，两位著名经济学家林毅夫和张维迎在北京大学朗润园进行了一场可以写入历史的辩论。这两位的辩论由来已久，只不过之前是在文章、论文上"打来打去"，这是第一次面对面的"较量"，他们辩论的主题是"产业政策"。辩论很有意思，林毅夫首先开讲，在说完客套话后接着说，"在准备这个报告的时候，他们给我一个任务，请在讲你的看法之前先定义一下什么是产业政策，我想定义是非常重要的，不然会各说各话，谈论过程当中就没有激情。"然后就讲他关于"产业政策"的定义。张维迎的发言也是这样的节奏，上来就说"首先澄清两个基本概念。第一个是关于产业政策的含义……"

概念除了让人深刻，还是所有讨论、研究、交流的基础，如果双方没有概念上的共识，即便用同样的词汇，其实也可能说的不是同一件事情。

概念可以促进记忆

传统的心理学认为，记忆可以分为短时记忆和长时记忆。短时记忆遵循七加减二的原则，长时记忆则是人类最大的硬盘，几乎可以储存一个人关于世界的一切知识，也不会出现硬盘不足的问题。长时记忆又可以分为情景记忆和语义记忆。情景记忆就是跟事情发生的环境紧密联系的记忆，比如记住过去某个时间、地点的特定事件。著名学者汪丁丁说过一个他关于情景记忆的例子。"我年轻时（1971年的某一天）在月坛公园晨读，突然从浓雾里显现出一位老人。他坐在我旁边，闲聊了一会儿，临走时告诉我一句话。晨读的内容早已忘记，但老人的这句话我记了一辈子。"

情景记忆的内容是有限的，而且在我们的学习过程中也很难创造出大量的情景促进记忆，所以大脑记住的大部分是一些事实、概念、定义、定律、框架结构模型等的文字性的内容（被称作语义），我们在学校学的也大部分是这种内容，这种记忆被称为语义记忆。

语义记忆里面最被熟知的有两个模型，第一个叫语义层次网络模型。这个模型将概念按照逻辑的上下级关系组织起来，构成了一个有层次的网络结构，即分级存储。根据模型的经济原则，每一级只存储该级概念独有的特征，比如"鸟"这一级概念只存储"有翅膀""能飞""有羽毛"等关键词，而不存储"能呼吸"等所有动物共有的特征。如果需要从语义记忆中找信息进行判断，只要沿着连线进行搜索就可以。例如要判断"金丝雀是鸟"这个句子，只用提取"金丝雀"这个概念然后沿连线往上级层次寻找"鸟"的概念，如果找到这个概念，则判断为"是"。

这个模型有优点也有缺点，优点是如果我们判断"麻雀是鸟"比"麻雀是动物"更快，因为动物比鸟高了一级存储。但缺点是在判断"麻雀是鸟"和"企鹅也是鸟"时，前者更快，但其实他们是在一级上，这个模型就不能解释了。

进一步的研究发现，人们记忆和提取知识的时候，除了层次性，还有一个问题就是联系的强度，日常或者工作中使用频度越高（从小我们就知道麻雀是一种鸟，但只在动物园里看到过企鹅，前者的频度更高），强度则越高。而强度越高，反应越快。这就是长时记忆里面的另一个模型：激活扩散模型。

心理学关于记忆的研究发现，人们在记忆的时候，按照概念形式进行的比较容易记住。所谓的知识体系也是概念的关联。在记忆上高手与新手的区别是，新手脑袋里存储的更多的是现象和零散、片段的知识，而专家的脑袋里更清爽，因为他的头脑中知识存储的方式是概念和观点——更大更抽象的概念。他是从上到下的存储和利用，而新手则相反。

高手和专家在记忆和利用时更关注本质和根源，他们解决问题时从根源出发推导；而新手则纠缠于细节或者较低层次的概念，从具体点入手。

如何形成概念思维

虽然每个人从小学就开始学习各类概念，但概念思维却是对事件、事物和思想有深刻洞察后才有的，通常可以在高水平的专家身上发现这种能力，这种能力也是一个人思想是否深刻的外在表现。

在学习时能否将繁多的事件、事物、现象、问题用几个基本概念统领，能不能将一本书甚至一个专业用几个概念表述出来，这是测量是否真正学会和掌握的方法。在解决具体问题时，能否从更抽象层面（大的概念和观点）出发，同时在分析问题时能忽略各类干扰，直指问题核心，也是概念能力高低的表示。前面提到的李彦宏、冯唐、许小年和包政的导师，他们无疑都是各自领域的翘楚，通过他们的语言和文字我们可以窥探到他们也在自己关注的领域进行概念思考。

那如何能够做到概念思考，并形成自己的概念能力呢？

第一，虽然读起来会很费劲，但要想提升自己的概念能力，你必须静下心来去读经典的理论性的书籍。通过阅读这些书籍，才能知道有哪些成熟的概念。

中国人的概念大部分是关于具体物质的，这些具象的内容比较容易理解；而关于事情的、思维的相对"虚"的概念少，相应的这种训练也少。因此我们有必要通过经典的书籍补充这方面的基础知识，通过"遍历"来了解别人用的概念你是否已经懂得，是否跟你的理解一致。当你需要将纷繁复杂的事情总结成概念时，如果你已经知道前人成熟的概念就会相对容易，如果你不知道，需要自己定义一个"新概念"（这个概念对于你而言是新的），这样的难度则很大。

第二，在实践中要对概念有敏感性，遇到复杂问题时善于分类。解决问题的过程中，能够主动去多思考，不同维度的事情能否归于更高一级的概念中。

关于如何分类在下一节中进行详述，在问题解决的过程和结束时主动去想更高一级的概念是提高概念能力的方式之一。

当然，对于概念的学习和理解不是一次就能完成的，对于概念之间的关系建立也需要通过实践不断地打磨、反思与提炼（这个过程可能要持续数年）。只有经过学习、实践、反思、提炼这样的训练，并有意识地去做概念化的尝试，才能最后形成大的概念和观点。

譬如关于知识管理这个概念，许多人经常挂在嘴边，并且都认为自己知道。但怎么才算掌握这个概念呢？我们认为最少需要能回答下面的问题：

（1）是什么，不是什么？——许多人因为对知识管理的内涵不清楚，将跟知识管理无关的东西也放到里面来，造成范围不明确而乱套了。

（2）为什么要做，为什么不做？——如果知道前者，你可以写"知识管理必要性"的文章；如果知道后者，你还需要搞清楚知识管理与竞争、社会环境、战略的关系。

（3）谁适合做，谁不适合去做？——如果知道前者，你可以选择 KM 专业人员；但如果想知道后者，你必须建立知识管理人员的能力素质模型。

（4）什么时间适合做，什么时候不能做？——如果知道前者，可以明白知识管理实施的时机；如果知道后者，就不会在组织结构调整或者巨大变革的时候生硬地去推动，因为这个时候风险很大。

（5）如何做，错误的做法是什么？——了解知识管理实施和推动的步骤，你可能是一个新手；但如果你能知道全中国，甚至全世界知识管理实施的错误做法，并且能够简化成三点，那一定是很资深的专家了。

你尝试一下，如果真的能够很容易地回答以上的问题，是不是对知识管理的概念就基本掌握了。这个方法可以用来判断你是否真正掌握一个概念，就是是什么、为什么、人、时间、如何做，再加上一个否定词，看你是否都能清楚地说明白。

总之，要真正理解概念的内涵和外延，并能将不同的概念结合到一起形成框架、模型用来判断和推理、决策与提升，从而最终形成自己的概念思维，需要持续地从学习、实践、思维三个角度去锤炼。

分类能力让世界变简单

为什么要分类

在知乎上有人提了一个问题：电视剧里的枪是真的吗？

"在有些电视剧里能够明显看到枪里塞的是空包弹，那塞上真子弹不是就能打出弹头了吗？如果是真枪，在控制枪械如此严格的今天，是怎么做到不让这些枪流向社会的。抗日战争时的枪杀伤力应该是很厉害的，比警用手枪强多了。"

对于这样的问题该如何回答？最自然的想法是按照题主的思路说枪是真的或者假的，但这样回答都不能全面客观地描述清楚电视剧拍摄用枪的情况。在该题目下面各种说法都有，有的说真有的说假，有的说自己参加过拍摄知道真相等。但被顶到第一条的是知名演员张译的答案（这当然跟他是一位名人有关），他没有上来就回答真假的问题，而是先做了一个分类，他的回答最前面是这样写的：

"国产电影和电视剧，涉及用枪的戏，从故事背景上分，主要包括明清、民国、抗战、谍战、解放战争、现当代警匪、现代军事等。

"有人说国产影视剧百分百用假枪，这是不正确的。事实是真假参半，真枪归枪械组管理，假枪由道具组负责。"

张译先进行了分类，这个分类是按照时间维度进行的：从明清到现代，因为明清之前没有现代的枪械，这样的分类就覆盖了全部用枪的场景，没有遗漏。然后下面就按照这个分类展开，明清戏使用的枪是怎么样的、民国戏使用的是怎么样的……说了一大堆。

反观其他的回答，有的人了解的情况可能比张译还多，但大部分回答的却没有张译回答的这样清晰明确，并且覆盖到了影视剧中所有用枪的情况。

为什么呢？核心在于张译的这个分类，有了这个分类，后面的描述就显得有逻辑（按时间顺序）和全面（各个年代全覆盖）。这种方法其实可以用在我们的工作和生活中，当面对一个复杂问题搞不清楚时，如果能够进行符合逻辑的分类，其实这个问题已经解决了一大半：复杂度降低，分类后的内容已经属于自己熟悉的，相应的对策也就容易设计和构建出来了。

还有一个例子说明了分类的价值和意义：

1974 年，毛泽东主席会见赞比亚总统时这样讲："我看美国、苏联是第一世界。中间派，日本、欧洲、澳大利亚、加拿大，是第二世界。咱们是第三世界。""亚洲除了日本，都是第三世界，整个非洲都是第三世界，拉丁美洲也是第三世界。"

相信参加过历史考试的同学都还有印象，这三个世界的划分对于中国外交乃至世界外交意义深远，它是中国对世界外交的一大贡献。这也是历史考试一个必考点。

为什么简单地将世界上这么多国家分成三个世界就这么重要呢？因为其本质是对当时世界上的国家进行了另一个维度的分类。专家认为，将世界上发展层次和水平不同的国家分成三个世界，它的思想价值是这样的：

"毛泽东主席关于划分三个世界的正确战略，为国际无产阶级、社会主义国家和被压迫民族团结一致，建立最广泛的统一战线，反对苏美两霸和它们的战争政策，提供了强大的思想武器。关于三个世界的理论，是我国当时制定对外政策的重要依据。"

这个划分三个世界的战略不仅是当时制定对外政策的依据，而且直至现在都对我国外交改策有着指导和影响。

三个世界的划分本质是依据世界各国的发展水平、政治制度、历史和现实关系等进行的一个分类而已。但这个分类不得了，指导了中国外交很多年！这个分类也是一种对于处理国际关系领域的创新，为世界各国外交贡献了我们的智慧。

对于大到国家、小到公司、个人战略的确定，其前提都需要正确的分类，只有分类正确了，才能真正找到适合国家、公司、个人的发展目标和方向，才能确定合理的路径和步骤。所以说，分类对于知识工作者是最基础的能力之一，学习、实践的过程中都离不开分类的能力，能不能合理、恰当地分类是学习能力高低、能否解决复杂困难问题的核心因素，创新性的分类也是进行创新、生产知识的基础。

分类能力来自于哪里

在《辞海》里面，关于分类是这样解释的："分类：根据事物的特点分别归类。"

在学术界，有关分类能力的研究在幼儿园、小学比较多。认知心理学家研究发现，0～1 岁的儿童基本上没有分类能力，他们主要依赖于个体的感知；1～3 岁的儿童分类能力开始萌芽，但尚未形成"类"的概念；3～5 岁的儿童分类基本上仍然是按照形状、颜色等外在可感知的维度去区分。例如让幼儿园小班的小朋友将红色的塑料圆球、红色苹果和香蕉去进行分类，他们会将圆球和苹果分到一起，可能是按照外形（圆形）去分类，也可能是按照颜色（红色）去分类，但他们还不会按照功用（可食用）将苹果和香蕉放到一起。能够按照功用（可食用）分类是在儿童认识能力提升后才能实现的，分类能力的提升依赖于对世界认识的程度和相应知识的积累。

在 2008 年的《婴儿行为与发展》杂志上，Michelle Heron 和 Virginia Slaughter 教授描述了他们的一个实验：让不同年龄段的男宝宝和女宝宝给各种外形的汽车和布娃娃分类。

这些汽车和布娃娃既有形状普通的也有奇形怪状的。实验结果是，24 个月大的女宝宝不能按照布娃娃和汽车两种类别完成分类，但是 24 个月大的男宝宝则可以完成对汽车的分类，却无法完成对布娃娃的分类。

到 30 个月大时，女宝宝可以成功地对布娃娃和汽车进行分类，而同龄的男宝宝还是只能对汽车进行归类。

这个时候许多人就认为是性别影响了宝宝的分类能力，但 Heron 和 Slaughter 两位教授却不这样认为，他们认为宝宝在分类能力上的差异并不是因为性别，而是由于他们获得的知识经验不同。例如，男宝宝能对汽车归类可能是他们把更多的注意力集中到玩具汽车的颜色和车轮的运动上，而很少关注布娃娃的信息。

造成这种状况的原因是，宝宝的性别不同父母的养育方式也不一样。对于女孩，父母不仅会为她提供布娃娃一类的玩具，也会支持她们接触小汽车；而对于男孩，父母会尽量避开具有"女孩特色"的布娃娃等玩具。

这充分说明了分类能力与个体既有知识的关联程度十分紧密。

历史上，人类关于分类的研究最早集中在动物和植物。在中国的古代和古希腊时代，关于草木禽兽等生物的分类意识和实践就存在着，譬如李时珍遍尝百草除了发现药物，又何尝不是一种分类呢？在这种朴素的实践下，关于动植物的分类慢慢发展成一门专门的学科：分类学。但早期分类的主要依据外形，譬如根茎叶的形状等内容，建立在形态学基础上的分类学是生物学中最古老的学科，最早的界、门、纲、目、科、属、种基本上是从这里来的。通常我们讲的分类学（Taxonomy）

是指对生物进行识别、鉴定、描述、命名和归类的专门学科。

分类学的任务和目的可以分为两部分：第一部分就是物种的识别、鉴定、描述和命名，这是基本的，也是最为繁重的工作；第二部分就是归类和建立分类系统，为每个已鉴定的物种在分类系统中安排一个合适的位置。

类似于儿童从外形和颜色分类，发展到大一点的孩子可以根据概念分类。譬如，当孩子知道了"食物"的概念，无论什么样子的蔬菜，他们都会归到一类（食物类）中。人类在生物学的分类也是这样发展的，最早按照表型特征识别和区分物种，并按照表型相似的程度逐级归类，建立易于检索的分类系统，这就是表型分类原则。但表型分类的问题是没有揭示出事物的本质规律，许多外形差异很大的生物可能存在着亲缘关系，仅仅依赖外形的分类说明人类对于动植物的认识还不足够深入。例如，"猫是老虎的师父"，这样的说法是后来人们才认识到的，因为老虎也属于猫科；还有那句话"当我知道向日葵属于菊科时，我崩溃了"，因为向日葵虽然与菊花外形差异很大，但它也属于菊科。

随着人类的科技进步，生物的第二种分类原则出现了。这种分类原则是以建立进化谱系为目的的谱系分类原则，遵循这种原则的分类方法被称为谱系分类。谱系分类的代表就是"分支系统学"，它主张以进化中的分支作为识别和区分分类单元的标准，确定各分类单元谱系关系的依据，以所谓的共祖近度（类似于一群人对应一个爷爷）来衡量不同分类单元之间的亲缘关系，并确定其在谱系中的地位，最后建立的分类系统反映系统发生历史的进化谱系，而这是对生物关系更深刻的描述。换句话说，谱系分类的基本原则是分类系统与进化谱系相符合。谱系分类只适用于生物，不能用于非生物分类。

当儿童对事物没有经验和概念的时候，是没有办法进行有效的分类的。成人也是如此，所以分类能力既依赖于整个社会的科技发展和认知水平，也跟个体的知识、经验积累和概念能力相关。在你对一个领域理解还不够深入的时候，是不可能进行有效分类的，更不会产生创新的分类方式。

如何分类

世界很繁杂，充满着各种现象、事实和观点（真知灼见、谎言与欺骗），我们需要去抽取其背后的一致性，才能快速地认识和理解这个世界。而这个一致性就是分类里面的维度，三个世界的划分之所以是创新，是因为它找到了一个我们之前没有用过的关于国家的分类维度，在传统中对国家通常是按照地理位置（五大洲）、人口数量（大小国）、发展阶段、社会制度分类，而三个世界则是按照它们的关系进行了归纳分类。

思维里面的分析和综合，其背后都依赖于分类能力。分析是对同一个类别里面的项目进行更详细的研究，发现它们更细微、精确的差异，从而达到对事物进行更深刻理解的目的。从纷繁复杂的大量事物中看出其中某些事物之间更多的联系和更多的共同点，因而把它们分别归结到一起，使原来处于散乱状态的大量事物，形成系统，构成门类，这就是综合的能力。

分析和综合的背后都是分类能力，分析是在同一个类别里面找差异性，综合是在不同事物中找共同性，而这个共同性相当于分类的维度。金字塔原理也好、结构化思维也好，其核心都是分类能力。这也是为什么许多人学了金字塔原理或结构化思维，但由于没有积累某个领域大量的知识（陈述性和程序性知识、情境性知识）和不具备领域内的概念能力，因此仍然不会分析和解决问题。

举个例子。王铁柱是一个"三本"大学毕业生，在铁岭一个网吧当网管，他的偶像是林志玲。虽然他们在生活和工作中都离得很远，但王铁柱认为自己跟"女神"心理上还是很近的，因为他们有几百条共同之处。如果让你找他们之间的共同性，该如何考虑呢？

下面是王铁柱总结出来的 10 条共同点：

（1）林志玲老家台北，王铁柱老家铁岭市二道沟村，虽然她是大城市人俺是农村人，但我们都是中国人。

（2）林志玲生日 11 月 29 日，而王铁柱则出生于 12 月 17 日，我们都属于热爱自由的射手座。跟"女神"一个星座的感觉不错！

（3）我是汉族，林志玲也是汉族，同族不同宗。

（4）好巧啊，我身高 173cm，"女神"也是。所以你看"女神"虽然很高，但其实跟俺差不多！

（5）我们都是 O 型血。O 型血的性格是啥？

（6）女神的偶像是哥哥（张国荣），我也喜欢哥哥。那一年哥哥一跃而下时，我在搬砖但很痛苦，不知道"女神"当时在干啥？

（7）林志玲最喜欢的颜色是白色，我也是。白色最纯洁、干净，跟我对"女神"的感情一样一样的！

（8）我们都属虎，"女神"1974 俺 1986。虎、虎、虎……

（9）女神名字里有个"志"，我腿上也有个痣。

（10）有一年俺们村开"村晚"，俺是主持人，"女神"也是主持人。

上面的内容当然是个戏作，涉及国籍、星座、民族、身高、血型、偶像、对颜色的喜好、属相、姓名、职业 10 个维度。在讲概念能力时我们提到，人这个概念的内涵是"能说话""会思考""能劳动"，这是所有正常人都有的本质特征，也是区分人与其他动物的核心因素。但人这个概念还有外延，这个外延涉及的维度可以无穷多，王铁柱之所以能找到 10 条或者 100 条，只不过在外延里面寻找相似的而已。

所以，关于如何分类，其实可以分两步：

第一步是先确定分类依据的标准，即维度。可以是国籍、属相、职业等，而维度的本质是找共同性，每个人都有上面的 10 个甚至 100 个共同性的维度。

第二步是在每个维度下面找不同点。将每个维度展开成相关内容，譬如民族可以包括汉族、回族、高山族等，在中国就有 56 个民族。这里面的原则是相互独立，完全穷尽（Mutually Exclusive Collectively Exhaustive，MECE），不能有交叉，不能遗漏。譬如一个人不能既是汉族又是回族，这就是有交叉，说明分类有错误；既然已经确定中国有 56 个民族，你就不能写只有 52 个或者 53 个，这就是有遗漏或错误。

如果一个人说，我属虎，你是水瓶座，我们没有共同性，这就弄错了，原因是这两种分类的维度不同，属虎是按照属相来分类，水瓶座是按照星座来分类。

所以从本质上说，分类是在思维中寻找事物的共同点和不同点，它是我们认识和理解世界的基础方法和能力。在分类之上，才可能判断、推理，才能形成概念并决策。分类需要联想、类比、推理、引申等综合性的论证活动，是思维的基本细胞。

想提升自己思维能力的人，从锻炼自己的分类能力开始是一条捷径。当你能够对事物进行有效分类时，你会发现复杂的事情其实并不复杂，而可以很简单，没有思路和方法的问题其实大部分原来你是知道的。

如何提高分类能力

提高分类能力除了多练习、多思考，还需要注意提高以下两个方面的知识和能力。

第一，积累某个领域海量的知识，包括陈述性、程序性、情境性的知识，尤其是后者，可以帮助实现"模式识别"，通过现象看本质。这是实现有效分类的基础。

第二，训练自己的概念能力，没有相关词汇的时候是没有办法实现分类的，深刻的分类体系对应的是深刻的概念。

举个例子说明。

1979 年 11 月 6 日出版的上海《文汇报》上有这样的一段话：1970 年年末，上海市除了国有集体的企业，还有 150 多种其他的经济形式，譬如裁缝店、刺绣店、农村有自留地和自留畜、修鞋、补锅、修自行车、杂货店、饮食摊等形式。

如果列出这 150 多种其他经济形式，估计没有人能够记得住，因为太多了，为了方便我们理解和记忆，这个时候需要分类。但怎么分类呢，这里面涉及概念能力。下面进行简要分析。

裁缝店和刺绣店、农村的自留地有类似的地方，那它们有什么共性的东西呢？这三类基本上都是用手干活的，而且都是个人去做，并且服务自己或自己的家人，可以叫"个体手工业"；修车、补锅、修鞋的共同点是什么呢？他们虽然也是手工业，但都属于服务性的手工业，一般主要不是为自己做，是别人拿东西来修，手工艺人用自己的技能为他人服务。杂货店和饮食摊也是主要为别人服务，更多的是一种商业的买卖行为等，属于商业。这样就可以将列举的经济形式归到不同的概念下面，见表 4-1。

表 4-1　其他经济形式分类

个体手工业	裁缝店、刺绣店、农村自留地……
服务性手工业	修车、补锅、修鞋……
个体商业	杂货店、饮食摊……

如果再抽象概括一下，个体手工业、服务性手工业、个体商业又可以叫什么呢？于是想到"个体经济形式"，它可以覆盖以上的三类，那么结果就可以画一个个体经济形式的结构图，如图 4-1 所示。

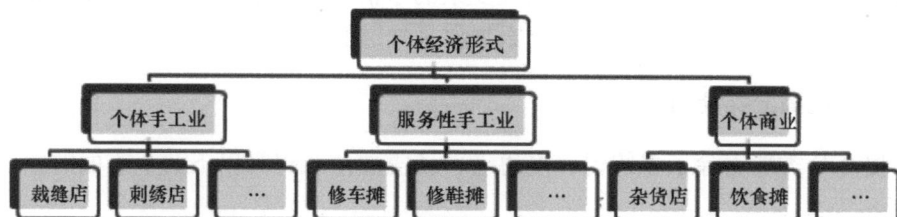

图 4-1　个体经济形式结构图

这个世界的现象总是丰富多彩而且杂乱无章的，经过分类归纳成相应层级的概念，就能够真正看清楚事情的本质，从而把握其规律。同时，经过这样的分析，也更容易记忆。这里核心是分类和概念能力，如果你没有办法进行分类，你就无法真正搞清楚概念包括什么；如果你没有办法形成概念，那么就不能化繁为简地理解这个世界了。

思维模式的修炼

饺子在中国北方是一种神奇的食品，许多地方春节的习俗是从初一到初四每天必吃。而且大部分中国传统的节日，如果你不知道吃什么的时候，吃饺子不会出大错误。网上甚至有人恶搞说"圣诞节的饺子，万圣节的面"，将中国的节日思维套用到西方的节日上。

老一辈的北方人都认为饺子是最好吃的食物之一，招待客人吃饺子也是表示重视和尊重。但现在"80后""90后"和"00后"已经不这么想了，许多年轻人拒绝吃饺子，认为不好吃。

中国的传统节日，大部分与吃喝相关：饺子、元宵、粽子、面条、汤圆、月饼，还要配上喝酒等。为什么这样呢？中国经历了漫长的农业社会，在依赖人力和畜力耕作的情况下，整个农业社会其实也是物质短缺的社会时代。人们最核心的需求是解决温饱问题。因而在节日时，除了节日本身的意义外，能够吃好喝好成了我们节日的核心目的。

上面提到的饺子其实是一个很好的例子，因为物质的短缺，造成大部分中国人最重视吃的问题，大部分节日也跟吃有关，甚至到现在父母养育孩子最先考虑的是让孩子吃好喝好。

每个人的思维模式都会受到自己所处的环境、文化，甚至技术发展的影响，而这种思维模式又指导我们的行动和语言。认知心理学认为，人们的大部分情绪其实不是来自于事实，而是来自于思维模式。当杯里只有半杯牛奶时，有的人会认为怎么只剩下半杯了，而有的人会想到还有半杯，真不错。前者是悲观的人，而后者是乐观的，但半杯牛奶其实是一件事实而已。再举个例子，当一个自卑的人和一个自信的人都跟他们的经理打招呼，但经理没有反应就过去了时。自卑的人往往会变得心情不好，认为经理是对他有意见，觉得自己不够好经理才没有搭理自己；相反，自信的人则不会有过多的反应，他会认为也许经理有事，也许是经理没看到自己，总之他的思维方式不会让他立马产生过多消极的想法。

这个思维模式是心智的底层操作系统，如果这个系统有问题，那么基本上可以断定很难变得更好。如果一个人觉得未来是一片灰暗的，这样的人无论有多高的天赋，无论他掌握多少知识和思维方法都没用，他已没有去追求和努力的意愿了。相反，那些天赋和能力一般的人，如果认为世界虽然不完美，但自己有责任让它变得更好，那就会去学习、实践，慢慢地就会超过那些先天条件好的人。

虽然思维模式受文化、环境的影响很大，但并非无法改变。个人通过学习、实践后如果能够形成自己独立的认知，并在此基础上能够对自己原有的思维模式进行审视和评估，吸收借鉴优秀的思维，抛弃那些错误甚至负面的思维，从而实现思维模式升级。

思维升级在现在的环境下尤为迫切，因为我们可能处在人类社会又一次大变革的门坎上：以互联网为代表的新技术正在颠覆原来的政治、经济、文化的发展模式，在这样的环境下，人的思维模式就必须随需而变。

在资源短缺环境下成长起来的人还以为饺子是最好的食物，但新一代的年轻人根本不这样想，他们有了自己新的判断和认知。改变自己的思维模式，首先是认知上的改变和升级。认知升级了，思维模式也会随之改变。

原生家庭没那么重要

记得在某大学做讲座的时候，有一位女生问了一个问题：原生家庭对一个人影响真的那么大吗？

因为她在网上看了许多讲原生家庭的文章，那些文章都在说家庭决定了你能达到的高度。她觉得自己出身农村家境不好，所以未来渺茫。

改革开放三十多年后，中国已经成了世界第二大的经济体。有许多家庭拥有了大量的财富，社会的进步愈发有利于资本所有者而非普通劳动者，这样的环境下关于原生家庭影响的讨论、社会分层、阶层固化等的各类说法满天飞，让人感觉那些出身于普通人家的孩子就没有未来，看不到希望了。

不可否认，每个人的家庭都对自己有重大影响，甚至大部分人一辈子也没有走出这种影响。这主要因为当你尚不具备判断能力时你最基本的认知来自家庭，不仅仅是你的世界观、人生观、价值观受到它的影响，而且你为人处世的方式方法、思考问题的方式都会受到家庭、最亲近的人的影响。在潜移默化中我们每个人身上其实都有父母、亲友们的影子。

这种状况在之前的社会（20世纪90年代之前）尤其重要，如果你的家庭没有一定的财力和远见，你甚至根本没有读书识字的机会，一辈子生活在某个很小的地方，你所见到的都是那块很小的世界。所以人们说"龙生龙凤生凤，老鼠的儿子会打洞"，"忠厚传家久，诗书继世长"，强调出身、强调家风。良好的家风、教育和财力为个人的成进提供了较好的基础和条件，如果你生在这样的家庭里面，是值得庆幸的。

但从另一方面看，原生家庭对你影响程度的高低取决于自己独立的力量和家庭影响的力量：如果自己独立的力量越大，那家庭的影响越小；如果自己独立的力量越小，那家庭的影响越大。

每个人出生后都有一个生物的自我，还有一个家庭的自我，随着你后来受教育还有一个教育的自我。在受教育的阶段，你有机会睁开眼睛看世界，了解到世界跟你的家庭不一样的地方，这个时候你有机会形成自己独立的认知和追求。加上在社会上的历练，如果你能够形成独立的认知，会批判或者借鉴家庭给你的三观、处事方式，那么就形成自我的价值观和人生观，这个时候原生家庭的影响会越来越小，你会形成一个独立的自我。家庭和你的影响关系如图4-2所示。

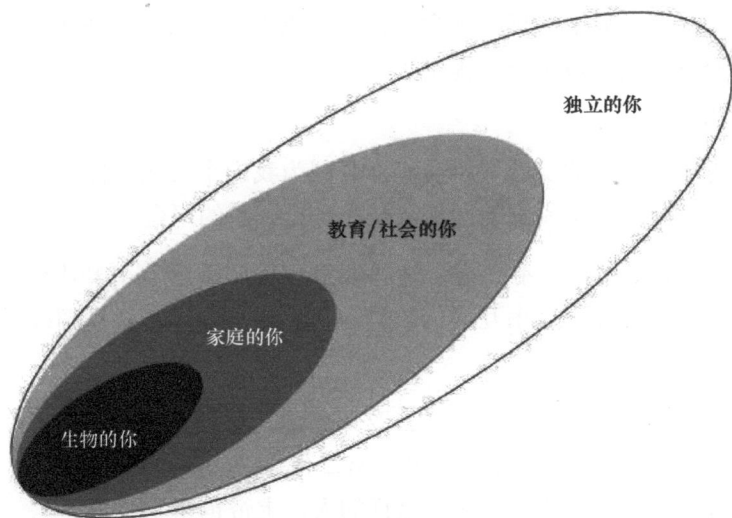

图 4-2　家庭和你的影响关系

鲁迅的原生家庭对他有影响，但如果是按照原生家庭的期望，他可能会成为一名财主或者资本家，但他通过学习、反思和睁眼看世界后，背叛了自己原生家庭的期望。山西的小镇青年贾樟柯如果按照原生家庭的期望，应该早早结婚生子，找一个安稳工作挣工资过日子，运气好可能成为煤老板暴发户。即便做导演也应该是闷头赚钱，什么火拍什么，但他却主动去拍了很多注定不能上映但却真实反映和批判现实的作品。

在生物、家庭、教育的自我里面，教育本应承担更大责任。但因为应试教育机制，对人的正向价值观影响较少，导致大部分人在这个过程中没有形成自己独立的判断与认知，我们在许多人身上看到的其实是他身后家庭的样子！这也就是为什么许多大学毕业甚至读到博士的人，虽然学历很高，但头脑中却没有一个现代的理念和认识，完全是封建时期的思考方式。

尽管人们对大学扩招骂声一片，但我一直认为这是一件功德无量的事情，它让更多的青年有机会走出他们的家庭、村庄和城市，看到外面跟自己以前的生活完全不一样的世界。这给每个青年人提供了机会，即便三流大学，如果你愿意也可以接触许多人类的美好传承，看到不一样的同学、老师并了解他们的处事方式和三观，让你对自己的家庭和原来深信不疑的认知进行反思与批判，从而有机会去成就不一样的自己。

另一个伟大的机会是互联网给予我们这个时代的，通过互联网让我们不仅可以了解中国的甚至世界上的优秀理念、方法、成果，而且以互联网技术为代表所引发的社会变革，也给每个个体提供了大量的机会，这些机会包括学习、财富积累、做事方式等。

大部分青年人得到的受教育机会和互联网为我们个人成长提供的可能性，让每个人都可以摆脱你原生家庭的桎梏，站在一个更新的平台上。

但不幸的是，很多人却不会利用这种机会，读了10多年书却不会学习，整天朋友圈、淘宝、天猫却不会用互联网长进自我，信息爆炸、知识超载却无法形成自己的认知和判断。

更悲惨的是，他们甚至没有动力去改变自己，就等着天上掉馅饼，只会怨天尤人埋怨自己为什么不是"官二代"和"富二代"，但当需要他去学习、思考、实践的时候，就退缩了。说实话，对于这样的人，上帝也帮不上忙！

实践也证明了这一点，原生家庭不是制约你的根本因素，核心在于你自己是否有改变自己的意愿，然后就是你有没有为这种意愿付出超过他人的努力。

家庭只是提供了一种可能性。如果你的家庭给你提供了很好的学习和实践机会，但你不愿意去实践、不愿意去学习，这谁也没办法。所以相比较来说，好的家庭只会让你不会太差，但要成为顶尖高手，这不是充分条件，甚至也不是必要条件。

生活在单亲家庭的孩子是不幸的，因为父母的爱有残缺。但是，根据对美国总统这个群体的数据分析，当美国总统的这些人出自单亲家庭的比率要远远高于社会上单亲家庭的平均比率：奥巴马就是出自单亲家庭；而克林顿还是一个遗腹子，在他出生前父亲就去世了。这也许就是我们常说的"穷人的孩子早当家"。那些条件艰苦的人，被条件所迫，如果他不被打倒，就可能做出卓越的成就。

因此，家庭对个人的影响取决于你是否能形成自己对世界独立的认知和判断，现代社会每个人都有机会超越自己的家庭。但如果你不愿意去行动和努力而只会抱怨，那就会成为原生家庭"控制"的下一代。

当然，"摆脱"自己家庭的影响从而真正形成独立自我的过程一定是艰难困苦的过程，你不要奢望，也不要相信"一晚上就让你独立"，那样的承诺以及那些让你快速走向人生巅峰的方法，不是骗子就是传销。关于如何超越自己的家庭形成个人的独立认知，我有三点建议。

建议 1，接受现实停止抱怨

无论你的原生家庭什么样，这都是你不能决定和改变的客观现实，既然是现实则无须抱怨。如果你觉得它有不够好的地方，你就想办法去超越它；如果你觉得它有很优秀的地方，就继承发扬。

建议 2，将你手边的事情做到极致

无论你现在是在读书还是在工作，无论你是小有成就还是一无所有，从小事和你能影响到的事情做起，将你手上的工作做到极致，付出超过一般人的努力，这是最简单、有效让你独立起来的方法。珍惜你现有的学习和工作机会，并努力做好；如果你真心不喜欢，就要果断寻找机会，改变现状；如果你没有选择，就要继续做好现有的事，并不断扩充自己的知识，提升自己的能力，机会总是会给有准备的人。

然而大部分人只愿意抱怨而不愿意努力，这样谁也帮不上忙。因为真正的努力一定是艰苦、困难的，即使原生家庭很好、资质天赋很高的人要想有所成就，都需要付出超过常人的努力。

建议 3，坚持学习、实践与思考

原生家庭对个人最大的影响不在于财富上，而是让许多人后天根本没有形成学习和思考的习惯，这样会让人失去了一个借鉴社会上优秀方式、方法的机会，相当于你"赤膊"上阵，与其他很多站在前人肩膀上的人去竞争，不失败才怪！原生家庭不出色的，更需要下功夫学习、思考、实践，这可能是你唯一逆袭的机会。

理性、建设性与成长思维

人们常有一个不好的习惯，对于自己搞不清楚的事情或者远远超过自己认知和能力的现象，通常会神秘化或者归于我们无法说清楚的事物。既然说不清楚，那我们也就懒得探究为什么，享受糊里糊涂的状态，从而失去了宝贵的成长机会，这本质上是理性思维的缺失。

在古代，人们相信有专门负责下雨的神叫龙王，有专门负责打雷和闪电的神叫雷公电母。但随着人类对自然现象认识的深入，发现龙王、雷公电母可能是个故事而已。有人特别崇拜魔术师，因为魔术对于普通人而言实在过于神奇：在你眼皮底下做出超出你认知的事情来，不由得人们不佩服。我们家小孩某段时间特别沉迷于魔术，于是在视频网站上狂搜魔术揭秘想探究后面的原因，从图书馆和书店或借或买了多本关于魔术的书籍。当发现许多魔术都需要专用道具时，又从淘宝上买了特制的扑克、骰子及各种乱七八糟的东西，并像模像样地在他们班上表演了几次，然后就偃旗息鼓了。

他后来跟我讲，魔术也就那么回事，要不就是用专门的道具，要不就是利用人们的注意力和速度，真搞清楚了一点也不神奇。

被誉为华人神探的李昌钰破过许多知名的大案要案，许多几十年无法破解的案情到他那里就迎刃而解了。但李昌钰却从来不觉得自己有多神奇，他的说法是所有案件的核心一定是现场和证据，而他之所以强大是因为他的观察能力、逻辑分析和推导能力，而这些能力来自于自己多年持续不断的学习、实践、归纳和提炼。

"我平常睡得比较少，节省了很多时间，我吃得也很快，我太太常常说我像个吸尘器。吃饱了就去工作，一年就能省很多时间。"李昌钰说，如今他已 80 多岁，每天仍工作 16 个小时，没有周末。

对致力于成为专家的人而言，知其然而不知其所以然是大敌，必须具备探究的思想和弄清楚背后逻辑和道理的习惯。虽然这世界上有许多东西还无法解释，但我们在工作中出现的问题背后一定有自己的逻辑，秉承理性精神搞清楚这些事情和问题是个人长进的基础。

有一个笑话，中国那句俗话"前途是光明的，道路是曲折的"，被翻译成英文时的意思是：我知道未来会更好，但为什么更好，我也不知道！

每个希望有所成就的人都需要这样的精神：未来会更好，虽然我也不知道为什么。但我就是相信未来会更好，所以我得一直努力，未来可能就真的好了。我们的行动受思维方式所指导，而思维方式的背后是你对这个世界的认知。如果你认为这个世界已然一片黑暗而不可救药了，那可能你就放弃了或者只考虑独善其身。

如果你认为它虽然不够完美，需要每个人去让它变得更好，你也许就会成为一名战士，力争让它变得更好。

如果想要有所成就，你必须改变思维方式，要养成自己的建设性思维。无论你是乐观还是悲观的人，至少要成为有建设性思维的人。因为有你，可以让你个人、你的家庭和社区、团队、社会变得更好一点，而不是相反。另外，要能够通过不断地学习与实践，发现认知上的误区和盲区，然后去改变它。

卡罗尔·德韦克（Carol S. Dweck）是斯坦福大学的心理学教授，她的研究兴趣在于动机、个性和个人发展。她最出名的研究成果是在思维模式上，第一次区分了两种思维模式：固定型思维模式和成长型思维模式。

通过试验和观察，她发现不同的孩子在解决复杂问题时采用不同的思维模式。当问题都足够简单的时候，大部分孩子都可以搞定。但当问题越来越复杂的时候，一部分孩子就放弃为解决这些问题而做的努力，开始逃避这些问题，并找别的话题或者玩别的游戏；但另一种孩子却仍然能够沉浸其中，认为只不过是现在还没有找到答案，经过学习、努力总能解决这些问题。

她把前一种思维方式叫固定型思维模式，后一种思维模式叫成长型思维模式。卡罗尔·德韦克认为对于固定型思维模式的小孩而言，他们的基本认知是：对这样的问题，我还不够聪明（或者聪明度不够），所以我解决不了，只能放弃。

而对于成长型思维模式的孩子而言，他们的基本认知是：我正在解决的路上，虽然现在还没有办法，但我通过不断的学习和实践能够锻炼自己，从而自己提升解决问题的能力，事情最终总能解决。

两种思维模式确定了两种孩子面对困难和成长的态度，固定型的孩子类似于认命的思维方式：每个人的聪明程度是固定的，面对困难问题搞不定的时候就算了吧。

所以卡罗尔·德韦克建议家长和老师应该培养孩子的成长型思维，在平时的教育活动中不要夸奖"孩子聪明"，而是更强调过程——"孩子通过努力得到了提升"，哪怕这个提升仍然没有考到高分，依然值得赞扬。

中国的许多家长也慢慢接受这个观点，开始赞扬自己孩子的努力。但问题是，现在的应试教育体系还是看分数，经过 12 年的学习、考试和大大小小的打击，许多孩子在许多科目上其实已经认命了：我就是学不会英语、我没长数学的大脑、我就是不会写作文等。

只要一分析，你就会发现，他们并非学不会而是在认为自己不擅长的东西上花的时间太少太少了：一次或几次的考试失利，就会觉得自己不擅长，然后就不愿意花时间去做，结果就是考试更加失利，坐实自己"真的不擅长"！固定型思维方式不仅是学习不好的人才有，也不仅存在于学习上。

那些在学校里混得如鱼得水的人，也可能是固定型思维方式的人：他的天赋足够好，在学校大部分学习靠小聪明足够应付，所以一直如鱼得水，而我们外人会觉得他很上进。但当真正步入社会的时候，遇到自己搞不定的事情时，因为是"固定型思维"，失利两次后也就放弃了。这样的事情很多，不信你想一想原来在学校你认识的那些学习成绩很好的人，20 年后再交流时许多人都可能是失败的。

而那些成长型思维的人，也许资质一般、家境一般，但从来不信邪、不认命，坚信努力就能长进。他们也许不是长进最快的，但当许多同行者已经停下来的时候，他们还一直向前，假以时日他们就会成功。

改变认知，提升格局

有观点认为，女孩天生就不擅长数学，女孩学不好数学是正常的。

因为这些认知，我们看到许多女孩果真学不好数学：可能小学的时候还不明显，但到了初中、高中这种趋势越来越明确。仿佛上面那句话是真理似的！

虽然男孩女孩的性别和大脑发育有差异，但这并不能推导出"女孩天生就不擅长数学"这样的论断。正相反，因为这样的论断先入为主，并在家长和孩子们的心中产生了影响，使许多女孩"认为自己学不好"，遇到困难的时候就产生畏难情绪，甚至放弃努力学习数学，结果就真的学不好了。

错误的认知导致了错误的结果（学不好数学），认知就错了，结果一定会错，因为人的行动、努力和思考是受自己的认知支配的。

本质上讲，对于初等数学的内容，孩子只要不畏惧、有信心、下功夫，都能学会。虽然一般的孩子成不了数学家，但应付通常的考试应该是没问题的。

大卫·伯恩斯在《好心情手册》里面介绍了"要么全部，要么没有"的完美主义者的典型认知错误：用一种极端的、黑白分明的标准来评价自己。一位成绩一直是 A 的学生在一次考试中得了 B 之后想：我完蛋了。这种认知是许多人痛苦的根源，也是许多抑郁症患者的典型思维模式。

许多人纠结于原生家庭对个人的影响，而这个影响最大的表现是它在你的大脑里"植入"了许多理所当然的"认知"，而且你从来没有思考过这些认知是否正确、合理，是否符合这个时代。在这里面，有许多我们的传统文化得以传承，但也有许多不正确、过时甚至封建的糟粕在里面，让你根本不自知地按照这样的思路去生活和工作，判断和思考，这才是最可怕的！

元认知告诉我们要能够监控自己的认知，像照镜子一样去对照，发现自己认知中的错误，然后及时回到正确的轨道上来。但这有一个前提，是你要知道正确的认知是什么样的，如果你根本不知道正确的认知为何物，那么何来对照、比较和改进呢？

譬如我们传统的观念是要勤俭持家，花钱的时候要量入而出，借贷是要被鄙视并且被归入"败家子"行列的，影视剧里面也有许多关于把家产典当到当铺的悲惨故事。

但经济学家的研究却发现，在现在的环境下，如果想积累大量的财富，一定要用杠杆去投资才有可能成功，勤俭持家最多只能达到小康，而只有大幅度的杠杆才能保证你成为富翁（当然也可能破产）。

发现和修正错误的认知，需要我们能够具备自省的能力，能够像审视他人一样审视自己的认知。同时，也需要博览群书，跟更高水平的人交流，跟与你性格背景价值观不一样的人探讨，借以发现自己认知存在的问题。

社会的变革与发展需要适应新状况的新认知，而这些认知对于大部分人而言属于"不知道自己不知道"的状况，跟解决知识上的"不知道自己不知道"一样，认知上的"不知道自己不知道"也需要先转化成"知道自己不知道"，才能去理解、接受并应用它。当然，这里面也有许多披着新认知的外衣，但其本质是没有变化的"旧酒装新瓶"的情况，这应引起你的警惕。

2014年浙江乌镇召开了首届"世界互联网大会"。在会上论坛中的讨论环节，小米科技CEO雷军畅想了手机未来十年发展的美好前景，但阿里巴巴集团的创始人马云接着他的话这样说：空气是不行的，水是不行了，手机再好有什么用呢？

这样的对话，让雷军无言以对。只好在微博上向网友求助：环境保护和把手机做好不矛盾吧？

曾经看过一次北京电视台采访京东创始人刘强东的视频，主持人问刘强东对马云的印象是什么样的。刘强东也说到了马云不爱跟企业家同行去探讨具体的企业运作问题，每次总是讲比较宏大的主题，类似于环保、就业、世界贸易等。

雷军、马云、刘强东等无疑都是商界的精英，但即便都是这样的人，我们发现他们考虑问题时的目标也差异很大：有的人在考虑如何做好手机和将物流做得更加有效率，有的人在考虑环保和就业，甚至要去帮美国解决百万人的就业问题。这种考虑问题的差异造成小米、阿里巴巴、京东这些优秀的中国公司的商业模式和文化差异，导致它们走上了不同的发展道路并将迎来不一样的未来。

2000年左右，第一波互联网泡沫刚出现，我在人才市场上看见一个小伙子在介绍自己时说，"我是四个网站的CEO"，我理解可能是他建了四个个人主页。

这是一个层次！

按照这个小伙子的介绍方式，马云的个人介绍应该是"阿里巴巴、淘宝、天猫、支付宝等的负责人"，而你在新浪微博上看到马云的认证资料里面却写着"TNC（大自然保护协会）全球董事会董事马云"，名字里还写着"乡村教师代言人——马云"，高下立判！

而这个层次是由什么决定的呢？

它跟你的经济基础、思维水平、知识存量都有关系，也跟你的价值观、眼界、目标和个人发展方向相关。

譬如有的人最大的目标是能够买套大点的房子、娶个漂亮老婆、生个儿子，然后老婆孩子热炕头（这当然没错），而也有人像冯仑说的那样特别有使命感："把别人的事当自己的事，把自己的事不当事。"

当你整天在想如何摇到一个车牌买一辆车的时候，有人却整天思考如何解决大城市的交通出行问题，所以你买了车他们做了滴滴、摩拜单车。还有人想地球快不适合人类生存了，必须考虑星际间的移民问题，他们就去做火箭，考虑普通人如何去往其他星球。

当然并非说你考虑的问题层次越高越好，还要考虑可行性、资源和能力匹配情况。如果你的格局和目标远大于你的能力，那么你很可能成为骗子的目标，最后去做传销或诈骗之类的活动。基于每个人的性格、背景、优势和特长，以及你可以组织的资源，只要是对社会有价值的事情，不要拘泥于大小，将一个小的东西做好就是工匠精神，对社会也是功德无量的事情。

在你能力范围内，追求什么样的目标，决定什么样的格局；而目标的背后是你对这个世界的认知和价值观。

- 从小你就认为首都是最大的城市，如果将来能到北京去上班就很厉害了。那你努力的方向可能就是在北京找一份工作，当有一天你真的在北京上班了，你的目标就达到了。

- 如果你小时候家里太穷，看到别人家吃肉馋得不行，每天能吃上肉是你的追求，那估计现在已经很容易就实现了。

在当今的环境下，谈理想仿佛有点矫情，其实大部分成年人也很难说有理想。但人还是应该有点追求，除了满足于小我的衣食住行，还可以帮助这个社会变得更好一点，让自己的人生更有意义和价值一点。有这样追求的人就不会止步于钱挣够了就不用干活了。

致力于成为专家的人应该不仅仅沾沾自喜于成为你们村、镇或者单位的专家，这样的专家在没有互联网之前还是有价值的，因为人们无法接触到更广泛的范围，所以你可以在某个小范围内成为专家。但在互联网环境下，人们可以看到全世界这个行业的从业者，可以称之为专家的人一定是行业级别、全球级别的。

我们应该有这样的勇气去追求更高的水平！

思维技术的修炼

思维技术是为了实现具体的思维目的所利用的途径、手段和办法，也被称作思维的方法，是具体思维过程中所用的工具和手段。思维技术有适用范围的差异，譬如分析国际关系的思维方法是适用于国际关系这个领域的分析手段，但有的思维技术则是更普遍的，既可以适用于国际关系，也可以用在经济学、社会学等各门学科。还有适合所有人的思维技术，就是普通人也会用的思维手段。

逆向思维、创新思维、六项思考帽、金字塔原理等都属于思维的技术手段，还有我们后面会具体讲到的框架思维、套路思维等都是普遍性的思维技术，所有人的工作和生活中都会用到。在本书中我们只涉及普遍性的思维技术，具体各专业的思维技术需要自己去研究和学习。已经被很多书籍讲述过的思维技术也不在本书介绍的范围内，这里只介绍成就专家比较核心的集中思维方式。

需要注意，学习了某项思维的技术并不代表你就真的掌握了这种思维，更不能说明你会利用这些技术解决所面临的复杂问题。因为这些技术和手段虽然来自实践，但都经过了高层次的抽象、提炼和总结，所以如果要具体应用来解决问题，还需要跟具体的场景结合。同时更重要的是，要将这些手段转化成你自己的能力，需要持续不断地练习，需要提升你的知识储备和对问题的理解程度，最后这些手段才能成为你手中的利器。

由麦肯锡咨询公司的咨询顾问巴巴拉·明托（Barbara Minto）所著的《金字塔原理：思考、写作和解决问题的逻辑》一书出版已经超过 40 年，麦肯锡也将它作为培训教材，许多人都读过，许多公司也组织了相关的培训，但结果仍然大部分人不会分析问题，不知道如何简单、符合逻辑地表达自己的思想。理解了这些，就知道从一个具体的方法和技术，到熟练用来解决问题并达到较高水平，中间还隔着千山万水，需要你不断地去练习、实践并提升你的基础能力！

框架思维

我们家孩子的班级，在四年级上学期的时候组织去荣宝斋参观。在参观前，老师要求小朋友们去查关于荣宝斋的介绍，同时要求他们在参观现场记录令人印象深刻的内容，每个孩子还带了相机拍照。

回来后看了小孩记录的内容，在不到 200 字里提到荣宝斋古色古香的大楼、外面挂的匾额及题字由来、荣宝斋里面的环境和布局、传统的木版水印等，杂七杂八涉及了很多个方面。其中，关于木版水印写了将近 100 个字，因为让他们体验了木版水印的过程。

小时候出去春游同学们都很高兴，但讨厌回来完成老师要求写的作文，这是让许多孩子郁闷的事情。即便是成年人，当你参观完一个旅游景点，回来让你写一篇文章，该描述什么？估计很多人也说不出个所以然来。

为什么说不出来呢？

各个景点不一样，有的侧重自然景观，风景或瑰丽奇秀或舒适散淡；有的侧重名人加持，题字题诗各种故事；有的是物产丰富特别；有的是人文毓秀。更不用说每个景点都是人满为患，许多时候看参观的人也是一道风景。大部分时候我们旅游是去散心，所以没有非要看什么或不看什么，也没有特别注意什么。但即便告诉我们回来要写描述，估计大部分人也不知道如何写。

为什么不知道如何写呢？其实本质是在我们的大脑中没有关于描述一个景点的框架。但假如你大脑里有一个框架，知道任何一个景点都应该包括地理环境、人文历史、景点景观三个维度，并能明白每个维度下面包括什么（譬如人文历史还可以分为名人、名诗（联）、故事三个维度），那么你在参观的时候就会有意识地去观察、查看、记忆这些内容，这样在描述的时候也就知道如何写了。

什么是框架思考

区别于学习时的从下到上，框架思考是一种在解决问题时从上到下进行的思考方式。能进行框架思考的前提是你头脑中积累了大量解决问题的框架模型，而沉淀出框架的过程则是从下到上，从点到面的。举个例子说明：

假如你在一家中型制造型企业负责人力资源，某一天老板把你叫过去，说公司发展十几年了，积累了许多制造、市场和设计的经验，而且现在员工流动性越来越大，很多员工一言不合就跳槽。所以公司决定做知识管理，整理公司这么年的知识和经验，同时也避免员工流失后没人能够接手。这个事情让你负责，你该怎么办？

估计从老板那里出来你还是一头雾水，没办法就到互联网上去查询，买几本书看看，再不行出去参加一个什么培训班等。曾经有一个研究所的客户跟我讲："我买了市面上所有的知识管理书，但越看越糊涂。因为各种说法都有。"这时，你可能想跟卖知识管理软件或者咨询公司交流一下，听听他们的说法，可他们也是各说各话，让你无所适从。

为什么会有这种感觉呢？

因为企业的知识管理实施十分复杂，既涉及企业的战略、文化、制度体系，又跟业务类型、工作方式、员工素质、流程规范、IT 技术等紧密关联，并且知识管理这个词汇的概念在许多人头脑中比较"虚"，很多人之前就没有听说过，所以这个时候根本没有在企业中推动知识管理的框架，这个时候关于如何推动知识管理实施，在这个人力资源负责人头脑里就是一个黑洞：不知道应该有什么，不知道该包括什么，不知道自己所在的机构该如何做。

当面对一个复杂的管理变革问题时，没有框架就不知道该如何推动。如果让这位人力资源负责人去探索出一个框架，估计三五年内都很难完成，因为仅学习知识管理可能就要很长时间，而且还要不断地试错和验证，同时自己空想出来的不一定可靠，这样的成本没有哪家公司能承担得起。图 4-3 是我们认为正确的企业知识管理实施的框架。

这个框架是怎么来的呢？是我们做知识管理咨询工作七八年后总结提炼出来的，并非一开始做知识管理就知道这样的框架。在这七八年中，我们服务了国内各种类型的做知识管理实施的机构上百家，与上千位负责知识管理和相关人员进行交流和研讨，借鉴了国内外知识管理实施的框架和模型，不断提炼、验证、否定、修改，最后成了现在这样。

图 4-3　企业知识管理实施框架

因为没有适合中国文化和企业管理水平的知识管理实施框架，所以在刚开始做知识管理服务的时候，也只能见招拆招，基于具体问题提出对策。譬如刚开始的时候，传统的知识管理理论认为知识分类和权限是核心，但在做好分类和权限后却发现没有高质量的知识产出，那我们就去分析原因，发现管理层和知识员工根本没有参与知识管理的动力，而没有动力的首要原因是他们不知道知识管理是什么（知识管理本身的抽象性、大部分知识管理出版物是概念解释概念，人们没有感觉），那我们就总结出了"关于知识管理知识的传播体系"，这个体系的目的是用通俗、简单的语言，结合许多例子让管理层和员工明白知识管理是什么、跟他们的工作有什么关系、做了有什么好处等。这就提出了如何达成"知识管理共识"的问题；人们没有动力参与的原因除了不了解知识管理，还有就是参与知识管理活动没有明确的好处，那就需要显性化这些好处。如何显性化，就需要能够评估不同知识管理活动的价值，就是写一个总结有什么价值、编一个标准有什么价值，这其实就是图 4-3 中的"KM 制度体系"。通过这样不断地分析、解决实施中的具体问题，最后搭建出这样的一个框架。

做出一个适合事物客观规律的框架一定不是拍脑袋拍出来的，这里面需要不断地学习、思考，更重要的是要有大量的实践机会，才能够构建、验证、提升并真正成熟起来。同时，构建过程也是从点、线、面到体的过程，跟学习中知识体系的搭建一样，要经过一个相对较长的时间。

但如果有了可信、可靠的框架，就可以用来解决新的问题，这个时候就可以从上到下地思考。就如上文提到的，当有了这个知识管理实施框架时，无论跟什么类型的知识管理的机构交流，我们都有了思考的方向和目标，这也是我们评估一家企业知识管理实施现状的标准与规则。在我们帮助企业推动知识管理实施的过程中，就可以做到从上到下思考，站在比较高的位置上往下思考，保证了系统性和全面性。

在成为专家的过程中，从新手、胜任、高手到专家，我们大部分人都是从基层干起来的，在职业生涯开始的时候，我们是被动地工作，上级和领导会给我们分配任务，这些任务通常都是比较小的点。这样的过程，就养成了我们做事情和解决问题都是从点开始的习惯。但这种做事方法的缺点是，容易只见树木而不见森林，只看到自己所负责的那一点，而不能全面系统地思考。这在高手眼里就容易变成"脑袋里缺乏大局的观念"，而框架思考则是从上到下思考，这也是高手的习惯。

框架的层次性

参观一个景点需要认知的框架，购买哪一只股票需要判断和决策的框架，还有方法论的框架、流程的框架等内容。只要你有心并且有足够的实践，具备大量的知识储备和较高的抽象思维能力，你就可以总结出许多或复杂或简单的框架来指导你下一次的工作。

但不同的框架的复杂度和对工作指导的价值却有明显的差异，对于复杂的工作，构建其框架需要考虑的维度就会更多，要求的深度更高。而许多人之所以做不好的原因是自己的知识储备、认识深度和思考问题的缜密性上有所欠缺，因此所构建的框架就有问题，那么他的工作一定会漏洞百出。举个例子，许多散户股民没有自己的投资框架，而即便有框架也就从三四个维度考虑，然后拍脑袋决策。这样的投资方式，跑赢大盘的概率很低，而专业的投资者考虑投资的维度则多很多，有的甚至超过数十个维度。譬如除了做我们常说的技术分析、财务基本面的分析，还会去分析投资对象在行业的地位（追随者还是领跑者，垄断还是充分竞争）、投资对象的行业状况、高管团队状况、核心产品和服务及其竞争对手状况等。而按照渗流理论，思考分析的维度越多渗流阈值就越低，这样可能做出高质量的决策概率越高。而按照股神巴菲特的合伙人查理·芒格所说，他们的投资决策考虑的维度就更多了，而且更深入。芒格认为科学、准确的决策需要理解不同学科的核心概念，只有这样才能够在投资时考虑许多普通人不会考虑的因素。芒格认为，将不同学科的思维模式联系起来建立融会贯通的格栅，是投资的最佳决策模式。用不同学科的思维模式思考同一个投资问题，如果能得出相同的结论，这样的投资决策更正确。懂得越多，理解越深，投资者就越聪明智慧。芒格说："要努力学习，掌握更多股票市场、金融学、经济学知识，但同时要学会不要将这些知识孤立起来，而要把它们看成包含了心理学、工程学、数学、物理学的人类知识宝库的一部分。用这样宽广的视角就会发现，每一学科之间都相互交叉，并因此各自得以加强。一个喜欢思考的人能够从每个学科中总结出其独特的思维模式，并会将其联想结合，从而达到融会贯通。"

高手和新手在面临同样问题的时候，前者的头脑中不仅积累了许多细节，而且还有许多框架；而后者对于具体的细节可能是知道的，但由于学习不够、实践太少，或者没有进行更进一步的总结提炼，欠缺相应的框架，这样的结果就是无法完成全面的认知、判断和实践。所以，专家和高手的思考一定是框架思考。他们不仅满足于细节的掌握，也不满足于曾经做过有基本的印象，他们会有意识地去总结提炼成处理不同情境的框架，这样在遇到问题的时候可以自如地拿出来。当然，这些框架除了自己总结，也可以去学习、借鉴其他人的，再经过内化成为自己的框架。

如何借鉴别人的框架

没有框架思考积累和习惯的人，在遇到问题时会出现以下的状况：

有一件事交给你做，你不会做；交给另一个人做完了，你却发现，他比我也强不了什么啊。因为他用到的方法你都会，差距就在于你缺乏框架思考。

还有一种情况，你求助他人做一件事情的时候，他不一定做过，但却给了你许多指导，而且你觉得很有道理，其实背后也是他在用框架思考的方式，把之前已经积累的知识转化成解决这个问题的相关框架。

但也有人头脑中积累了许多框架，就是不会具体干活。譬如有人说他们公司有一位 MBA，分析问题时思维缜密，提纲框架俱全，但就是执行力差，在执行时却完全找不到感觉。

出现这类问题的根本原因是他弄反了框架和具体执行的关系。上面提到KMCenter 知识管理实施的框架时你可能发现，框架是在解决具体问题时被总结提炼出来的。真实的框架一定来自实践总结，是在干活中摸爬滚打不断地提炼、修正而来的，所以如果是你真正产生出来的框架，再用它解决问题时你是知道细节和过程的。你在用框架的时候知道其中的蹊跷，这样才能真正落地。

而咱们通常说的书呆子的问题是，只学习到了人家的结果（框架、结构、模型等），但对它的适用范围、土壤和文化却不清楚，生搬硬套，效果一定不好。但并不是说我们不能借鉴别人的框架，而是在利用框架时还要知道其"情境知识"，对情境知识我们也要掌握，否则就成了死搬硬套、刻舟求剑，弄出笑话了！

如何训练自己的框架思考能力

首先，要有这种意识，当遇到问题时不要上来就急着开始解决问题，先系统地从上到下思考，确定自己是否有相应的框架，或者去找寻前辈和他人的框架借鉴。

其次，做完事情后要去深刻地反思，进行抽象和提炼，从小的套路开始，最后建立起框架，并能够在实践中去验证框架的合理性（如果没有机会，起码在大脑中虚拟解决类似的问题进行验证），同时与别人的框架进行对比验证，当然这不可能只做一次就能总结出来。

套路思维

最尴尬的是，你当众给一群人讲笑话，当你将自认为最可笑的部分说出来的时候，除了你笑了，听众一个都没笑！

那如何讲好一个笑话呢？相声行当里面有一种方法叫"三番四抖"不妨借鉴一下。

何谓三番四抖

相声行业的前辈们经过长期的实践，总结出来一个规律：当同一内容重复到第三遍的时候，容易在观众的思维中形成定势，所以选择在第四遍的时候抖出"包袱"，打破这个定势，最容易取得出其不意的效果，让人爆笑。这里的三番是三次的意思，但这不是一个确定的数而是一个概数，最常用的是三，也可能是二、四、五。

需要注意，三番四抖是一种方法。按照这种方法每个人都可以尝试去设计、去讲一些笑话，但能不能让人发笑还跟内容有关。

在相声里面，还有一术语叫包袱，指设计好的引人发笑的笑点和笑料。

每个演员都有经常使用的包袱。譬如岳云鹏经常用孙越曾经在北京动物园当大象饲养员，将大象都养瘦了的包袱（暗示孙越偷吃大象饲料，因为孙越是个胖子）。陕西的相声搭档苗阜、王声经常用的包袱是这样的："我最爱听西游记的主题曲！到现在都是张嘴就来：鸳鸯双栖蝶双飞，满园春色惹人醉，悄悄问圣僧，女儿美不美，女儿……美诶不美诶～～～御弟哥哥，给老娘乐一个！"

注意：包袱就是具体、成熟、标准化的内容，可以直接拿过来用（不包括那种跟具体的人绑定特别紧密的内容）。

即便是毕业典礼上的致辞，其实也有套路。华人诺贝尔物理学奖获得者、曾任奥巴马政府能源部长的朱棣文在 2009 年哈佛大学毕业典礼上致辞时提到：

"毕业典礼演讲都遵循古典奏鸣曲的结构，我的演讲也不例外。刚才是第一乐章——轻快的闲谈。接下来的第二乐章是送上门的忠告。这样的忠告很少有价值，几乎注定会被忘记，永远不会被实践。但是，就像王尔德说的，'对于忠告，你所能做的，就是把它送给别人，因为它对你没有任何好处'。所以，下面就是我的忠告。"

在电影或电视剧中，人们总是能看到许多类似的镜头，譬如：

- 不敲门闯进去一般会遇到两件事：上吊或洗澡。
- 在逃跑的过程中，在山上走路时特别容易崴脚或者摔跟头，之后就会说："不要管我了，你们快跑。"
- 坏人偷偷向主角开枪，一定有一个人喊："小心！"并替主角挡枪。
- 定时炸弹总在最后一秒中止。

不仅仅中国的电影是这样，韩国的同样是，美国也同样是。看得多了总能见到许多似曾相识的镜头。除了电影，电视也是如此，小说也不例外，广告也都是类似的。

为什么会这样

编故事、讲故事是人类一个历史悠久的行当，而关于如何设计吸引人的故事是许多天才的作家、编剧和民间艺人绞尽脑汁干了上千年的活计，所以大部分讲故事的方式快被人们穷尽了，想弄出一个从来没有被人用过并能让人眼前一亮的表达方式，何其难哉！

电影电视这些画面的表达方式更加受限，可能有一些创新的方式，但这些方式不符合观众的观看习惯和口味，如果创新后不够吸引人，那么最后也会被砍掉。

结果就是，在文艺作品和电影电视上，我们经常看到的都是似曾相识的画面。

桥段一般是指比较经典或者流行的表现手法，电影领域使用的比较多。这个表现手法可能是动作、表情、场景、台词，甚至是部分情节，在不同作品中的差异只不过是演绎的演员不同而已。更进一步说，大部分商业电影电视剧，不过是许多桥段的组合，基于剧情串联在一起的一些桥段而已。基于这样的认知，在国外就有一些爱好者建立了一个专门收集各类桥段、类似于维基百科形式的网站（tvtropes.org），他们按照电影、电视剧、小说、游戏、动画等分类，将这些作品改编成相应的桥段。下面这段话是万维刚在《剧情函数数据库》这篇文章里面写到的：

"比如你想在一部动作电影里来一段追逐戏，TV Tropes 会告诉你追逐戏一共有 57 个经典桥段可供选择。

"如果被追的这个人比较笨，一个办法是让他往高处，比如说往楼顶上跑，这样的结果就是他会被陷在那里，《金刚》中就用这个办法。

"如果被追的这个人很聪明，就必须给他一点难度，比如说他想消失在人群中可是身上穿着某种显眼的衣服不能换，然后再安排这时候正好赶上有一群人都穿着类似的衣服走过！

"比如《黑暗骑士》中的几十个人质就都被戴上了同样的面具。相比之下，追坏人的英雄随便拦下一辆出租车，让司机'跟上前面那辆车'这个桥段就实在是太俗套了。

"我们设想在生活中，人与人之间应该有无限多种可能发生的事情，为什么剧本中只有 57 种追逐方法？

"因为只有这些追逐方法好看。

"正所谓'文似看山不喜平'，观众看小说看电影追求的是好看，而不是真实。

"从有通俗文学那天开始，一代代的作家和编剧绞尽脑汁，就只发现了 57 种好看的追逐。

"TV Tropes 网站的出现，必然是通俗文学史上的一件大事，因为它把编剧从艺术变成了技术。

"莎士比亚时代，天才的剧作家都是单打独斗，而现在美剧编剧都是团队合作了。

"这种方式，将艺术变成了技术。如果你是一个编剧爱好者，也可以去研究这里面的桥段，拍出一段和好莱坞类似的情节。如果你能设计剧情（剧情是一种更复杂的套路），具体的实现可以引用这里面的桥段来凑。"

注意：桥段是一种表现形式和方法。这样表现最能吸引人，最好看，而且被多部电影和电视剧验证过。

在思维领域，有桥段、包袱、方法、模型、框架等，这些本质上都是一种套路。在现实世界里，为了追求效率和降低成本，其实早就有了许多套路化的东西。

估计年龄大一些的人应该都有印象，之前的不同手机品牌都有自己的充电方式，华为的充电器不能用在三星上，三星的充电器苹果也不能用。你有几部手机就需要带几个充电器，十分不便。后来，出了一个充电器的标准，要求各家的充电器规格都相同，就方便了许多。

当然，标准件也不是从一开始就有的，只不过这类零部件的需求量巨大，虽有差异但共性较多，可以用型号区分，从而为了提升效率就用标准的形式固定下来了。如果没有标准件，一个产品就有上万个零部件、上千家供应商，同时产品的种类也是五花八门数目庞大，这样开发复杂产品的质量、进度和成本的控制将是一件十分困难的工作，所以标准件的需求很强烈，相应的产品也就生产出来了。这种情景就类似于咱们看到的电影、电视剧、小说等，看起来是五花八门，但其中的许多桥段其实是类似的。要想提升效率（人们愿意看、快速生产），需要将这些桥段进行标准化和结构化（TV Tropes 就是提供电影电视领域的结构化和标准化）。

而通用构建模块（Common Building Block，CBB）则是更进一步，属于产品开发设计领域的标准化和结构化。CBB 指那些可以在不同产品、系统之间通用的零部件、模块、技术及其他相关的设计成果。

注意：CBB 类似于可复用的过程产品，标准件是最终部件，都是具体的内容。

套路思维是一种通俗的说法，区别于网络用语，这里将其定义为：为了提升思考的效率和质量所形成的可重复使用的虚拟成果。譬如上文提到的解决问题的框架其实是一种套路。我们擅长有形物品的思考，而不善于对抽象、无形的思维。但专家和高手一定是那些能够对客观的物质世界观察后进入主观的精神世界的人，他们能够超越具体的物质和形态，总结提炼出更普遍的概念、关系和规则，这才是人类知识的疆域。在这个层面上，既有简单的事实、观点的记录、概念的解析，又有基于需求建立不同层面内容的关系，这种关系可能是按照流程的步骤，也可能是按照原因和结果，还可能是按照解决问题涉及的多个角度。人类在对复杂的现实世界进行认识和改造的过程中，经过思维的活动，将这个过程积累的认识和经验表达成公式、定律、模型、框架、策略等理论内容。

例如，迈克尔·波特的波特五力分析模型（Michael Porter's Five Forces Model），虽然通常被叫作模型，但其实是一个框架（Framework），在维基百科的英文版中是这么定义的：Porter's five forces analysis is a framework that attempts to analyze the level of competition within an industry and business strategy development. 这个框架帮助我们制定战略并在考虑竞争维度时参考。如果你的脑袋里没有这个框架，当在制定战略并需要考虑竞争维度时，你就需要重新梳理、归纳、总结、抽象，也许你最后也能像波特这么牛，总结出五力模型，但你不能确定总结的正确性。但如果你知道五力模型，则可以直接引用而提高效率。

三番四抖是一种方法，桥段是一种内容的总结和提炼，模型、框架、流程、步骤甚至包括清单（checklist）、函数库、架构、模式、定律规则指引等都可以算一种套路。只不过这些套路的抽象程度不同、面对的对象不同、可应用范围不同而已。

套路的类型和区别

基于抽象程度不同，不同层级的套路可应用的范围不同。譬如具体内容（包袱、话术）可以直接引用而节省时间，方法（例如三番四抖）则要结合实际情况来采用，而策略、框架和模型则从高层次来指导工作，在人们分析和解决问题时发挥作用。

抽象程度与套路可应用范围正好相关：越抽象，范围应用越广。但越抽象，对需要利用它的人具备的基础知识和能力则要求越高。给一个小学生许多框架和模型，他也没有办法去分析复杂的问题。

套路的产生依赖于知识、实践的多寡和思考的深度与广度，所以通常新手可能总结提炼出一些具体、可直接复用程度高的套路，而高手与专家能够产生抽象程度高但适用范围广的套路。高手和专家的差异中，创新是核心因素。即使他们都能够创新出新的方法，但专家和高手相比，专家生产出来的内容适用范围更广、普适性更高。

套路的价值

第一是效率

有了套路才能提升效率，大部分你做的事情其实别人都做过，而且他们总结了许多成熟或者不成熟的套路，这个时候借鉴是保证效率的基础。

第二是指引和指导

许多人被评价为会干活，但他说不清楚自己是怎么做的。这并不是说他一点也不会介绍他做的事情，而是因为还没有套路化，没有找到事情之间的合理关系，所以说得不明白而已。

如果你想指导别人将工作做得更好，那就需要将工作方法套路化以后才能让别人高效率地学习，否则你东一榔头西一棒槌地介绍，有谁搞得懂呢？这时候你还可能批评别人水平低，而没有想到是自己没提炼好。

第三是创新

谁最先将认识和解决问题的方法套路化，谁就是创新。大部分人的工作与前沿技术和科学无关，但在每个人的工作中一定有许多应该套路化而无章可循（尚未套路）的地方，如果能将它提炼出来，那么就是在创新。

在工作场景下，新手借鉴前人的套路，能够提升工作效率和质量。随着经验积累和知识的丰富，慢慢开始整理提炼一些跟自己工作直接相关的套路：可复用的内容、模块、方法，在这个过程中个人胜任力水平得以提升。当一个人的能力达到较高水平的时候，可以站在更高角度去看自己所从事的工作、领域和行业，能够主动深入思考，发现模式构建出相应的模型、框架等套路，指导更大范围的实践，这个时候大致就成了你所在领域的高手和专家了。

在一个人成长的过程中，如果想达到顶尖水平，就必须具备套路思维的意识和能力。这里面包括两点：

第一点，相信你做的事情大部分已经有套路可循，先要去借鉴。有一部分特别成熟的套路可以用模型、框架、原则等展示出来，你直接找到就可以应用。

但大部分套路不会写成很明确的形式，需要你从套路的外衣（可能是一个报告、图片、文档）去找到这个内核，这考验你归纳提炼的能力；能够从表象看到本质，借鉴前人已经成型的套路，这样可以提升自己的工作效率和质量，从而使自己能够快速成长。

第二点，通过深刻思考去提炼总结出套路，并用来指导工作。高手和专家一定是在自己的岗位和领域有创新，而这个创新大部分表现为能够总结、提炼归纳出不同层级的套路来。只不过高手总结的套路是零散或者应用范围有限的，而专家的套路更多、更深刻和抽象，能够被应用于更广泛的场合和情景。

要想真正归纳提炼出高水平的套路，你既要有广博的知识、对行业与问题的深刻洞察和大量的实践经验，还要具备概念能力，从而能够以较高的层次去俯瞰行业面临的问题与困难，同时结合对用户需求的理解，这样才可能真正创造出靠谱的套路。

从职业生涯的过程来讲，每个人都需要先具备套路的思维方式：用套路、总结套路、创造套路，这是让你更快速长进的一把利刃，而不是只沉溺于解决一个一个问题或读一本一本的书。

超越套路

开车的朋友大概对自己刚开始开车时的情景都会有深刻的印象：油离配合总是不顺，左右两边的后视镜常常忘了看，转向灯忘了打或者忘了回，车开得战战兢兢且十分紧张，没开多远比走路还累。

但随着开得越来越多，也就越来越熟悉，开车成了一件轻松的事情，除了可以边开车边欣赏音乐，有人还可以边开车边吃东西、看书、玩手机（当然这是不对的）。

这是为什么呢？

在心理学上，将人的思维方式分为两种，第一种是直觉，由于积累了该领域大量的经验、技巧，以及熟悉程度的提升，不需要进行深入的分析就自然产生正确的行动和判断。一个老手在正常路况下开车，凭直觉（套路）就可以顺利地行驶，下棋的高手根据棋盘的情况自然地下出妙招都是这种情况。另一种思维方式是推理，由于问题的复杂程度较高而重复度较低，很难直接套用成熟的方法和技能，必须在规则指导下进行按部就班的分析与逻辑推理。面对陌生事物和问题的时候都需要严格推理，新手停车的时候脑袋里不断默念驾校学习的要领就是这样的一种状况。

直觉思维快速高效，而推理则是"慢思考"，需要在规则约束下进行。

丹尼尔·卡内曼（Daniel Kahneman）是拥有以色列和美国双重国籍的心理学家和经济学家，在美国的普林斯顿大学工作，2002 年与另一位经济学家获得了当年的诺贝尔经济学奖，以表彰他们"把心理学研究和经济学研究结合在一起，特别是在不确定状况下的与决策制定有关的研究"。

卡内曼主要研究医生和选择股票的证券从业者等从事复杂工作的人，他发现直觉很少能用在这些人的身上。他的研究表明，通过直觉直接揭示答案适用于以下两种情形：

- 环境的规律性足够强，使其能够进行自动化的预测；

- 在这些环境工作的人通过大量实践掌握了这些规律。

典型的人物包括国际象棋和桥牌高手，经验丰富的消防员、护士等，只要他们积累大量的处理日常和突发事件的经验，就会慢慢培养起对于所负责工作的直觉（这也是容易被人工智能所取代的领域）。

为什么有的问题对于常人觉得十分困难，束手无策，而专家则一眼就可以看出蹊跷、找到对策？

1978 年的诺贝尔经济学奖得主西蒙是这样说这种状况的："这个局面提供了一个线索，专家可以接触到存储于记忆中的信息，而这个信息提供了答案：直觉就是认知。"换句话说，当一个人无法形成直觉的时候，就是记忆中欠缺了关于所遇到场景的信息，没有积累与此有关的套路，无法直接反应，只能通过思考和分析去重新寻找相应的信息。

那为什么人有时会出现低级的错误呢？

第一个是懒惰。凭直觉认为很简单，不加思考就做了或忽略了，这就很容易发生低级错误。大部分人都是"思维上的懒惰者"，对于复杂的事情，不可能仅仅靠直觉去判断，这样判断的结果可能会离题万里；想要进行精准的判断，就需要严格的推理，对情景的深刻认识，以及承认自己的不足，不断校正。但大部分人不愿意这样做，太费劲了！

对于这类问题，如果严格分析和推理，是完全能够做对的。但由于偷懒，就会干傻事。

第二个是知识、套路储备的不足。

有一个类比软件的概念叫"mindware"，被翻译成"心件"（我更愿意称之为套路），是指适合人们在解决问题时的情景、大脑中已经积累的策略、规则、程序、模型、知识点等内容。如果这一块欠缺，即处于"不知道自己不知道的状态"，问题一定无法正确解决。

对于这类问题即便不偷懒，但由于当时当地的知识、套路积累不够，也不可能正确地解决。

用户思维

在历史上，无论是国内还是国外，拥有知识的人都是骄傲的。工业革命以来，资本主义国家有了完善的分工体系，拥有知识的人将自己的知识跟流程、生产结合起来，实现了爆发式增长。这时候人们发现知识除了完善自我修养还有这么大的价值。所以大量的学校和教育体系被设置，通过这个体系大量培养拥有知识、可以从事生产的人，进而引发了生产力的革命，人类效率极大提升。著名管理学家彼得·德鲁克所说的知识工作者已经成型，不同专业和资历的知识工作者在各种公司中从事研发、设计、生产、销售和市场工作，他们通过自己的专业知识赢得尊重和收入，被称为"白领"，而那些主要通过体力获取收入的人被称为"蓝领"。

经过这样的历练，西方的知识工作者认可了知识的作用及价值，并用来换取收入以维持生活和尊严。而我国有些知识分子则欠缺这一方面的训练，虽然他们也用知识解决具体问题，但对于知识的服务思维或多或少是有抵触情绪的，在这种状况下就表现为对用户需求的漠视（觉得用户不懂）、对用户需求研究和挖掘的忽视，造出了许多虽然可用但总让使用者感觉不是特别舒服的产品。

另外，从20世纪初到60年代，基本上可以被称作"生产年代"，这个时代世界上最有名的公司都是从事生产制造业的，福特、波音、通用是当时最红火的公司，但随着生产和制造不再是核心问题，社会就进入了"分销年代"，生产商不一定是最牛的了，谁能将产品卖给消费者才最有竞争力，这个时代的王者是以沃尔玛超市为代表的跟消费者更接近的企业，这个时间持续到20世纪90年代。之后就是属于IT的年代，亚马逊、谷歌等公司大红大紫。在其后，人们突然发现需要的东西都有人生产，而且价格便宜、质量也不错，这个时候互联网尤其是移动互联网开始渗入人们的生活，每个人都成了摄影师和记者，每个人都可以发声，而且经过互联网的传播声音会很大，人们需要更个性化的产品而讨厌千篇一律。这个时候，社会才真正到了用户的时代，生产也从B2C、C2C缓慢变革到C2B，即从厂家生产什么你就买什么（B2C），不同消费者之间的产品交换和买卖（淘宝的原意）到用户可以定制自己需要的产品和服务。

这个趋势在中国也类似，20 世纪 80 年代是工厂说了算，买产品要找关系批条子。后来国美、苏宁因为掌握了与用户的接口，所以它们很强势（国美的创始人黄光裕曾经是中国的首富），再后来淘宝、天猫、京东这类电商网站出现。现在，据说可以在海尔定制自己需要的冰箱和洗衣机，也有了许多上门量体专门定做的服装供应商。

作为致力于成为专家的人而言，必须明白你所提供的服务只有被用户认可才有价值。用户不会考虑你的水平和能力有多高，他们只在使用你所提供的产品和服务时才能感受你的水平和能力。所以想要有所成就，就必须考虑用户：他们为什么要用你的产品和服务？在什么场景下用，用这些产品和服务解决什么显性和潜在问题？你的产品和服务是否足够便捷、简单、易用？要真正地理解用户，就需要能够放下身段，愿意走到用户中间去，真正了解他们对你的产品和服务的需求。在这个过程中，一是意识，要有服务用户的意识；二是能力，要有挖掘需求、研究需求的能力。

许多人是做企业服务的，他们认为自己所提供的产品和服务只要功能实现就行了，采购愿意买单就可以了，不去考虑用户用得舒服不舒服。这是将顾客和用户对立起来的一种思维方式，在互联网的环境下是有问题的。简单定义，顾客是为你的产品和服务付款的人；而用户是最终使用你的产品和服务的人。这两种角色有时是同一人，但有时则不是。譬如你自己买一个东西自己用，这时候你既是客户又是用户；但如果你给你夫人买一套化妆品做礼物，这个时候你就是客户，但不是用户。

在产品短缺的时代，人们只考虑满足客户就可以了，因为客户付款，至于买回去用户用不用大家不想管，拿到钱就行了。但在今天商品充裕的环境下，在每个人都可以实时联网的时候，你除了要让客户满意、愿意买单，也必须考虑让用户满意。虽然是老公买化妆品，但如果老婆觉得不好用，估计也不会再次购买。除了让你的产品和服务有人买单，那些看起来对采购没有决策权的用户，才最终是你的衣食父母。因为最终是这些人使用你的产品和服务，采购可能买一次，但如果用户说用得不好，后面很难有持续的购买，而且他们会通过社交工具告诉全世界。

在成为专家的道路上，一方面，你要在专业上全身心地投入学习、实践、思考，通过自己的能力提升拥有专业的尊严和骄傲，这是每个专业人士值得追求的方向；另一方面，也需要放低自己，考虑用户需求，为他们服务，理解他们的痛苦和困惑，这样才能有机会将你的知识、经验、见解和洞察转化成社会价值。所以用户思维是专家必须有意识去培养的一种思维方式，这也是专家得以实现个人价值的基础。

在成就专家的路上，一定有许多跟用户交流、讨论的机会，这里面一定也有冲突、不解的时刻，这时候同理心就很重要。通过同理心，你可以发现用户那些看起来匪夷所思的想法、需求、建议的背后，其实都有自己的逻辑与目的。同理心通常也被叫作换位思考或共情，指站在对方立场设身处地思考的一种方式，即在人际交往过程中，能够体会他人的情绪和想法、理解他人的立场和感受，并站在他人的角度思考和处理问题。这种方法主要体现在情绪自控、换位思考、倾听能力以及表达尊重等与情商相关的方面。在专家学习、完成任务的过程中，一定与用户有许多强关系的人际交往，而同理心就适合这样的场景。与有同理心的人交往、合作会顺利舒服，这是一把利器，可以让你与用户建立良好的协作关系，发现他们的需求。

互联网企业之所以能够实现许多切合人们需求的创新，核心在于它们对用户需求的研究。它们的许多研究方法，读者可以根据需要和研究目的进行借鉴。譬如，由腾讯网 UED 部门组织出版的《腾讯网 UED 体验设计之旅》中就提到了它们常用的研究方法有以下 7 种。

- 问卷法：这是最常见的方法，以书面形式向特定人群提出问题，并要求被访者以书面或口头回答的一种进行资料搜集方法。这里应注意问卷的设计是否科学、人群界定是否清楚、样本数量是否全面等方面的问题。

- 可用性测试：指在设计过程中被用来改善产品可用性的一系列方法。在典型的可用性测试中，用户研究员会根据测试目标设计一系列操作任务，通过测试 5～10 名用户完成这些任务的过程来观察用户实际如何使用产品，尤其发现这些用户遇到的问题及原因，并最终达成测试目标。在测试完成后，用户研究员应针对问题所在，提出改进的建议。

- 眼动测试：就是通过眼动仪记录用户浏览页面时视线的移动过程及对不同板块的关注度。通过眼动测试可以了解用户的浏览行为，评估设计效果。

- 用户访谈：这也是常用方法，与问卷不同，在访谈中可以与用户有更长时间、更深入的交流，通过面对面沟通、电话等方式与用户直接进行交流。访谈法操作方便，可以深入地探索被访者的内心与看法，容易达到理想的效果。

- 焦点小组：依据群体动力学原理，一个焦点小组应由6～8人组成，在一名专业主持人的引导下，以一种无结构或半结构的形式，对某一主题或观念进行深入讨论，从而获取相关问题的一些创造性见解。焦点小组特别适用于探索性研究，通过了解用户的态度、行为、习惯、需求等，为产品创意收集思路。

- 用户画像：对用户的理解或者洞察，建立在深入分析目标用户的基础上。有了对目标用户的了解与结论后，可以逐步提炼用户的需求，并开始设计产品。对用户画像需要确定用户的维度、相关数据来源、用户行为等因素。

- 数据分析：是指用适当的统计分析方法对收集来的大量数据进行分析，将它们加以汇总、分类，以求最大化地开发数据功能，发挥数据的作用。也可以说，数据分析是为了提取有用信息和形成结论，而对数据加以详细研究和概括总结的过程。

随着你与用户接触越来越多，你不断地进行用户行为研究和需求挖掘，你的产品和服务收到更多的用户反馈，不断地基于他们的需求去改进完善与提升，专家慢慢会形成自己对目标用户需求的直觉。在一次采访中，"微信之父"张小龙说到用户体验和用户思维，他的解释很有趣："那就是瞬间变成'白痴级用户'的速度。"他半开玩笑地说，乔布斯能在1秒之内让自己变成"白痴"，马化腾的速度大概是3秒。记者问他，你是几秒，他笑着说，我大概是5秒吧。

这个世界不让人满意的原因，是我们大部分时候都站在自己的立场上去思考问题，没有为他人服务的意识和观念。所以，在互联网时代，人们用用户思维去挑战传统行业的时候，势如破竹：他们基于用户的需求来研究、分析和快速迭代，可以说，他们比你还了解你自己。

但用户思维不是一个概念，许多时候甚至跟你的自然意识相反、逆着我们的习惯行事。当你认为你水平最高的时候，可能就是离用户更远的时候，你要站在用户的立场而不是你的立场，这也是张小龙说的你能否瞬间变成"白痴级用户"的能力！

自然地站在用户的立场、普通大众的立场上考虑问题，而不是站在资深的、有经验的、专家的立场上考虑问题，这是用户思维的根源。如果你有用户思维，将你的父母、老婆、孩子、同事和公交车上的同行者都当作用户，这个世界就和谐了！

用下面一个实际的例子测试一下，你是否能够站在普通人群的立场上考虑问题。

以下这些文章是从某微信公众号发布的内容中选出来的，共 7 篇。该公众号的订阅者来自各行各业，没有明显的行业特性，年龄大都在 18 岁以上 50 岁以下，订阅数在 1000 人左右，这 7 篇文章的发布时间大致在两个月内。7 篇文章的题目：

（1）如何辨别身边的聪明人？

（2）李嘉诚愿意提拔哪 10 种人？

（3）林语堂说民族性：中国人的小聪明盖过西方人。

（4）一个拖延症末期，没恒心的懒人如何高效地学习？

（5）中国人说话的声音为什么特别大？

（6）吴晓波："价廉物美"的时代是时候结束了。

（7）汪涵的机智是如何炼成的？

将自己转化为一名"白痴级用户"的角度，仅从文章标题看这 7 篇文章的阅读量的排序（从高到低），再说说原因。即被人打开阅读最多的是哪篇，最少的是哪篇，为什么？

强调：需要你站在普通人的立场上，而不是你自己的立场。答案在知识管理中心的微信公众号（KMCenter）上可以获取。

行动指南

关于思维的清单

（1）仅有知识而不擅长思考和分析，那你就是"移动硬盘"？光会思考而没有大量的知识积累，那你不是空想家就是"民科"。

（2）思维能力分三层，最基础的层面经常被忽略，归纳、概括、概念、推理等是所有思维活动的基础；第二层面是思维模式或叫心智模式，你是乐观还是悲观，主动还是被动，就属于这一层的范畴；第三层是具体的思维技术，主要指结构化思维、用户思维、框架思维等。

（3）对于有认知能力的成年人，你所处的外部环境对你的影响是客观存在的，不管是好还是坏，你只能接受。在这个基础上取其精华，弃其糟粕，独立成长。如果你不能超越，那就只能被"控制"。

（4）只要努力你一定能变得很牛，有困难的时候就去克服。虽然具体怎么牛还不知道，但这无碍自己的自信，这就是成长性思维。除了成长性思维，你还需要学会理性、建设性地思考问题。

（5）不沉迷于小我才能有大我，将别人的事当自己的事，将自己的事不当事，主动承担属于你的责任，在自己范围内将事情做到极致，这样你才可能有机会。

（6）分类是一种认识世界和解决问题的基础能力，能够将复杂的事情通过分类变简单，能够将看似不关联的事情通过分类发现他们的共性，这些可以帮助你快速学习和解决问题。

（7）概念是对事物和规律的抽象理解与表达，如果能将纷繁复杂的现象和多样化的内容表达抽象成概念，表明你对事物的认识更深刻。概念本身又分层次，专家解决问题时从更高层次的概念入手，而新手则相反。

（8）学习是从点到块再到面，最后形成一个网状的体系，从下到上；但解决问题最好能从上到下，先有问题解决的框架，然后再去思考细节，这样保证你能够站在更高角度看问题。大部分人解决问题的习惯却是从下到上，结果是点上做得好，全局欠考虑，只见树木不见森林。

（9）好莱坞的电影和写小说都可以套路化，你的大部分工作也可以，之所以做不到的原因是熟悉和掌握的程度不够。套路包括多种方式，如内容、框架、模型、模板等，套路化其实就是对业务本身拆解后的再分析，发现共性和规律性。

（10）新手经常被套路，高手时时用套路，专家创造套路。

（11）在过去，用户至上是人们追求的理想目标；未来，用户第一应是所有业务的起点。但这其实是违背人性的，正常人都以自己为出发点，认为自己是懂用户的。谁更懂用户谁就更厉害，真正的专家对用户的了解，甚至超过用户自己。

进阶

成为专家的 5 个阶段重点思维方法及内容见表 4-2。

表4-2　各个阶段的重点思维方法及内容

阶　段	方法及内容
专家期	深入研究用户需求，基于用户需求去设计和开发产品与服务，并不断创新和突破套路
高手期	提炼各种类型的套路，从用户角度和战略角度考虑问题，概念思维、系统思考等
胜任期	提升框架思维能力，总结提炼套路。知其然并探究其所以然，理解任务和项目的背后，站在更高层次上思考你所做的工作的价值和战略
新手期	在实践中锻炼自己的综合分析能力，学会分类。心中有用户，你做的事情是服务谁，他们需要什么
探索期	在该阶段，要积极主动地去尝试，不要怕失败，养成成长性思维

思考

某人在朋友圈征集了一些对于他个人评价的标签和描述，收集了30个（见表4-3），请将这些词汇：

（1）进行分类。

（2）建立一个可以用来描述任何人的框架。

表4-3　收集的30个标签和描述

编号	标签及描述	编号	标签及描述	编号	标签及描述
1	上进	11	大叔	21	真性情
2	严谨洞察能抓住问题关键	12	知识专家	22	专业
3	大牙	13	一本正经	23	听不进去意见
4	持之以恒	14	博学	24	内涵
5	装	15	讲实话	25	中肯
6	KMCenter	16	你的知识需要管理	26	非常好
7	闷	17	蛰伏	27	实在
8	独立人格	18	大咖	28	逻辑性强
9	弘毅	19	大智若愚	29	年轻的心
10	犀利	20	有趣	30	网红

第五章

品　　牌

　　你认为自己怎么样一点都不重要，必须让他人了解、认可、信任你。这个过程的实质就是建立个人的品牌，其核心是拿自己的作品说话。

许多在专业领域上有所成就的人经常会抱怨，那些掌管资源分配的人看不到他们的专业成就，却将机会给了那些专业水平低却八面玲珑的人，以此来表明社会对他们不公平，这也就成为他们之所以不得志的理由。不能否认这种情况是存在的，但是除了机制、体制和资源掌握者的识人不明，不能否认也有你自身的客观原因。

有能力的人常常也有脾气，在专业上有所成就的人常常也会有自己的骄傲，因为他们专注于专业而没有时间和精力去建立良好的人际关系，没有有意识地、有目地展示自己从而赢得认可，他们常常被动地等待着"被发现"，而不去主动展现自己的能力，从而建立自己的专业领导者地位与形象。古人有语云"学会文武艺，货卖帝王家"，那么，现在的"能人"，即便你有经天纬地之才，也要有"卖"的意识和能力，而不能一味地等待，进而蹉跎人生。

让别人了解、认识和认可你，是你自己的职责而非他人的义务。没有人有义务来发现你的专长与技能，你需要抓住各种机会，主动地、有技巧地展示自己，然后塑造自己的个人专业品牌。

专业品牌的塑造不是在你已经成为某个领域专家的时候才需要的，而是在成为专家的过程中就需要拥有的一种意识和能力。如果你不能让更多的人认识并认可你，赢取他们的支持，那么，你就可能根本没有机会成为项目的参与者和主导者，更不要说去实现自己的价值和抱负了。当你欠缺这种机会的时候，也就不能更进一步地锻炼和提升自己的水平和能力，从而使自己成为真正的专家。有许多天赋和努力程度都很高的人，就是因为欠缺解决问题的机会，最后与真正的专家擦肩而过。当你真正成为某一领域专家的时候，你仍然需要个人品牌和社会对你的认可，只有这样，你的专业知识与才能才有机会得到应用与发挥，才有可能转化成产品、服务提供给社会，从而实现自我价值。

那么，如何赢得社会的认可呢？这是许多专业人士的"软肋"，甚至许多人没有这方面的意识，更遑论行动了。因而，本章将从意识、方法和行动上提供一些思路，期望能给大家有所启发。

让别人认可你，是你自己的职责而非他人的义务

为什么是莫言获得诺贝尔文学奖

2012 年 10 月 11 日晚上，瑞典文学院"突然"宣布中国作家莫言获得 2012 年诺贝尔文学奖，获奖理由是：将幻觉现实主义与民间故事、历史与当代社会融合在一起。莫言获得诺贝尔文学奖后，诺贝尔奖官方网站摘录了《天堂蒜薹之歌》中的一个章节，作为对莫言作品的介绍。

说到"突然"，是因为许多人根本不知道有个作家叫莫言，也不知道他写过什么作品。然后莫言就上了中央电视台的新闻联播、人民日报的头条，作为第一个大陆土生土长并被公开承认获得诺贝尔奖的中国人，连他们老家房前屋后的草和树都跟着荣光了起来，被络绎不绝的参观者拔走不少。

尽管大众对莫言不太了解，但不能否认，莫言通过小说表现出的文学水平和能力，使他在中国健在的、最好的作家群体（可能是最好的 100 位作家或 1% 的作家）中占有一席之地，这也是诺贝尔文学奖评委会的专业判断。但是"文无第一，武无第二"，我们很难说莫言的文学水平一定是中国第一，在中国最好的作家群体中，每个人都具备了获得诺贝尔文学奖的水平。至于是谁最先获得诺贝尔文学奖，除了运气一定还有其他方面的原因。

那么，为什么最后是莫言获奖呢？后续的报道说出了其中的原因，这个事情对于普通人而言可能很突然，但对于文学圈的人来说其实是有所预见的。就连日本的著名作家、曾经获得诺贝尔文学奖的大江健三郎就曾经说过："如果继我之后还有亚洲作者获得诺贝尔文学奖，我看好莫言。"这个判断不是随便下的，其实有自己的依据。

根据莫言小说改编的电影《红高粱》，在 1988 年获得柏林国际电影节最佳影片金熊奖，这是中国电影第一次获得国际顶级电影节的金奖。另一方面，在文学上，中国并不缺乏高水平的作品和作家，但由于语言的鸿沟，大部分中国作家的作品无法被国外的读者了解和认可。同时，诺贝尔文学奖的评奖委员们大部分是欧美人士，因此，在中国国内可能影响力很大的中国作家及作品，这些评奖委员们根本就不知道，更别说获奖了。从这个角度来说，莫言则占据了很大的优势。

正如陈安娜（瑞典翻译家，莫言作品的瑞典文翻译者）所言，在中国当代小说家中，作品被译介至国外数量最多的作家就是莫言。目前，他的大部分长篇作品都被翻译成外文，其中《红高粱家族》有 16 种译本，长篇小说《酒国》有 6 种，《丰乳肥臀》《天堂蒜薹之歌》等都有各种译本。

在如今的英、法主流阅读市场上，莫言作品的翻译既是中国作家中最多的，也是最精准的。这使得莫言在 2012 年诺贝尔文学奖获奖之前，就在欧美文坛享有广泛的声誉，萦绕在他头顶的获奖呼声一直比较高。

年逾古稀的美国翻译家葛浩文被中美媒体称为"唯一首席接生婆"。他与莫言有过很愉快的合作，他翻译了很多莫言的小说。"首席"凸显了葛浩文的翻译水准，而"唯一"也折射出中国文学在欧美得到的译介并不广泛。上海译文出版社副总编辑吴洪认为，翻译是中国作家作品走向世界舞台的最大障碍因素。

可能中国还有许多作家比莫言的文学水平更高，但诺贝尔文学奖的评委们根本就不知道他们，更不要说让他们评选这些作家及其作品了！这种情况其实与我们工作的情况相似：可能你的技术水平及能力比另一个同事高，但领导不知道，他们也没机会看到，理所当然地，他们就会选择自己比较了解且自认为最合适的人来合作了。

在莫言获奖后，媒体还翻出了许多有意思的花絮。这从另一个角度告诉我们，作为高手的莫言，其实也会抓住机会主动展示自己，让人们认可自己。

洞察人性后与世界和解

在历史上，无论是国内还是国外，拥有渊博知识的人一般都比较骄傲。在我国，有"学而优则仕"的传统，有知识的人一般喜欢做官，而做官是一种管理性工作，然而，一些自命清高的知识分子又有"谈笑有鸿儒，往来无白丁"的情结。在国外的中古时代，知识通常是由僧侣阶层掌握的，他们代表着道德上的高地。上帝创造的伊甸园里面有两棵树，一棵是生命之树，另一棵是知识之树，而上帝所禁止人们偷吃的恰恰是那一颗知识之树的果实。因为吃了知识之树的果实，人们就能够明辨是非，从而拥有聪明才智。

上千年来对知识和知识分子的重视，使国人虽然讨厌"恃物/权傲才"的人，但在传统文化中对于恃才傲物、傲权的人却非常宽容，甚至有许多赞赏和推崇。譬如，对于李白这样的天纵奇才，其嚣瑟甚至狂妄，人们却认为这是"理所当然"

的事，甚至李白戏弄高力士、杨贵妃这样的皇亲国戚的故事被编成戏剧、评书而千年传唱。在这种文化下，一些有知识、有才能的人很少考虑如何去与人相处，并建立良好的人际关系，从心里形成了一种"扭曲"的观点：有知识的人就应该张扬，说的话只要是对的就不需要照顾听者的感受，要不就是听话的人有问题，没有雅量、心胸狭窄等。

当年20岁的咸丰皇帝继位后，为显示自己的胸襟和明君气派，下诏"求言"。以谨慎闻名、年轻、耿直的老实人曾国藩就信了，然后很真诚地直指咸丰皇帝的三个缺点，并且将自己的折子送回老家给亲戚朋友传阅，以显示自己是一个有立场的人。他的折子核心意思是批评咸丰皇帝的三大不是：

一是见小不见大，小事精明，大事糊涂。他批评皇帝有"琐碎之风"，"谨于小而反忽于大"，天天把精力用于挑大臣们礼仪疏漏之类的小毛病，苛于小节，疏于大计，对派往广西镇压起义的人员安排不当。

二是"徒尚文饰，不求实际"。鼓励大家进言，大家提了不少意见，其中有些是很有见解的，可是结果却都被批成"毋庸议"仨字而已，没有一项落实。

三是刚愎自用，饰非拒谏，出尔反尔，自食其言。

看到这样的建议，你有什么感触？相信普通人也会十分恼火，更不用说年轻气盛、想沽名钓誉的小皇帝了。史书上是这样记载的——"疏上，帝览奏大怒，摔诸地，立召军机大臣，欲罪之。"

咸丰皇帝真想治曾国藩的罪，无奈其他大臣苦苦求情，更重要的是咸丰皇帝不愿意落下气量窄小的评价。虽然咸丰皇帝最终没有因为这个奏折治曾国藩的罪，但是在其心中却对"曾国藩"有了成见。

除了给皇上的折子，在社会和工作中的曾国藩也是这样，最终，"愤青"曾国藩变成了"孤家寡人"。他母亲去世后，曾国藩请假回家守孝三年。在这三年中，他不断自省和反思，并对世态进行深入观察和分析，最终，他改变了自己，这才有了后来的"外圆内方"、成就一番事业的曾国藩。他认识到，在短时间内，仅以一己之力很难去改变整个社会的陈规陋习，在坚持自己原则的同时，也必须与大部分同僚、上下级之间建立相对和谐的关系，才能使自己有机会去实现个人的抱负。同时，他还认识到，如果要实现自己的目标，就必须与各式各样的人物建立良好关系，虽然他仍有自己内心坚守的原则与底线，但是在外在表现上已经不是那样咄咄逼人、非黑即白了，而是去适应、去利用各种资源与人脉，从而去实现自己的伟大目标。

小孩子们看电影和电视的时候总爱问：那个人是好人还是坏人？在他们眼里，世界上的人是可以泾渭分明地分出好人和坏人的，但这种幼稚的认知在社会上会处处碰壁。从人的成长来看，作为一种动物，人无疑是弱小和娇贵的。所以人类拥有了所有动物中最长的被庇护成长的时期，从婴儿到大学毕业这二十年左右的过程中，人们都在家庭、学校、社会的"关怀"下生活、生存，这个时候的年轻人看到的世界其实不是真实的世界，是我们成年人为他们创造出来的、过滤过的"美好"世界。所以，当大部分年轻人走向社会的时候，会对现实有"天真和幼稚"的预期；当看到真实的社会的时候，他们就会愤世嫉俗；当看到社会的阴暗面的时候就会恨之入骨；当看到与自己年幼无知而"假想"出的世界不一样时，就感觉"三观"崩塌。但成年人应该知道，这个世界不会因为你的想象而变得更加美好，而是需要通过自己的努力、一点一滴的改变才会如意起来。

作为有志于成为专家的人，需要尽早摆脱"天真和幼稚"状态，不要认为社会是非黑即白，不要以直言为荣而不考虑交流对象的感受，不要认为自己满腹才华就应该受到重视而相信社会不会沧海遗珠，不要认为前辈有义务帮助你而你就可以不顾起码的礼貌。你还应该知道，每个人都是独一无二的个体，而且每个人都有各自性格上的弱点和好恶，由于生长环境的差异致使其看世界的角度都会有所不同。因而，每个人都应该为自己的人际关系负责，并与你所在环境的各个成员友好相处，而不能自认为整个社会对你都不友好，从而将自己的人际关系搞得一团糟。许多有才华、志向的人就因为陷入这种无休止的斗争中不能自拔，最后自己成为了对社会冷嘲热讽的批判者，而不能成为一个真正的建设者，这样不仅浪费了自己的才华，而且也让自己失去了很多得以成长的机会。

华为公司创始人任正非认为："一个领导人重要的素质是方向、节奏。他的水平就是合适的灰度。"领导者需要灰度，专家也要能够容忍这个世界的灰度。灰度既不是黑，也不是白；既不是对，也不是错；既不是好，也不是坏；是一种融合体，而不是走极端。灰度思维既不是"非白即黑"的反向思维，也不是"白加黑"的并存思维，而是"黑白融合"的和合思维。任正非曾经说过："在变革中，任何黑的、白的观点都是容易鼓动人心的，而我们恰恰不需要黑的或白的，我们需要的是灰色的观点，在黑白之间寻求平衡。在个人成长的过程中，个人的努力和有价值的实践都极其重要。但是，如果不能够与自己所在的环境建立相对和谐的人际关系，那么其他人有意无意施加的阻力就可以让你的所有努力付之东流，而个人也会陷入无尽的斗争和冲突中走不出来，甚至可能成为怨天尤人的怨妇一般的人。

你也许会想："我又不是人民币，怎么能让人人都喜欢我？"没有人可以做到让人人都喜欢自己，作为一个想成为专家的人而言，你不必去学习那些奴颜婢膝、溜须拍马的技巧与方法。实际上，也只有那些真正有自己立场、观点和方法的人，才能真正地赢得人们的尊敬。但每个想有所成就的人都应该学会洞察人性、理解人的弱点和缺陷。达尔文曾经说："我们必须承认，尽管人类有着所有的高贵品质（具有对最为卑劣的人的同情心，具有善心，不仅仅对人，还延伸到最为卑微的生物；具有上帝般的智力，渗透到太阳系的运动和构成），但人仍然在他的身体里承载着出身低微（注'来自于动物所抹不掉的烙印'）。譬如，每个普通人的内心深处都会妒忌、都不愿意离开自己的舒适区域而因循守旧，哪怕明明知道自己观点不正确，也要坚持和固执等。"

每个人都有这样或那样的人性弱点，为了完成我们的目标，我们需要承认这些弱点并勇敢面对它们。当你与人交往的时候，不要去激发人性恶的一面，而是创造让"善"发挥的环境，只有这样你才能有一个好的外部环境去追求自己的理想。歌德说："希望其他人能同我们相协调是非常愚蠢的，我从来没有这样希望过。我总是把每个人都看作独立的个体，我努力去了解他的所有特点；但是从他们那里，我从不希望获得进一步的同情。这样一来，我就能够同每个人交谈，并因此获得不同性格的知识和控制生活所必需的圆滑机敏。"

虽然我对卡耐基那句流传甚广的"专业知识在一个人成功中的作用只占15%，而其余的 85% 则取决于人际关系"一直持怀疑态度，但这无疑从侧面说明在全世界任何国家和地区，要想有所成就都需要良好的外部环境和人际关系。别忘了发明情商的丹尼尔·戈尔曼也是一个美国人，这说明，即便在美国的任何领域，有良好的人际关系，在与人交流相处时让人感到舒服，并赢得人们的认可与信任，也是想要有所成就的基础。

赢得别人认可的策略

工业革命开始后，知识越来越摆脱了它的道德属性，成为人们认识世界，尤其是改造世界的一种有力武器，甚至人们认为有用性成了知识的唯一属性。亚当·斯密在《国富论》中提出分工理论，其中暗含的其实是互相服务的概念：专业分工，用经验和知识提升效率；互相交换、相互服务，提升社会的整体效益。所以，真正想要有所成就的人，还要有自己的专业是为他人服务的理念，不要陷入"我专业，我很牛"，甚至我专业别人就要迁就我、理解我的怪圈中。

在江苏卫视的《非诚勿扰》这档节目最火的时候，主持人孟非经常调侃：作为一档大型生活服务类节目，嘉宾有什么需求都尽量去满足——你要唱歌就唱歌，想跳舞就可以跳舞，想变魔术、耍武术节目组都尽量提供方便。既然是服务类节目，当然得满足用户的需求。我没参加过《非诚勿扰》，不知道是不是真的跟说的那样真诚地去为参与节目的嘉宾服务。曾经流传了另一家电视台里发生的故事：2005年，《南方人物周刊》刊发了一篇文章，主持人A在文中说：我们台一位主持人C在做谈话节目时，采访一位艺术家，这位艺术家很投入、很忘情，主持人C也在现场号召大家向艺术家学习。做完节目出来后，主持人C对主持人A说，今天这傻子真配合我⋯⋯主持人A在看这个节目时，看到主持人C哭的场景，主持人A感到非常搞笑和难受。这个采访曾经引起了后续很多年的公案，主持人A和C之间也有了心结，多年后这个结都没解开。

即使现在没有当年那样如日中天，但是大部分电视台的服务意识也不强，潜意识里：我这么有名，邀请你来上节目就是给你脸了，你还有什么可说的。不仅仅是电视台有这种思维，许多体制内的机构大都有这种潜意识的想法，甚至许多民营的机构、路边小店的老板也都有这种思维。具备各领域专业知识、实践经验、思维方法的专家们，其实何尝没有这种思维呢？但是，如果你想成为一名真正有价值的专业人士，在现在的环境下就必须拥有服务的意识和能力。而且，服务别人并不丢人，这个社会赖以生存的基础就是我们每个人都是在通过自己的知识、智慧和劳动服务其他人，其服务的形式可能是直接的，也可能是通过其他形式（如参与产品等）间接服务。然后，真正的服务，一定不会是站在专家的立场上的服务，而是要从用户角度出发，要对用户的需求进行研究和分析，这是一种大部分专业人士欠缺的能力和意识，这里面也涉及许多知识、方法和工具，值得下功夫去学习与实践。这部分内容，在思维章节已有系统论述。

从心理学上讲，每个人都习惯于高估自己的能力和价值，认为自己应该受到更高的待遇，或者换句话说，认为自己受到的对待低于自己的价值。那么，如何让别人认可你的价值呢？这个"别人"是指哪些呢？在各类机构内，这个

"别人"可能是你的老板或同事，也可能是你的导师或同学；在社会上，这个"别人"可能是你的朋友或你的合作伙伴。你没有办法强制别人，或者直接告诉别人：我是牛人、我是专家！如果你这样做了，他们也不会相信，相反，他们会想：这家伙真会吹牛！但是你可以通过展示自己的专业知识和技能，给他们提供"你是专家"的"心服口服"的判断依据。因此，人们会根据你所展示出来的形象与才能，判断你是一个什么样的人：你是否值得大家信任；你是否值得大家与你合作，你有没有能力解决大家所面临的问题；你是不是最佳人选；等等。

当你具备了服务的意识和能力，能够站在用户的立场上去思考他们需要什么，然后再去用适当的方法且有目的地展示自己的专业能力，这样人们就会认识你、了解你，进而认可你、信赖你，从而赢得更多的合作。当然，这个过程对于大部分人而言都不会很容易，但这种努力是值得的。因为社会是按照每个人价值的认可度来分配资源和建立合作的。如果你想获得人们更多的价值认可，就必须恰当地、合理地、有分寸地去展现自己的才能，从而增加人们对你的了解，从而在他们心目中形成对你有利的印象。

一位专业人士想得到社会的认可，需要注意以下三点。

第一，礼貌和真诚，这是得到社会认可的前提条件

常常听人说："大行不顾细谨。"不注重基本礼仪、礼节和礼貌。殊不知，礼貌是赢得别人尊重的敲门砖，体现了你对别人的人格尊重。"敬人者，人恒敬之；爱人者，人恒爱之。"想想看，你都不尊重别人，还怎么期望别人尊重你、认可你？！如果你缺乏礼貌，就会让人感到你没有教养，那么，想帮助你的人也不会帮你了，想与你交流的人也不愿意与你交流了。这是得到社会认可的成本最低的方式，然而许多人却欠缺这种为人处事的基本修养。在任何时候，人与人之间都需要真诚。林肯说："你可以一时欺骗所有人，也可以永远欺骗某些人，但不可能永远欺骗所有人。"在互联网的环境下，尤其如此。同时，你要相信你的真诚别人是能够看得见的：好的产品中能体现出厂商的真诚，好的文章中能感觉到作者的真诚，好的服务能看到服务者的真诚，好的交流能感受到彼此的真诚，真诚是维系良好人际关系的基石！

第二，有价值并让人知道

这条无疑是你在社会上立足的根本：你要有价值，同时要让人们认可你的价值。你有价值了才有人愿意跟你合作，你如果价值大到一定程度，这个世界会忽略你的莽撞和让人讨厌的个性。

每个人都有其应有的价值。一个人身体强壮，可以用来当搬运工，当需要搬运物品的时候人们就自然而然地想到他，这就是他的价值；一个人语言幽默，虽然形象普通，但是能给人带来快乐，这也就是他的价值；一个人擅长写作，能写出精美的文章供人传阅，这也体现了他的价值；等等。然而，我们现在需要更高层次的价值，如果你不仅身强力壮，而且还擅长将一个新产品推向市场，那么，你就可以成为一位市场或销售总监了。

再次强调，自认为自己有价值，只能说你有自信心，能否真正转化为价值还有待别人的认可。因此，你要把握机会，主动地、有目的地、有针对性地去营销自己：让你的同事和老板、同行、整个社会都了解你，知道你的才能和本领。

第三，用户思维，站在别人的立场上思考

这个世界上，大部分人首先考虑的是自己。如果你能够站在他们的立场上去思考问题，你就会明白那些任性、毫无逻辑、尖酸刻薄的行为背后都有自己的原因与动机。能够站在他人的立场上思考、不纠结于小我，而是能看到他人情绪背后逻辑的人，不仅能谅解别人，而且还能赢得他人的理解。多了解这些人际技能会让你无往不胜。

叔本华说："你必须允许每个人以他自己的性格而存在，不管结果最终如何；你要努力做的就是以某种方式利用这种性格的天性，而不是想着去改变这种天性，或是不经考虑对其进行谴责。"

赢得认可，要靠作品说话

突然成了管理大师

有那么一个人，是全球管理咨询界的传奇。在他40岁的时候，因为一本书，他突然成了全球知名的管理大师。

1966年，他24岁，获得了康奈尔大学土木工程专业的硕士学位。然后他去

当兵，成为美国海军的一员，1970年离开军队。他服役期间曾被派往越南服役，后来还在五角大楼工作过一段时间。

1970年，他又回到学校，在斯坦福大学获得了MBA学位，并乘胜追击在1977年获得了斯坦福大学的组织行为学博士学位。其中，1973—1974年他还做过美国白宫防止药物滥用的顾问。接着，在1974年他加入了麦肯锡咨询公司，一直到1981年。他在1979年成了合伙人和组织有效性实践的负责人，从麦肯锡离职后，他开始以独立咨询顾问的身份工作并成立了自己的公司。

到这儿，他的经历就是一个美国典型白领的奋斗历程，没什么特别出彩的地方，也没显出骨骼清奇大师范儿来。直到1982年，也就是他辞职单干后的第二年，这年他正好40岁，与自己的前同事罗伯特·沃特曼合作出版了一本书 *In Search of Excellence: Lessons from America's Best-Run Companies*，这本书在我国被翻译成《追求卓越》，副标题是"美国企业成功的秘诀"。

因为这本书，他就突然成为了明星和管理学大师：他出版的这本书是人类第一本销量过百万的商业书籍，充满激情的他不仅出现在各种报纸杂志上，而且频频在电视上露脸。

《追求卓越》自1982年出版以来，连年荣登《纽约时报》非文学类图书排行榜，旋即被译成十几种文字风靡全球，仅在美国的发行量就达600万册。《福布斯》评出20世纪最具影响力的工商书籍，《追求卓越》排名第一。

说起来，这本书还跟麦肯锡公司脱不了关系，因为1977年他被分配参与了"卓越公司"的项目研究。为了这个研究项目，他花费数年时间辗转于美国各地，深入企业调查研究，取得了数百个大小公司的第一手材料，样本包括制造、信息、服务、销售、交通、食品等诸多行业，其中有我们熟知的跨国公司，如IBM、通用电气、惠普、通用汽车、3M、麦当劳、宝洁等。研究中发现，尽管每个优秀企业的个性不同，但拥有许多共同的品质，并将这些共同品质总结为八条原理。

（1）崇尚行动（A bias for action）：偏好行动而不是沉思；

（2）贴近客户（Close to the customer）：在产品和服务上满足客户的需求；

（3）自主与创新（Autonomy and entrepreneurship）：鼓励自治和放松，而不是紧密监督；

（4）以人助产（Productivity through people）：对雇员的态度是鼓励其生产力，

避免对立情绪；

（5）价值驱动（Hands-on，value driven leadership）：以一种被称为"走动式管理"的方式，保持与大家的紧密接触；

（6）不离本行（Stick to the knitting/stay close to the business you know）："专注于自身"以保持商业优势，避免在自己力所不能及的领域与人竞争；

（7）精兵简政（Simple form，lean staff）：组织结构简洁，人员精干；

（8）宽严并济（Simultaneous tight-looseproperties/central core values combined with decentralized organization）：对目标同时保持松紧有度的特性但却不窒息创新的控制系统。

现在看这八条原理，大部分人都觉得没有什么特别了不起的地方，为什么就突然火了呢？

从今天的视角看，这里面说到的亲近客户也好、激励员工也罢，都是很平常不过的理念，甚至还不如小米、联想、华为他们的管理方法炫酷。但是，如果你从历史的角度看，你就能够明白这本书的震撼和价值。在那个中国还没有全面改革开放甚至没有一家市场化企业的年代，他们提出了个人自治将取代组织化的监督，标榜创意与行动高于一切，个人而非数字与制度将成为一切商业行为的核心等观点，是不是跟今天的个人崛起有点异曲同工？

为什么这本书这么火？当时日本企业在全球咄咄逼人，大肆购买美国的企业。而曾经最引以为豪的美国公司却成为被讥笑的对象，赢利不如日本企业，连产品质量也不如日本企业。相比于日本文化中对集体主义与一致性的尊崇，美国那些具备强烈个人化精神的员工该如何管理？美国企业该如何焕发青春？美国企业仿佛到了穷途末路。因此，当这本《追求卓越》的书出来后，备受美国企业界追捧也就不奇怪了。

看到这里，大部分人其实都知道这个人是谁了？就是汤姆·彼得斯（Tom Peters），他在40岁那年出版的这本书为他赢得"全球最著名的管理学大师之一""后现代企业之父"等各种称号。

彼得斯不同于大部分的管理专家，他的学术背景较少，实践经验也不多，更像是一个文艺青年。他喜欢生活在聚光灯下，喜欢和人们分享自己的激情与思想，他的演讲具有煽动性和亲和力。彼得斯说：管理不仅是理性、命令、控制，它更是一种好奇心、创造力与想象力的游戏。一些主流商学院的教授并不认可他，他总是将那些流行的词语和段子塞到他的畅销书中，并和管理思想搅拌起来。

《追求卓越》获得成功的两年后，《商业周刊》称该书提供的大部分成功企业已经失败。在 2001 年 12 月号的《快公司》（*Fast Company*）杂志上，彼得斯承认在《追求卓越》一书中的基础数据造假了，并认为当时许多人都认可这种方式（"This is pretty small beer, but for what it's worth, okay, I confess: We faked the data. A lot of people suggested it at the time."）。但是后来他又否认，说是杂志社断章取义。

在出版了《追求卓越》以后，彼得斯又出版了很多著作。虽然观点大都惊世骇俗，并且写得激情满满，但大部分著作的影响力不大，销量都不算太高，更不用说达到《追求卓越》的高度。而且其作品对于商业、管理的影响力日渐衰落，人们甚至很少再提起他。

知名作家和出版人许知远对彼得斯有一个很中肯的评价："汤姆从来就不是一个深刻的管理思想家，他是一位传教士。他的全部思想在《追求卓越》中已经表现殆尽。倘若说查尔斯·泰勒所开创的科学管理将人置于制度压迫下，从而获得了工业时代的效率，那么彼得斯则是大胆地将非理性思潮引入管理界，将对个人的尊崇提升至组织之上，并将个人的创造力在商业中的作用推向一个极致。而汤姆·彼得斯本人天然的表演气质在其中扮演了关键角色。"

而我看到的则是：一个富有激情而且聪明的咨询顾问，在合适的时间写了一本正好是社会需要的作品，从而就拥有了无与伦比的影响力并开辟了一个时代，被捧成了各种大师的故事。

你的作品是什么

从国际视角来看，中国和亚洲的田径项目尤其是短距离项目成绩都不太好，而刘翔则是一个例外。作为中国田径队男子 110 米栏运动员，刘翔是中国田径史上，也是亚洲田径史上第一个集奥运会冠军、室内室外世锦赛冠军、国际田联大奖赛总决赛冠军、世界纪录保持者多项荣誉于一身的运动员。2006 年，在瑞士洛桑田径超级大奖赛中，以 12 秒 88 的成绩打破了保持 13 年的世界纪录而夺得冠军，从那时候起刘翔成为了体育领域的标杆和模范，各种荣誉职务加身，比当时最火的娱乐明星还要耀眼许多。作为中国乃至世界体育史上一位里程碑式的人物，一度成为各大商业品牌争相合作的对象，在刘翔最火的巅峰时期，曾代言了 17 个广告，但是随着刘翔的两次退赛，以及最后退役，其代言也越来越少。近年甚至开始参加综艺节目，但从他的整个运动生涯来看，他仍然是最有"经济价值"的运动员之一。

刘翔只要跑得快并获得好的成绩，自然就有广告代言，也能被这个世界认可。那么，作为知识工作者的我们呢？

即使你掌握某个领域的高深知识，参加过不少大型项目，解决过很多复杂困难的问题，即使你学富五车、思维缜密，但是这些人们都无法从外表上看出来。这也是知识工作者困窘的地方，比较初级的做法就是弄一些证书、头衔来展示自己的专业，但人们也越来越明白，名片上头衔越多意味着这个人的社会地位和品位越低，留下的无非是廉价的虚张声势。当你刚刚毕业的时候，可能因为你的一个或者几个证书得到一份工作，随着参加工作的时间越来越长，证书的价值也就越来越低。社会也有自己对于专家的认证方式，通过职称、论文等形式来界定或评定专家，但这种方式也存在着许多问题和漏洞，这也是为什么社会上将个别专家叫成"砖家"，个别教授称作"叫兽"的原因之一。

相声演员岳云鹏经常说他的成名曲是《五环之歌》，这当然有开玩笑的成分，但许多人的确是通过这首耳熟能详的歌曲认识他的。"事实胜于雄辩"，说一万遍自己是最有才华的作家也没有人相信，但是，如果你有一个拿得出手的作品展现出来，作品自己会说话。基于你的作品，自然有人会来判断你是不是有才华，是不是好作家。成天叫嚷这个时代的人太势利，老板"眼瞎"发现不了你的才能，那么，你要有拿得出手的"作品"来证明你"有才"！前面例子中的汤姆·彼得斯（Tom Peters）就是一个典型，通过他的作品《追求卓越》，几乎让全世界的管理学者都认识了他（这当然有运气的成分）。

只是自己认为自己很有才能，这是没有用的，相反，大家却认为你是在吹牛而已，甚至认为你有自恋情结。你要让别人认为你有才能，让有价值的人认为你有价值，这才是真的有价值。

但如何让别人说你有才能并信服你呢？如果你仅仅想让一个人认为你"了不起"，你整天跟他去讲就可以了。在热恋中的恋人眼中，即使那个男生在社会上很普通，但他就是这个女生心目中的"太阳"。但是，如果你想让这个世界很多人都认可你，认为你很"了不起"，这怎么办？你总不能强制别人认可你，这就需要你展示自己的"了不起"，然后让别人去判断。然而，在展示自己的方式中，没有比

"作品"更直接、更有说服力的了。

那什么是作品呢？作家写的书、画家画的画、歌手唱的歌、手艺人做出的产品、马云的阿里巴巴、你写的文档和代码，甚至隔壁老王家的小孩，都可以算是作品！

郭德纲是一名颇受争议的相声演员，但不可否认，他属于当代相声演员里知名度非常高的一位。在互联网上去搜索相声，老牌的有马三立、侯宝林等相声大家的作品比较多，但由于他们讲的相声段子的内容和背景离现在的社会背景比较远，所以内容上与现在社会的贴近性不强；许多新生代知名相声演员的相声只是适合在电视台播放的"电视相声"，其接地气的程度不高。在互联网的搜索结果中，你会发现郭德纲及德云社的相声数量是最多的，而且被听的次数也是最多的。这也是许多郭德纲的粉丝都觉得"欠了郭德纲一张门票"的原因。

从电视相声到剧场相声，这离不开郭德纲及德云社的贡献。因为他们，相声才从"高大上"的电视上来到普通人的中间，有不少来北京的朋友晚上没事还去德云社听听相声。在这一点上，郭德纲及德云社是有贡献的。

没有人为你的水平买单，你的水平再高也没有用，人们只会看你的作品来判断你的水平，因为人们会为作品买单而不会为水平付费。任何想要建立个人品牌的人都非常需要用自己的作品来说话，你的作品会帮你去说服别人、建立信任。如果没有作品，甚至没有持续不断的作品出来，社会就会把你遗忘。譬如北大中文系毕业，曾是德云社相声演员的徐德亮先生，现在估计许多人都不记得他的相声段子了。

有幸认识了几位参加过 2008 年北京奥运会组织工作的人，奥运会的工作结束后他们专门成立了一家咨询公司去做大型运动会的策划及咨询工作。因为有北京奥运会这个作品在这里，他们很顺利地拿下了 2010 年广州亚运会、2014 年南京青年奥林匹克运动会（南京青奥会）的部分策划咨询工作，据说现在他们生意已经做到了国外。

大型运动会的组织策划工作机会非常少，所以他们的经验很有独特性，从而销售起来比较容易。但是，并非你做过某事就能够积累许多经验，就能够拿来咨询和指导别人工作。

要想将你的工作体会和经验转化为作品，则需要你对以前的经验进行抽象、提炼、结构化的提升，同时个人的经验不一定正确或全面，还要去学习他人的方法、案例和最佳实践，进行印证和比对，只有这样的成果才具有普遍性，才能够用来指导更广泛的工作。只有经过了这个过程的"产品"才能算你的作品，否则只能成为个人感触而已。

这个社会，除小部分人可以靠脸吃饭，大部分人都要靠"作品"吃饭。对于立志成为专家的人而言，要赢得人们对于你的认可与认定，除了依赖于你所服务的机构、职称、职务等这个外在的因素，更重要的是要靠你的作品来说服别人、赢得信任。

巩俐为什么没拍过电视剧

你们看过巩俐、章子怡演的电视剧吗？仿佛除了电影、广告和各种秀，很少见她们的电视剧作品。因为人家大致就没有拍过。记得很早之前有这么一种说法：这些谋女郎，张艺谋都要求她们不能去拍电视剧。因为在电影导演的认知中，只有电影及大荧幕的才是艺术，而电视剧是"肥皂剧"！

那些在读书时就有机会上大荧幕，并因一部作品就名满天下的人，跟赵薇这样从人民群众最喜闻乐见的《还珠格格》类作品出道并火爆起来的人不同：她们为了自己的形象更有价值，即便饿着肚子吃不上饭也不能去降低身段去拍电视剧。另一个例子就是，从电视剧走出来的赵薇，后来也去拍电影了，而且自己当导演的时候，也是去当电影的导演而非电视剧的导演。电影、电视剧作为一种艺术形式，作为演员的作品，在传统的认识上的确是分层次的！

在你们单位干了那么多活算不算自己的作品，在简历里面写的项目经历算不算？这当然也算，但大部分时候，这些作品如果拿电影和电视剧类比，可能连电视剧也算不上，最多算你读大学时你们班年底新年联欢时的水平。更不用说，项目是协作的成果，个体的价值比较难衡量、难以展示，如果不是项目的主要角色其说服力也就不高。

但如果是你做完项目后，不是为了应付和交差，而专门对项目的过程甚至背后的原因写的总结报告，这就更加容易让人看明白和令人信服。再进一步，如果你能够将曾经做过的三个同类型项目进行总结提炼，然后产生出一套更具备普遍性的内容来，以便指导未来的类似工作，其价值则更大了。

按照知识管理的理论，知识是分层次的（见图5-1），最基础层次的是你在项目过程中的记录和表格，这里面有知识的成分，但主要还是工作过程的记录；在其上的知识，则是经过抽象出来的能够直接指导下次工作的内容；在工作指引之上的是更抽象并且可以显性化和规范化指引未来工作的步骤和流程，为什么是这样的步骤和流程背后也蕴含着更可复用的知识；最上面的是更抽象的策略性知识，这类知识通常描述的是更加宏观和抽象的知识，譬如任正非讲的企业管理的"灰度"，也是一种适用范围更广，但更需要与具体管理场景结合的知识。

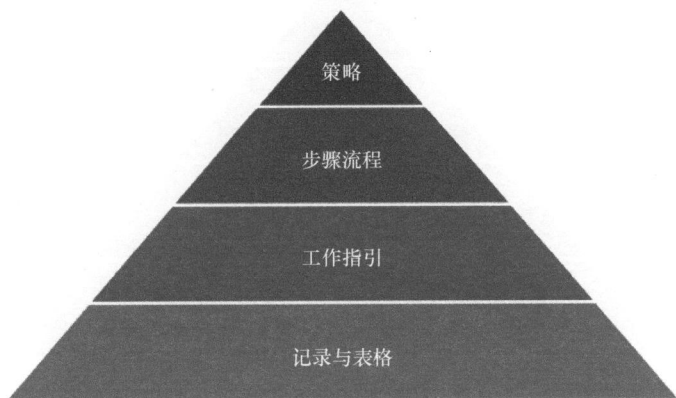

图 5-1 知识的层次性

前面是从知识深度上讲的你需要提供的作品的层次性，另一个角度就是从应用的维度。如果想提高你的作品的价值，还可以去构建知识图谱，包括基于岗位的知识图谱、基于问题的知识图谱或者某领域和主题的知识图谱；更进一步，可以建立场景的知识图谱等。

从载体角度上讲，如果你将自己的微博或者朋友圈、个人空间发给更多的人看，也便于别人了解和认识你。但这些内容大都是比较碎片化的，能写好一段话的微博或朋友圈感言，却不一定能够写好一篇文章、一本书。从提高你的作品系统性、完整性、结构性的角度而言，你应该不满足于仅仅写朋友圈、微博，而应该去追求生产出更有系统化的作品：写本书、做成产品和服务。

机械工业领域很知名的"倪志福钻头"是工人出身的倪志福的作品。1953 年，在北京永定机械厂当钳工的倪志福，经过研究反复试验发明了高效、长寿、优质（加工精度高）的"三尖七刃"钻头，解决了当时完成紧急任务的关键难题，其先进性得到世界公认。这项发明立即被命名为"倪志福钻头"。机械工业部、全国总工会于 1956 年联合作出决定向全国推广。对技术精益求精的倪志福，又根据生产实践的不同需要，使"倪志福钻头"发展成适用于对钢、铸铁、黄铜、薄板、胶木、铝合金及毛坯孔、深孔等不同材质、不同加工要求的系列钻头。好玩的是，据倪志福说："我在工厂时写过几本书，《倪志福钻头》是其中的一本，书出版后影响很大。美国有个叫吴献民的教授，是台湾人，他搞金属切削技术的，拿到了我们这本书，并研究了这个钻头，在美国的杂志上发表了不少文章，赚了不少钱。"从这个角度看，你的作品形态可以按照图 5-2 的层次进行分类。

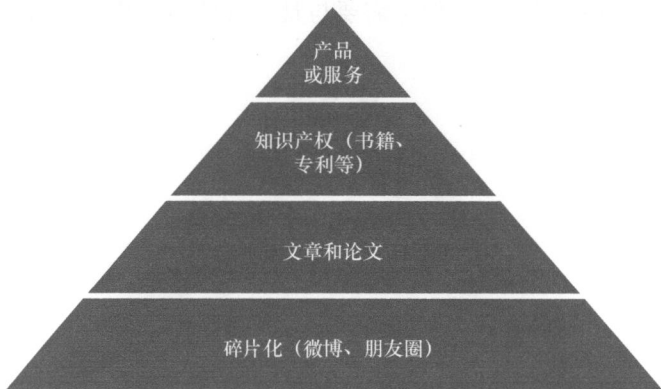

图 5-2　作品的载体角度层次分类

总而言之，要想向世界展示你的专业度从而赢得认可，你必须拿作品说话。而且还要根据你的能力与经验，尽可能拿出更高层次的作品，通过作品，将更能证明你的能力、价值，从而赢得认可。

塑造你的专家品牌

如果你是研究皮革和制鞋的专家，当你去商场买鞋的时候，可以依据自己的专业知识和经验选择那些皮质最好、做工最优、价格最合理的鞋子。对于专家来说，他通常不需要根据品牌购买产品，因为他对于购买的产品具备全面的知识并有相应的评估能力。这也就是那些真正了解一个行业的人通常不会买那个行业最知名品牌的原因，熟知车的人开的车一般不是那些最知名的牌子，皮包方面的内行也不会去买最大牌的包。

但这个世界上，对于大部分领域，99%以上的人都是外行。所以他们只能信任品牌，也许品牌不是最好、最适合他们的，但对于个人而言，却是选择风险最小的。

品牌降低了人们选择的成本。因为有了品牌，所以不用每个人都成为皮革和制鞋的专家就能够选择，而且这个选择能够保证所选物品不会太差。在资源短缺的时候，捡到篮子里的就是菜，首先解决有没有的问题；但当资源充裕的时候，品牌就显得极为重要，人们一般都会选择有品牌的产品，即便品牌产品价格可能更高。

个人品牌也是如此，同样的两个人，人们更愿意选择那些有个人品牌的人去交流与合作，因为品牌的背后是信任，与有品牌的人合作的成本更低、效率更高，风险相对更小。即使另一个人水平比有品牌的那个还要高，由于大家不认识、不了解，而且了解一个人的水平和能力需要花费较多的时间和精力，一般情况下，人们会选择在生活、工作中品牌度更高的那个人。

其实，前面的内容中已经提到，在生活、工作中大部分中国人都是被动的，我们从小受到的教育告诉我们要"多做少说""言多必失"，无论是在学校还是在单位都要埋头苦干，然后自然领导会发现你这样的人才。所以我们有"伯乐相马"的故事，认为当你足够强大的时候，会有伯乐来发现你、重用你；所以我们总鄙视那些爱"表现"自己的人，认为他们浅薄浮夸，从而不屑于主动让他人了解自己。

但这是错的！就如前面所说：让别人了解你，是你的职责而非他人的义务。别人没有时间、精力和专业知识来了解你的能力和工作，你必须主动地去展示自己，让别人了解你的专业、你的价值和你的能力。

一个真正的专家，即便从来没听说过个人品牌的概念，但他的工作成效、经过工作所产生的思考与总结、他的会议发言、论文和帮助他人解决问题等，其实已经帮他树立了自己的个人品牌。之所以要去有意识地做个人品牌管理，只不过是为了将这个过程做得更加系统化，使其从自发到自觉，更具备科学性和有效性。因为只有在具备较高品牌度的情况下，专家的经验和才华才能够有更广阔的用武之地，才能真正发挥作用，帮助更多的机构和个人。

专家品牌建立框架

专业人士永远不会像娱乐和体育明星那样人尽皆知。在你的家庭和社区、所服务机构、同行业内部，人们都会对你有一个基本的认知（这个人怎么样、能力如何、品行如何等），这其实就是你的个人品牌。但大部分人的个人品牌可能跟自己的预期相差很远，有一个故事可以说明这个道理。

设立诺贝尔奖的著名化学家、炸药发明人阿尔弗雷德·诺贝尔（Alfred

Bernhard Nobel）有一个哥哥叫路德维希·诺贝尔，两兄弟都是当时瑞典的富翁，过着快乐的生活。1888 年，路德维希去世了，但报纸却将讣告写成了阿尔弗雷德·诺贝尔，这样这位富翁就有机会在报纸上看到了自己的讣告和人们对自己的评价。不幸的是，这份讣告跟阿尔弗雷德对自己想象中的评价完全不同，因为报纸上说"制造死亡的商人"死了（他发明了炸药、雷管等）。阿尔弗雷德·诺贝尔一直以自己的一生为骄傲，那么多发明和专利，炸药和雷管对于生产、采矿的价值是如此巨大，但为什么人们却这样看自己呢？

为重塑大众对自己的印象，他在遗嘱里面决定设立诺贝尔奖，拿出自己遗产的很大一部分来奖励在物理、化学、医学、和平和文学领域做出巨大贡献的人。1896 年阿尔弗雷德·诺贝尔逝世，根据他的遗嘱设立了诺贝尔奖，在他去世 5 年后的 1901 年第一次发放。

诺贝尔是在人生的暮年，赚到很多钞票后想到自己的形象问题，所以设置了当今全球最知名的奖项。但每个致力于有所成就并追求成为专家的人都应该主动去管理自己的个人品牌，通过个人品牌的塑造和管理能够为你赢得更多的机会，这些机会可以让你尽快成为专家；通过个人品牌的塑造和管理，让你有机会可以将知识、经验、见识和洞察应用在更广泛的领域和范围，从而实现更大的人生价值。

关于个人品牌的塑造和管理有许多书籍和理论，但真正操作起来其实可以很简单，首先你要有一个个人品牌的目标：你想让别人认为你是什么样的人。对于个人品牌的目标，可以有比较复杂、规范的说法，但在大众眼里可能最后都简化成关键词和标签，当想到某个关键词和标签的时候就能想到你。譬如"抓斗大王包起帆"，想到港口的抓斗的时候人们都会想到包起帆。譬如"清朝皇帝专业户张铁林"，因为他饰演了《还珠格格》《铁齿铜牙纪晓岚》《铁将军阿贵》《满汉全席》《宋莲生坐堂》等许多影视剧的皇帝。当影视剧组要找演皇帝的演员时，张铁林一定是人选之一。

个人品牌目标确立时的误区是贪大求全，如果你将自己的品牌标签标注为"管理大师"，估计对大部分人来讲这是一个穷其一生也无法实现的，因为这个词太大了，你需要拆分成更细、更小的词。甚至你说"知识管理"也太大了，如果你能界定为知识社区运营专家可能还有一些可行性。在确定目标的时候，品牌标签应尽量选择相对较小的词，等这些词被人认可了，你再扩展也相对容易。加多宝广告称"怕上火喝加多宝"，但又有几个人是真的因为上火才去选它呢？

当你确定了个人品牌的目标后，它并不是自动就实现了。要想实现这个目标，你还要进行研究和分析。

受众

你是想让谁认为你是某一类人，你希望影响什么人？对于专业人员，大部分人最多只能影响自己领域或行业的人士，所以你首先要去分析哪些人是你个人品牌的目标受众。这在个人品牌的塑造中非常重要，如何强调都不为过。许多人设计了很好的个人品牌规划，但目标受众选错了，再怎么努力都没有用。

《顺天时报》曾经是民国初期一份很有影响力的报纸，袁世凯经常阅读。但这份报纸内容却是反帝制的，当袁世凯想复辟当皇帝的时候，其手下怕他看到满版皆是反称帝的文章而影响其决心，所以他的儿子袁克定就耗资 3 万多银元，雇人编造了一份天天刊载拥护帝制消息的《顺天时报》，专供袁世凯来阅读。这份专供一人阅读的报纸成为世界新闻史上的奇迹，后来还是袁世凯的女儿袁静雪发现了其中的猫腻才揭开此事。

毛泽东在《中国社会各阶级的分析》一书中写道："谁是我们的敌人？谁是我们的朋友？这个问题是革命的首要问题。"个人品牌的塑造和管理的首要问题也是首先要确定你要去影响谁，他们在哪里，如果不能确定目标人群或者受众错了，再努力也没有用。

个人品牌的受众可能是一个人，譬如你的上司或老板；也可能是一类人，譬如想跳槽的人希望能有更多的猎头来找自己；也可能是一个领域的人，譬如你原来做军工行业现在想做快速消费品行业等。这个定位跟个人发展的阶段有关（探索、新手、胜任、高手、专家），跟你的专业特性（例如采矿专业影响的范围小，但心理学、个人礼仪则范围大很多）也有关系。

在受众定位这个维度上，最常见的错误是"扩大化"，认为任何人都需要自己的产品和服务，但这样的结果可能是谁也不买账。即便是大众需要的东西，你也要首先聚焦到特定人群，才容易将影响力渗透进去。你的受众定位越精准，你的个人品牌建立相对越高效，在这方面郭敬明、刘一秒就是"成功案例"，虽然我从来没看过他们的电影或听过他们的讲座，但你挡不住人家定位特别准，有自己的"铁杆粉丝"。

需求

你的受众有哪方面的需要，还有哪些需要没有被满足或者你可以提供更好的方式去满足他们当前或未来的需要。如果你能找到受众的真实需求，并且以你的专业能力还能持续满足之，那么你的品牌就很容易建立起来。

这里面的需求包括功能需求和情感需求，譬如手机的功能需求是可以接打电话、能上网、拍照片效果好且能美颜、电池待机时间长且充电快等；但情感需求则是用这个手机要显得有面子、符合潮流、让人感到骄傲自豪。前者诺基亚就搞定了，但后者如华为的 Mate 10。

个人品牌中的功能需求之一是能帮助受众解决他们的实际问题，譬如你的老板不会做 PPT，而且他又需要整天出去演讲，如果你正好是做 PPT 的高手，你做 PPT 这项技能的需求就是他的功能需求。但如果领导周五让你帮他做一个 PPT，而且在下周一要用，等周一到了的时候你却一拍脑袋说：不好意思，我周末跟女朋友出去玩，忘了！这样的事情如果发生两次，估计领导再也不找你了，因为你无法满足他可靠、可依赖的情感需求。也许你的 PPT 做得出神入化，但太不靠谱也没人敢相信你。

对于受众需求的确定，最大的问题在于许多人以自己的感受去揣度别人的需求，尤其专业人员很容易走入这样的误区：我手里有一把锤子，满世界就是一个钉子；因而把专业性放在第一位，缺少站在用户的立场考虑问题，最后发现虽然自己水平很高，却得不到认可。

展示

通过你展示出的东西赢得受众的信任。这里首先明确，为了塑造个人品牌我们应该展示什么？

除了我们前面所讲的"拿作品说话"让别人认可，还包括你的价值观、热情和真诚、个人能力等都可以证明你是靠谱的人，能够达到你自己所定义的个人品牌目标。同仁堂从康熙年间的小作坊到供奉御药，再到今天扬名海内外的现代中医药集团，他们的祖训"炮制虽繁必不敢省人工，品味虽贵必不敢减物力"功不可没，挂在同仁堂门口的这副对联对于同仁堂赢得人们信任也是居功甚伟。

在建立你的个人品牌过程中，需要重点展示诚实正直、目的与动机、个人能力和成果绩效等方面的内容，如图 5-3 所示。

- 诚实正直是人品问题，没有人愿意跟人品不好的人交往、交流与合作。谷歌公司的信条"不作恶（Don't be evil）"是他们的底线和人品，对比某公司卖假药不知道高到哪里去了；同仁堂的对联也是公司品质的写照。譬如我们做知识管理咨询的价值观是"做有价值的事情"，那些将知识管理做成噱头、靠忽悠去赢得领导重视而拿奖励的项目，我们都拒绝了。也许我们无法改变别人，但起码我们可以做到不去参与这类项目。

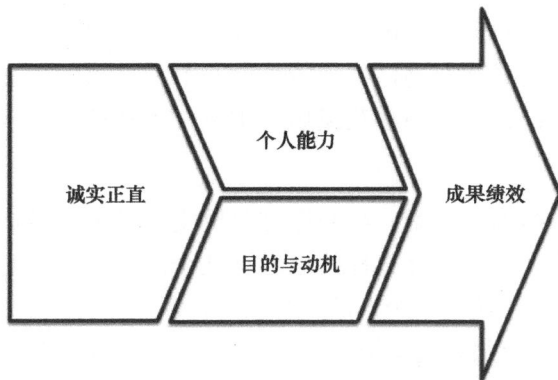

图 5-3　塑造个人品牌需展示的内容

- 目的与动机是初心问题。如果人们知道你写一篇文章的目的就是为了点击率和拿到稿费，那么一定会对你文章里面说到的内容和道理进行怀疑。如果你跟一个姑娘约会是因为他父亲特别有钱，相信时间长了姑娘也能够看出来。所以，在个人品牌的塑造中，真诚是第一位的，你的真诚会通过你的语言、文字，甚至笑声传递给别人。不管你是想从人家身上赚钱，还是想帮助他们生活、工作得更好，时间长了大家都能够看出来。

- 个人能力是专业人士立足的根本。如果你诚实、正直、人品好，目的动机也没问题，但没有能力还是没有人信任你，而且信任你也没有用。个人能力可以分为天赋、态度、知识、技能等，通过这些方面的展示，可以令他人对你的能力更加信服。

- 成果和绩效是个人的案例与作品。这些可能是项目成果、所完成的任务与取得的成绩，也可能是发言、文章、书籍、视频等形式。这些产品化的东西直截了当地佐证一个人的水平和能力，也证明你具有完成类似项目和任务的潜质。

渠道

通过合适的渠道将你要展示的内容传递给你的受众，解决他们的需求。在互联网出现之前，因为报纸、杂志、电台、电视台这些地方都有"守门人"守护，一般人想传递自己的想法、见解很难，所以许多人没有展示的渠道。但在互联网的环境下，理论上讲如果你是一个真正有才的人，一定能找到传递个人想法的渠道和平台，当前这些渠道不是太少而是太多了。

从个人品牌建立的角度来讲，你应该根据受众习惯的渠道选择通过什么方式去推广。如果他们喜欢看书，你可能就要写书；如果他们喜欢语音，你就需要录制音频或视频；如果他们喜欢现场听讲座，那你就需要争取更多的现场演讲机会。

从个人品牌目标确定开始，我们通过分析受众是谁、他们有什么需求、需要展示的内容是什么、选择什么样的渠道这几个维度，建立起了塑造个人品牌的框架。即便我们真正确立了个人品牌管理的目标，并明确了受众和需求，也知道去展示那些内容并有很好的渠道，但个人品牌的塑造和管理也不是一个月或者一年能够完成的，它是一项持续的工作和过程，需要每个有抱负的人在成长和发展中时刻关注来完善自己的品牌。

我曾经在网上跟一位企业 CKO 交流，当时他提了很多关于他们知识管理推动过程中的问题和思考，由于当时特别忙，我就基于他的问题给他发了以前几篇文章的链接。后来，这家企业成了我们的咨询客户。在后来的一次交流中，这位 CKO 才跟我说：我们遇到的问题，你们在七八年前就有了解决思路和对策，你们是知识管理领域真正的专家！

其实，在写那些文章的时候，我们也没有想通过它争取客户，只不过认为这的确是工作中需要注意的问题，就将我们的思路和对策整理出来。而这样的工作我们一直持续了十多年，我们也因此得到了许多客户。

个人品牌塑造和管理是会有回报的，你只管去做有价值的事情，迟早会为你带来意想不到的收获，最怕的就是那些希望一夜之间、十天半个月就想建立自己品牌的行为。

水平最高的人不一定最知名

我们主业是做企业知识管理咨询，很多客户都是各类研究机构。在这些机构里有许多技术专家，这些专家大都是他们各自领域内的顶尖高手，水平、能力和人品都很好。在对这些专家进行访谈的时候，关于他们面临的问题，他们问得最多的是："为什么我们的产品或服务技术水平最高，用户却不选我们？"许多时候他们将这个问题的原因归于其他竞争对手做项目都靠"拉关系"，当然这种问题是存在的，但不是全部。

也许你们的产品和服务技术含量很高，但采购的人不一定知道（他们不一定是技术人员）。真正的技术高手也只有技术领域的人知道；也许他们知道，但他们这个项目里不需要最高水平，只要合适就可以，而你们却没有提供层次性的产品和服务；也许你们的产品技术水平最高，但实施能力不强、服务意识不高。水平高的人都有脾气，他们需要的是贴身周到的服务。客户的需要是分层次的，除了功能需要他们还有情感需求，甚至因为气质不合都可能成为人们不选择的原因。

抛开企业，单说个人品牌，水平最高的人知名度也不一定最大。最知名的例子就是《水浒传》中的宋江。

当危急时刻，只要报出宋江宋公明的字号，无论是英雄豪杰还是流氓地痞，大都"纳头便拜"，简直比《西游记》里取经路上的观音菩萨还要管用。

最早是行者武松，当不知道眼前的人是宋江的时候，武松甚至懒得正眼去看他。但当听说站在跟前这位又黑又丑的哥哥就是宋江时，武松当即就跪拜于地，可以说他对宋江非常敬仰，为什么这样呢？

"我虽不曾认的，江湖上久闻他是个及时雨宋公明。且又仗义疏财，扶危济困，是个天下闻名的好汉。"……"却才甚是无礼，万望恕罪！有眼不识泰山。"跪在地下，哪里肯起来。

另一幕，宋江被一群强盗抓住了，强盗要挖心下酒。他叹口气说："可惜宋江死在这里！"话音未落就将强盗给镇住了，当强盗们确认真是宋江本尊以后，纷纷跪地叩头，高呼"宋江哥哥"。

整本《水浒传》有很长篇幅都展现各路英雄和流氓土匪对宋江的敬仰之情，看电视剧《水浒传》人们记忆最深刻的也是各路英雄高呼"宋江哥哥"，见到宋江就像委屈的孩子找到了妈。

按现在的说法，宋江虽是公务员，但也不过是一个小县城的低级别公务员，最多算副科级，谈不上什么高官。从颜值来讲，宋江是典型的"矮矬"，皮肤黑个头低，跟玉树临风的林冲、关胜等没法比；跟公孙胜、吴用等典型知识分子形象也没法比。宋江虽然有些小钱，但不算富二代，与柴进这些真正的土豪没法比。那宋江为什么知名度和美誉度那么高呢？其实《水浒传》前面提到宋江时已有伏笔：

"平生只好结识江湖上好汉。但有人来投奔他的，若高若低，无有不纳。便留在庄上馆谷，终日追陪，并无厌倦。若要起身，尽力资助。端的是挥霍，视金似土。……以此山东、河北闻名。"

宋江能力是一个方面，性格是另一个方面。王思聪随便打赏一个人可能就是十万元，但没有人将王思聪这种打赏作为朋友之间的互助；宋江可能没有王思聪那么有钱，但他侠义的性格可能是有 1000 就拿出来 1000，这才是真兄弟。

土豪柴进也仗义疏财，资助许多英雄好汉。但无论是林教头还是武松，在那里待得都并不如意。这是因为柴进的资助，更类似于救济与施舍，让这些虽然落魄但心比天高的英雄们即便拿了钱、吃他的喝他的却不会念他的好。倒是宋江利用柴进的资源，让武松佩服得五体投地，这也算宋江的功夫。

作为万物之灵的人，除了有功能需求，还有情感需求，这也是奢侈品能够存在的原因，你很难说一个 3 万元的包比 300 元的包装东西更多，他们满足的功能需求基本上类似，但其满足的情感需求则是不一样的：3 万元的包可以给使用者一种高贵、自信的体验，300 元的包则不然。

柴进之流的"土豪"在满足功能需求上远远超过宋江，但对于那些以前是天罡地煞的异人们而言，他们追求更多的是认可、尊严和价值实现，而这些正是宋江的长项，这也说出了宋江能被大家认可的原因。

还有一个很重要的原因，宋江是正确的时代价值观的代表人物。孝、忠、义是那个时代的核心价值观，所以宋江是"孝义黑三郎"，所以梁山要打出"替天行道"的招牌。

从个人品牌的角度看这个问题，即使你不是最有钱的，也不是最有才的，但你可以成为最真诚的、最有客户意识的、最能够服务大众的专家，那么你的招牌可能也像宋江那样闪闪发亮！

成为一个能说会写的人

尽管现在传播方式层出不穷，但用语言和文字表达你的所见、所思，阐明自己看到的现象和事实，准确、简明地表达自己的观点，这也是一种基本能力。表达能力很重要，其表现在以下两个方面。

第一，你认为自己怎么样都不重要，你必须让别人认为你怎么样。你要影响别人对你的认知，建立别人对你的认可，这必须借助你的表达来完成。他们认可你的表达，进而认可你这个人。要让别人知道你，认可你优秀，则你必须会自我表达！

第二，表达能力会限制和提升你的思考与学习效能。研究发现，那些会表达的人也更加会观察，譬如同样的景色、同样的场景，作家能够描述得更合理。所以表达能力会反过来推动你的思考能力和学习能力。

表达是一种能力。既然是一种能力就需要训练，因此，我们在生活、工作和学习中要注意训练自己的表达能力。传统的中国文化倡导统一思想，不鼓励每个人去表达自己的想法和见解，这样导致许多人在生活、工作、学习中没有机会练习自己的表达能力，从而表达能力不高。同时，也导致许多人没有了表达的欲望：反正说了也没用，为什么要说呢？

这样就形成了死循环：不需要我表达，我就不说；因为我不说，也就更加不会表达。因为不善于表达，许多人会有被埋没、被忽略的感受：我其实很优秀，只不过懒得说或不想写而已。

如何训练自己的表达能力？主要在于不断地练习：敢于表达、善于表达。世界上没有能够让表达能力速成的方法，你只有不断地去尝试、练习、思考和改进才能逐步提高。当然这里面也有一些方法，下面进行简要的介绍。

第一，训练思考能力并持之以恒的思考。

表达的前提是要有需要表达的内容。当开会时，领导突然让你来说说自己的想法，很多人就不知道说什么。

在任何时候都能够系统、流畅地表达，其背后需要自己能够持续地思考。表达的内容有很多，但需要你经过深思熟虑形成框架，然后，在这些框架下不断补充和完善，等到需要时，你可以把框架和填充的内容有选择性地全部或部分发挥出来就可以了。

要养成思考的习惯，这句话说出来很容易，但做起来很难。很多人在日常生活中没有养成思考的习惯，期望在临场发挥时能够产生出火花，这基本上是不可能的。

在思考时，可以学习一些方法，譬如结构化金字塔，但这种也仅仅是当你有思考的原料时帮你梳理的方法，如果你只有方法，没有思考的原料也是没有用的，所以不要认为学会结构化思考的方法你就真的会思考了！

由此可见，思考是为你的表达储备原材料。

第二，要积累表达的语料。

当你外语不够熟练，但又需要跟外国人去交流时，你会发现许多时候，虽然明确地知道想说什么，想要表达的意思已经深思熟虑很多遍了，但是由于对另一种语言不够熟练，你却找不到合适的词语、句子合理地表达出来，这个时候就会抓耳挠腮。

不仅仅说外语的时候会这样，用自己的母语表达的时候也有这样的情况发生。如果你没有大量地摄入要表达领域的语料，你就不知道如何表达，或者表达出来的内容十分刻板，令人生厌。譬如你读大学的时候跟同学交流的语句，一定丰富多彩、生动形象，你也用得得心应手。但这些语言却不能用在职场上，职场上沟通的语言有自己的规范。还有假如你去菜市场、基层工作的人们中间，他们的表达方式也很生动，许多时候甚至令人叫绝，但可能却不适合其他的领域。

要积累你表达的语料，需要弄清楚你的职业和岗位要求。如果是政府官员，你就要多去读相关的文件、政策，或者党报、领导的讲话稿；如果是工程师，则需要了解你这个领域的术语名词，甚至你们的机构里的工程语言。

这方面的练习，一般需要你进行大量的阅读。你每天坚持深度阅读与自己领域相关的资料3000字以上（我见过有人日读10000字以上，并坚持了10年）；另外，需要观察、记录、学习，看高手是如何说和写的。这时你会发现许多你根本不知道、不了解的词汇和语言。此外，就是自己需要去尝试说和写。

第三，最重要的是提升你的专业度。

不会表达的人，如果说到他擅长的领域，也会滔滔不绝。譬如一个不擅长写作文的小学生，当讲起他喜欢的游戏时，会发现他说得十分生动、充满激情，而且能打动他人。

如果你对一个领域的认知达到一定的深度，那么你自然会表达得流畅、准确且富含感情。

表达也是有层次的，在训练中要考虑表达的层次性。

小孩们写作文的训练一般是从描述一件事情、一只动物、一个观点开始的，你的表达训练也要从点滴开始，将小事情说明白、说清楚、说优雅。再考虑将复杂的事情拆解成简单的事情，表达出来。这里面其实很复杂，能在微信里面写一篇好看的文章，不一定能够写出一本好书，这两方面要求的能力差距是很大的。

另外，语言和文字是有层次性的，同样的情况下语言更有感染力，但文字的记录、鉴证和传播效果更好。

当然这两方面也是互相促进的，如果语言表述很好，文字也不会太差。

表达能力相当于一个人的外表，而内在思想是提升表达能力的核心。如果你脑子里没有货，即使能巧舌如簧也会被用户发现；但如果你在专业上很有才，却表达不出来，这多么令人遗憾。

表达能力是一种需要锻炼的能力，这种锻炼是一种有价值的投资。

但这个投资是长线的，不要奢望 3 个月内表达能力就提升很多，那种告诉你一晚上就能学会高效表达的人一定是骗子。

持续的输入和积累你的语料，严谨地分析和思考问题，每天坚持说和写，而且持之以恒，在某一天，你会发现，原来你也这么能说会写！

鉴别伪专家

很多人知道我在写关于"如何成为专家"的书，当他们看到部分内容后，都说成为真正的专家仿佛还挺费劲。田老师，你能告诉我一些简单的方法吗？譬如 3 个月成为专家，7 天成为专家的方法？

不好意思，这样的方法真没有！想成为任何领域的真正专家，都不易。因为需要通过解决复杂困难问题，在实践中积累经验；需要数年到数十年不断地学习和研究才能将自己的领域知识融会贯通；需要勤学深思、苦心孤诣、锻炼思维才能真正做到"一览众山小"。

这样的方式对大部分人而言，都太麻烦、太费劲、太不经济了，在这个时代，许多人需要快速成为专家。一个晚上做不到，三天行不行？当然，这样的人大部分最后都成了"砖家"。

速成真正的专家真做不到，但让人看起来像个专家，仅仅像一个专家，那么 7 天差不多就够了。抓住这类"专家"的特点，可以成为善良的人们判断以"专家"形象骗人的骗子的线索。下面介绍伪专家通常具有的特征。

机构加持

伪专家一定要有知名机构来加持。这些机构一定是大家耳熟能详，并且听起来"高大上"的；但至于到底是不是真的，谁也不知道。

在行业巨头公司的工作经历

伪专家一定在该行业最优秀的公司里工作过。早些年外企比较火，最起码也要可口可乐、IBM、宝洁、西门子、辉瑞之列，现在外企不火了，还可以是民营的万科、万达、苏宁、海尔，或者国企的中国银行、中粮之类的公司，现在最火的则是阿里巴巴、腾讯、百度。当然职位不能低，最好负责的事情还要得过奖，这样跟人介绍的时候就是"原××司 CXO，带领团队获得××奖"。

什么"火"研究什么

作为伪专家，传统文化的易经八卦你得了解吧，Alphago 的原理你得清楚吧，VR 是什么意思你得明白吧。他们一定是什么时髦就去"研究"什么，先看这个领域的词汇表，再看朋友圈，有空多加相关的微信群，先潜水不说话努力学习。然后一朝出关任何领域讲起来都头头是道，不要怕这些领域跨度大，君不见很多三年前研究云计算的专家现在早去搞人工智能了。张口就是各种"+"，闭口就是孵化器，紧跟政府的倡导和技术的发展趋势。

人靠衣裳马靠鞍

伪专家更像专家，外形一定要精致。男的头发要纹丝不乱，皮鞋锃亮，衬衣每天不同，西服也要分出各种场合，当然最好是定制的，而且袖口有自己的名字缩写。女的是否漂亮无关紧要，但无论何时出门都要妆容整洁，明眸皓齿，眼神迷人。无论男女都有很多个版本的艺术照，要出门见人的时候即便已经衣着得体，也要披个风衣才够个性，带个妖娆的围巾更显妩媚。

专家的内在很难积累，但外在多花点钱就能搞定，这是最高效率的投资，更何况现在去韩国整容价格也降了很多。

著作等身

一定要出版很多本书，录许多视频，著作等身这样的词就是描述他们的。书的封面要用自己的艺术照并摆出指点江山的姿势，书出版就要畅销，甚至让一般的用户根本买不着，自己全买了其他人想看也找不到。如果在网上书店卖，别忘了找自己的大批粉丝去点赞，注意不要吹捧得太露骨。

书的内容则是最简单的。互联网这么发达，让助理四处"嫁接"，再加点个人感悟，同时来几碗心灵鸡汤，只要听起来很有道理就可以了，有没有用与己何干。

不好好说话

作为专家你不能像老百姓一样说话，说话要有高度和概况性。一定要用最时髦、最抽象的名词术语，还适当地夹杂着能更好表达光辉思想的英文。让普通人根本跟不上你说话的节奏，他们说的任何事情你都要用最简单的几个词给打发掉，譬如他说了半天你只说一句"这不就是降维攻击吗"，他就哑口无言了。

一般人不跟他们深入交流，一个秘诀是：他跟你说产品你跟他说市场，他说市场你说服务，他说服务你已经说到情怀了。说话一定要绝对且没有丝毫不确定性，这样就显得权威。如果他们想要了解详细的，可以回以"这个不能细说"。

做最不着边际的事

"给长城贴瓷砖，给地球镶金边"，作为专家，你要多想国家大事，多做国计民生的大项目。在这些大事和项目中，你起码是发起者和负责人，最差也得是骨干，如果都不是，起码要有几次是你扭转乾坤，令项目起死回生的经历，将这些整理成故事，告诉你的粉丝们。

至于你没做成的事情，就别提了，如果实在要提就归为不可抗力。譬如，如果美国世贸大厦不被本·拉登恐袭，你那个在世贸广场跳中国广场舞的合同早就签下来了！

认识很多精英

作为"砖家"你得认识许多专家，当然你也要认识很多牛人、高手、名人。可以不经意地让别人知道，比如来这个饭局之前你是刚刚跟某某院士开完会，或者昨天晚上11点多Robin给你打电话谈O2O的合作。不要怕露馅，他们大部分人也没跟这些人一起吃过饭或者听这些人的电话。

最不济你也要知道你们这个领域最厉害的那些人的名字，没事多说说跟他们的紧密关系和他们向你求教的故事，至于对方认不认识你，谁也不知道。

四处忽悠多露脸

作为"砖家"的你需要多参加各种聚会、论坛、高峰会，如果可能就胸前佩戴小红花上台做重要的分享，你讲的是啥其实没什么人关注，因为大部分都不是来认真听的。

观点内容基本上多年不变没关系，翻来覆去就是那些内容也没关系，有没有创见可行性也没关系，只要 PPT 做得好看，能与社会最流行的风潮很搭且讲得十分幽默，大家哈哈一乐后你就可以去参加下一个活动了。

即使不忙也要显得很忙

你要显得很忙，即使正躺在床上百无聊赖，当接到别人电话的时候也要装出正在人民大会堂开会并准备发言的感觉：我正在开会，稍后让我的助理联络你。

行动指南

关于个人品牌的清单

（1）自己认为自己牛没用，那是自恋和吹牛。这个世界上，没有人有义务去发现你。让别人了解、认识你，是你的职责而非他人的义务。

（2）无知的人比博学的人更容易自信，高估自己的能力是所有人都有的缺点，你可能没有你想象的那么厉害。在评估自己的时候，最好能给自己打 8 折。

（3）让别人认可你的过程就是建立个人品牌的过程，首先这个"别人"是你的同事，然后是你的同行，最后是其他行业和整个社会。如果你的同事都不喜欢你，那么这个社会也很难真正相信你。

（4）你起码要做一个不令人讨厌的人，如果能招人喜欢则更好。曾国藩说"天下之才人，皆以一傲字致败"，即使你真的很厉害，也要明白人性的弱点，并能与这些弱点和谐共处。

（5）个人品牌的前提是你要有价值：对他人和社会有价值，否则就是骗子。

要证明你的价值，需要拿"作品"说话，那么你的作品是什么？是否有足够的说服力。

（6）只有把自己锻炼成火鸡那么大，小鸡才肯承认你比他大。当你真像鸵鸟那么大时，小鸡才会心服。

（7）要有"客户"的意识：我们互相服务，互为客户，客户是上帝。你的客户是谁？许多人做个人品牌时最大的错误就是不知道服务谁，或者他服务的人不是他的目标客户。

（8）不是你有什么，而是客户需要什么。提供客户需要的服务，而不是你能提供的服务。

（9）你的独特性是什么？当产品和服务同质的时候，比拼的是独特：更快、更便宜、更通俗、更贴心、更有故事。界定你的独特性，然后去展示。

（10）做了有价值的事情要让人知道。传播，优雅地告诉他人，然后让他们去判断。在这个过程中真诚是最大的武器，不要想着去欺骗别人，说话、作文、做事、做人的时候都要真诚，要相信人们能看到。

（11）不要期望一夜成名，来得快的事物去得也快！

进阶

成为专家的 5 个阶段的个人品牌提升方法及内容见表 5-1。

表 5-1　各阶段个人品牌提升方法及内容

阶　段	个人品牌提升方法及内容
专家期	产生系统化的作品证明自己，写一篇个人总结与写一本书对于能力的要求是不一样的，提一个建议跟做一套标准的要求也不一样，选择层次更高的分享方式
高手期	勇于承担，复杂困难的问题主动上。培养徒弟，将自己的经验和方法套路化，持续向社会共享你的观点、见解、方法论
胜任期	展示自己在工作上的可靠性和可依赖性，除工作成果还要勤于总结自己的经验，并主动展示出来。可以尝试通过专业期刊或社交媒体的手段展示专业形象
新手期	除展示个人品格外，通过完成任务表现自己对于工作的责任和态度：将所参与的任务做好，并能够多想一些；不怕不成熟，有机会的时候要表达自己的观点，哪怕是错误的
探索期	展示自己的品格：诚实正直、积极主动、上进心强，赢取领导和同事的认可

思考

做起来才是硬道理，请自己静下心来分析一下：

你的个人品牌目标是什么？请用 1~2 个关键词表达。你想影响的受众是哪些人？他们有什么需求？你该展示自己的哪些内容让他们认可你？通过何种渠道将这些内容传递给他们？

建议在分析时要尽量细化，不用宏大的词汇，越具体越好，最好具有可操作性。根据这些原则，你可以填写表 5-2。关于这部分的内容，我们会建立相应的微信群进行讨论，你可以关注我们的微信公众号（KMCenter）并加入。

表 5-2　塑造个人品牌的框架

目标				
受众				
需求	功能需求		情感需求	
展示	诚实正直	目的动机	个人能力	成果绩效
渠道				

后　记

——如何培育专家级人才

在我们的工作中大都有这样的体会：专家型人才的效率极高，他们一个人能顶很多人；在许多情况下，普通员工摸索很长时间不得其解的问题，而专家只需要看一眼就能知道问题在哪里，并能知道如何快速地完成；更不用说还有很多事情，只有专家级水平的人才会做，而普通人根本不知道从何开始。

迈克尔·曼金斯（Michael Mankins）、艾伦·伯德（Alan Bird）、陆建熙（James Root）在《哈佛商业评论》上发表了一篇名字叫"好钢如何用在刀刃上？老板们，要深思！"的文章。其中提到："一家企业最稀缺的资源是什么？——人才。顶尖人才与平庸者之间的差距，可谓天上和地下的区别。在重复性与事务性的工作中，顶尖人才的生产力通常是普通员工的 2 到 3 倍，而在高度专业化或极具创意性的工作中，这种差距可能达到 6 倍或者更多。"

今天，中国已经实现了从人口大国向人力资源大国的历史性转变，并且正在向人力资源强国迈进；整体人员素质得到了全面提升。相比之前人才奇缺的状况，管理者们发现，在当前环境下，找到一个拥有大学文凭、具备一定经验的人很容易，但找到一个真正能干、具备较高水平，且能够支撑、引领促进某个领域和专业发展的人仍然很难。这背后反映的问题其实是我们缺乏高水平、顶尖人才，特别是专家级人才极度短缺。2015 年 3 月 5 日，国家主席习近平在参加十二届全国人大三次会议上海代表团审议时强调：人才是创新的根基，创新驱动实质上是人才驱动，谁拥有一流的创新人才，谁就拥有了科技创新的优势和主导权。引进一批人才，有时就能盘活一个企业，甚至撬动一个产业。要择天下英才而用之。

改革开放三十多年来，中国经济飞速发展，以前我们追随别人，可以学习、借鉴先进国家和企业的方式与方法，而现在，却发现很多领域已经没有可借鉴的对象了，这时候的挑战更加严峻：追随者前面只要有路就可以巡径而行，而领跑者的前面没有路，需要自己去探索出一条路，这个过程会非常艰难——领跑者除了为自己探路，其实还承担着为行业探路的职责，这也是领路者的伟大之处。

在 2016 年 5 月 30 日召开的全国科技创新大会上，华为创始人任正非所说"华为感到迷茫"的话让人印象深刻，他说："随着逐步逼近香农定理、摩尔定律的极限，而对大流量、低时延的理论还未创造出来，华为已感到前途茫茫，找不到方向。华为已前进在迷航中。重大创新是无人区的生存法则，没有理论突破，没有技术突破，没有大量的技术积累，是不可能产生爆发性创新的。"

要想真正在各领域和方向上成为领跑者，需要更多不同专业、行业、岗位、领域的高手和专家。正如本书前面所说的，我们需要的专家并非局限于科技领域，并非只有院士、教授、博士才是专家。中小学需要各门课程的专家型教师和专家型校长，政府需要能够处理各种问题和筹划未来的专家型公务员，医院需要各类专家型医生，此外我们更需要专家型建筑师、结构工程师、电脑程序员。甚至那些能够种好粮食的能手、善于解决用户抱怨的坐席代表、具备新闻敏感性的编辑、给客户提供价值的二手房销售顾问、复杂环境下的决策者等都是各个领域的专家。

反过来看，那些凡是发展得比较好的行业和机构，都是产生并汇聚了大量专家级人才的地方。能够产生专家级人才的行业和机构表明那里的发展在同行中处于较高水平，汇聚较多专家级人才说明那里的机制、环境适合高手们发挥才能。专家级人才可以通过引进的方式去拥有，但引进的人才数量、质量和匹配度都可能存在各种问题，真正卓越的国家、行业和机构都追求能够自己发现、培育和留得住专家级人才。

成为专家离不开个人的天赋和努力，需要个人能够潜心学习、实践和思考。但在大生产和大协作的背景下，成为专家也一样离不开组织的培育，好的行业、机构会为高潜力的人才最终成为专家提供各类资源和机会，加速他们的成长和发展，缩短成为专家的过程。在个人成为专家的路上，有很多事情是靠个人努力无法完成或者成本特别高的，这些地方也正是行业、机构能够发挥作用的地方，具体表现在以下三个方面：

第一，对于有志于成为专家的人才而言，他们不清楚该领域专家合理的知识结构和体系，行业和机构可以为他们画出一张专业或领域的知识图谱，为他们学习成长指明方向。

当一个新手刚进入某个领域、岗位和专业的时候，他其实是不知道要成为这个领域的专家需要去学习和掌握哪些知识的。类似于要一个人完成一个1000块的拼图，却没有人告诉他最后拼出来的图形是什么样的。那他能够拼出来的概率有多大？除了需要在工作中慢慢摸索，最后只能靠运气了。

但从组织角度看，因为之前有胜任者、高手和专家，是可以总结出一个图谱来告诉那些新手们：要成为这个领域的专家，需要去学习哪些知识、每个领域学到什么程度，等等。如果能够有指引，会帮助新手节约很多摸索的时间，加速他们学习的进度。这里面还包括一些更细节的内容，譬如一个刚开始学习写作的人很容易追求文字的华丽，但著名作家刘震云却说："把一个故事情节写得很生动，人物写得栩栩如生，讲一个动人的故事，这是初级作家干的事。北大中文系上过一年后都没问题，当时我上大学的时候，我们班50多人都在写东西，都写得挺好。没有问题，故事一个比一个编得热乎，一个比一个编得圆满。但这确实不是一个作家所要达到的好小说标准。"如果他不知道这个道理，可能会一直纠结于如何写得更生动而忽略成为作家最核心的因素。

第二，欠缺合适的实践机会是许多有天赋并愿意努力的人才最后无法取得较高成就的原因，行业和机构可以定义出不同层级人才需要的实践方式，并给他们提供这样的机会。

在本书的前面我们一直强调，大量的高水平实践机会是成为专家的核心要素。如果没有实践的机会，学习的知识不能算真正掌握；思维方式和技术上也不可能提高，而只是浮在表面。但大部分的工作个人很难创造实践机会，需要组织和机构来提供。一个天赋很高的新手医生，如果从来没有实践而只靠读书和思考，那么他永远成不了真正的好医生。致力于成为专业高手的年轻人，没有项目可以参与或者项目都是应付客户而不能真正地去分析用户需求，时间长了这样的年轻人也就被"废"了。

实践机会要适合员工的发展阶段和需求，如果新手面临的都是远超他们能力的问题，可能会将他压垮。如果一个高手的医生整天需要去诊断感冒的病症，他们的能力也很难快速地提高。如果组织想要培育更多的专家，需要考虑各个人才对于实践要求的层次性：既不能太容易而让他们完全没有兴趣参与，也不能太难而让他们怎么努力也完成不了，而是分配超过他们当前能力，但又能通过努力完成任务的机会。

第三，成为专家是一次长跑，每个人都会倦怠，对于他们的进步如果没有激励也会造成成就感的缺乏，这需要行业和机构通过提出明确要求建立激励机制来帮助他们成长。

在成为专家的过程中，组织应该对他们提出要求：要求他们产出标准、规范，提炼方法、模型；要求他们去做更困难、更复杂的工作，去评审、提炼等；通过产出促进他们去学习、实践和思考；要求他们除了干完活，还要想办法提炼干活的方法，指导更多的人。在这个过程中，他们必须深刻地概括、分类、提炼，这将更进一步促进他们的能力提升。

如果一个机构里真正创造价值的人无法得到相应的回报（物质和精神），整个组织都是实行大锅饭似的平均分配，或者只是给高手提供了微不足道的好处，那么真正有追求的人或者放弃自己的追求或者想办法跳槽。所以要想培育更多的专家级人才，必须建立鼓励专家级人才大量涌现的流程、制度，让真正高水平的人得到超额的回报，才会有更多的人愿意追求卓越，愿意为了成为专家持续不断地精进和努力。

大量专家级人才的涌现需要个人的努力，但组织的支持也十分重要。

从自发地、零散地出现一些高手，到组织有意识地用科学的方法培养专家，会加速人才成长的步伐、缩短成为专家的过程，这种努力对于个人、组织都是有价值的。其中涉及的方法、模板和工具，KMCenter 都有整理，欢迎有兴趣的朋友与我们携手共进。

反侵权盗版声明

电子工业出版社依法对本作品享有专有出版权。任何未经权利人书面许可，复制、销售或通过信息网络传播本作品的行为；歪曲、篡改、剽窃本作品的行为，均违反《中华人民共和国著作权法》，其行为人应承担相应的民事责任和行政责任，构成犯罪的，将被依法追究刑事责任。

为了维护市场秩序，保护权利人的合法权益，我社将依法查处和打击侵权盗版的单位和个人。欢迎社会各界人士积极举报侵权盗版行为，本社将奖励举报有功人员，并保证举报人的信息不被泄露。

举报电话：（010）88254396；（010）88258888

传　　真：（010）88254397

E-mail：　dbqq@phei.com.cn

通信地址：北京市万寿路 173 信箱

　　　　　电子工业出版社总编办公室

邮　　编：100036